Julio-2011

Problemas de
MECÁNICA

Manuales Universitarios
PUBLICACIONES DE LA
UNIVERSIDAD DE SEVILLA

NÚM. 89 AÑO 2010

Problemas de MECÁNICA

Marcelo Rodríguez Danta

Consuelo Bellver Cebreros

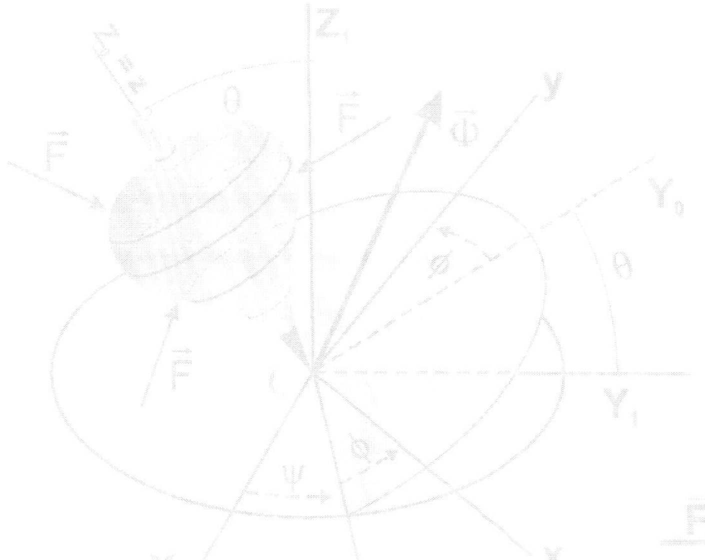

SECRETARIADO DE PUBLICACIONES

UNIVERSIDAD DE SEVILLA

Sevilla 2010

Porvenir, 27 - 41013 Sevilla.
Tlfs.: 954 487 447; 954 487 451; Fax: 954 487 443
Correo electrónico: secpub4@us.es
Web: http://www.publius.us.es

Impreso en papel ecológico
Impreso en España-Printed in Spain

ISBN: 978-84-472-0935-4
Depósito Legal: NA-2790/2010
Impresión: Ulzama Digital

Introducción

Este *"capítulo"*, al estar dedicado exclusivamente a la resolución de problemas, constituye el suplemento natural de los publicados, en la misma asignatura, bajo el título genérico de Mecánica; no obstante aunque obviamente, se utiliza la notación de nuestro manual, las soluciones han sido redactadas de forma suficientemente explícita para que sean seguidas sin dificultad por alumnos que utilicen algún otro texto de los señalados en la bibliografía.

El *"capítulo"*, se ha dividido en tres partes: La primera contiene la descripción de los *"sistemas mecánicos"*, entendidos como los modelos matemáticos simples, esquemas del sistema físico complejo que se pretende estudiar, y que han sido usados por los autores en la elaboración de los exámenes de esta disciplina.

La segunda parte contiene *"boletines"* que plantean para cada uno de los modelos, una serie de preguntas que exigen la aplicación correcta de las leyes generales de la mecánica estudiados en los distintos bloques temáticos: geometría de masas y cinética, leyes generales (esquema vectorial y analítico) e impulsiva y/o hamiltoniana.

La tercera: *"problemas explicados"*, contiene los exámenes propuestos por los autores, en las fechas indicadas entre paréntesis, en la asignatura de mecánica de ingenieros aeronáuticos y cada uno se corresponde con la particularización para uno de los *"sistemas mecánicos"* de cuestiones planteadas en los boletines. Para la auto-evaluación del alumno, las cuestiones planteadas que se encuentran resueltas en los problemas explicados se denotan con un trébol (♣) y *se escriben con letra inclinada ("slanted").*

Los autores

Índice General

Parte I:
Sistemas Mecánicos

Sistema 1. (22/01/04) Un cilindro circular (sólido "0") de radio R y masa M, situado en *posición vertical* puede rotar, sin rozamiento, alrededor de su eje de simetría con velocidad angular $\dot{\phi}$. En su superficie, lleva rígidamente unido un tubo estrecho de sección circular y masa despreciable arrollado en forma de hélice, de ecuación:

$$x = R\cos\theta$$

$$y = R \text{ sen } \theta$$

$$z = R\theta$$

referida a los ejes $(OX_0Y_0Z_0)$. En el interior del tubo se coloca una bolita perfectamente lisa de masa $M/2$ (asimilable a un punto material P, que recorre la hélice).

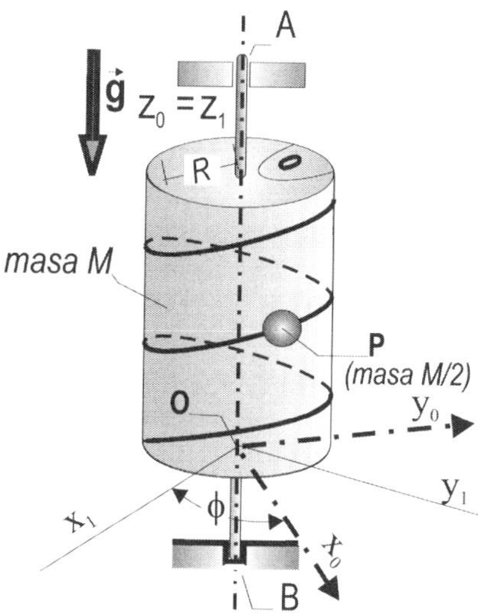

Sistema 2. (22/01/04) En un plano horizontal, un disco homogéneo de radio a y masa M (sólido "2"), rueda sin deslizar por el interior de una circunferencia de radio $3a$ (sólido "1"). Una varilla homogénea de longitud $3a$ y masa $3M$ se articula sin rozamiento al centro del disco por su extremo A. La posición del sistema viene determinada por las coordenadas θ y ϕ propuestas en la figura.
La varilla puede girar alrededor de A accionada por un resorte ideal, arrollado en espiral, que proporciona un par recuperador $\boldsymbol{\tau} = -k(\phi - \theta)\,\boldsymbol{k}_1$, siendo k una constante conocida.

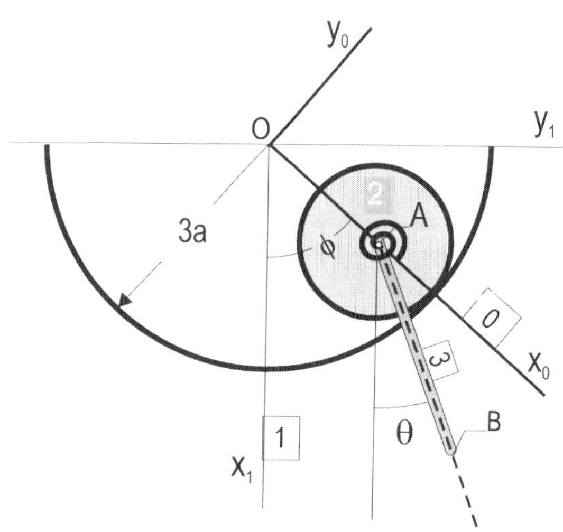

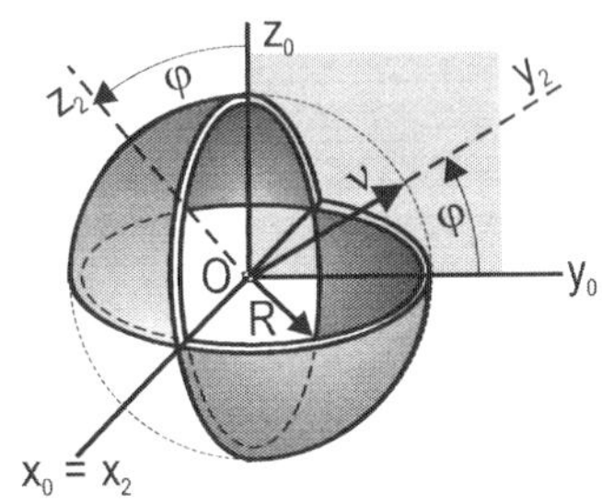

Sistema 3. (16/06/04) Una cáscara de espesor despreciable, masa M y radio R formada por dos cuadrantes de una esfera hueca (ver figura) está conectada a una articulación cilíndrica horizontal $(A'A)$ por medio de *una barra* OA de *masa despreciable* y de longitud $2\,R$, que se halla rígidamente unida al centro O de la mencionada cáscara. A su vez, esta articulación dista R de una segunda articulación cilíndrica vertical BC, a la que está rígidamente unida. El eje BC gira con velocidad angular $\dot{\psi}$.

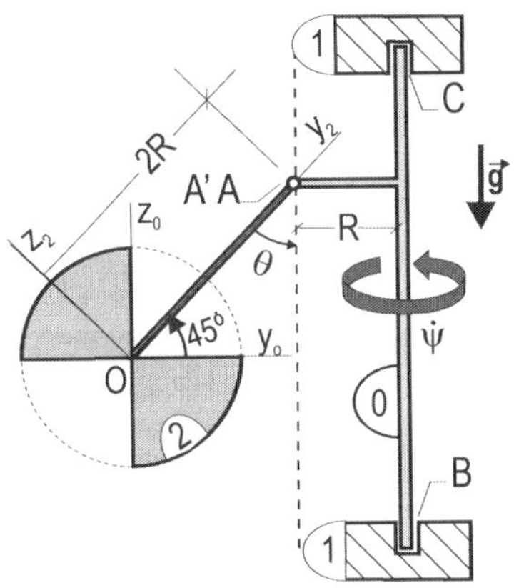

Sistema 4. (01/09/04) Un aro vertical de radio R, masa M y centro O, *rueda y desliza* sin rozamiento sobre una recta horizontal. Un *disco* de radio $R/2$, de la misma masa (M) que el aro, desliza sin rozamiento por el interior del aro; *el enlace es unilateral*. Se supone que en el instante inicial el sistema parte de la posición $(x = \theta = \phi = 0)$ con velocidades: $\dot{x} = \omega\, R$, $\dot{\theta} = \omega$; $\dot{\phi} = -4\,\omega$, donde $\omega = \frac{1}{2}\sqrt{\frac{g}{R}}$.

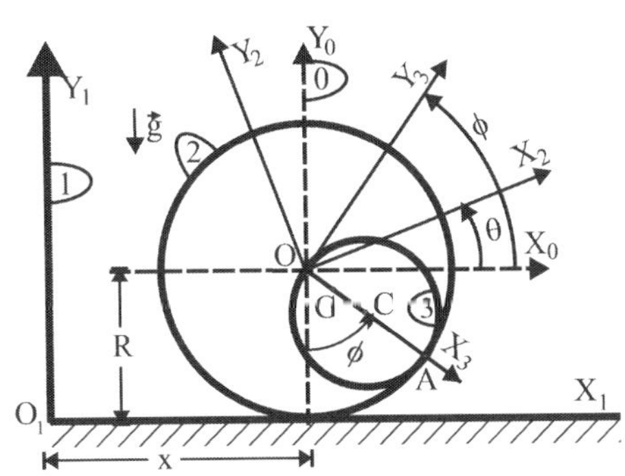

Sistema 5. (01/09/04) Un aro vertical de radio R y masa M, está articulado en el punto O. En su interior, existe una barra de la misma masa (M) y longitud $R\sqrt{3}$ que, mediante las deslizaderas A y B puede moverse a lo largo del mismo.

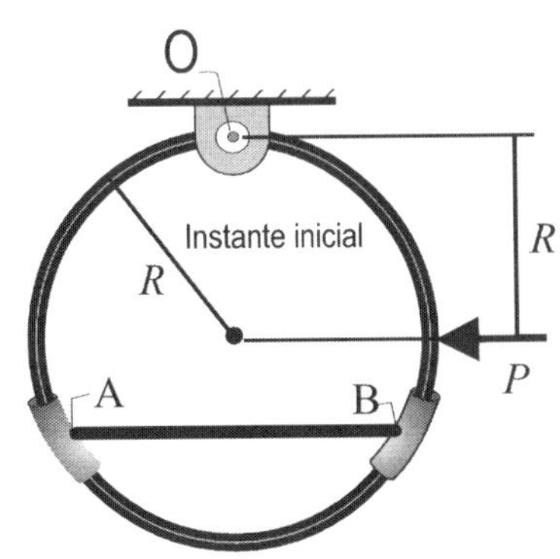

Sistema 6. (20/02/05) El sistema material de la figura está formado por una *cáscara semiesférica (sólido "3")* homogénea de radio a y masa M cuyo eje fijo (OZ_1) es vertical ascendente y por una *varilla OP (sólido "2")* homogénea, pesada, de masa M, de longitud $2a$ que tiene su extremo O ligado (por medio de una articulación esférica) al origen del sistema de referencia inercial: $OX_1Y_1Z_1$.
La semiesfera, que está en contacto *sin rozamiento* con el plano horizontal fijo (OX_1Y_1) puede girar alrededor de O_1Z_1; y la varilla, que se apoya en A, desliza sobre el contorno rugoso de la semiesfera ejerciéndose entre ambos un *rozamiento de coeficiente* μ.
La configuración del sistema viene determinada por los parámetros ψ (ángulo de precesión de la varilla) y ϕ (ángulo de rotación de la semiesfera alrededor de OZ_1). En el instante inicial: $t = 0; \quad \dot{\psi} = \omega = \sqrt{\frac{3\sqrt{2}g}{4a}}; \quad \dot{\phi} = 0.$

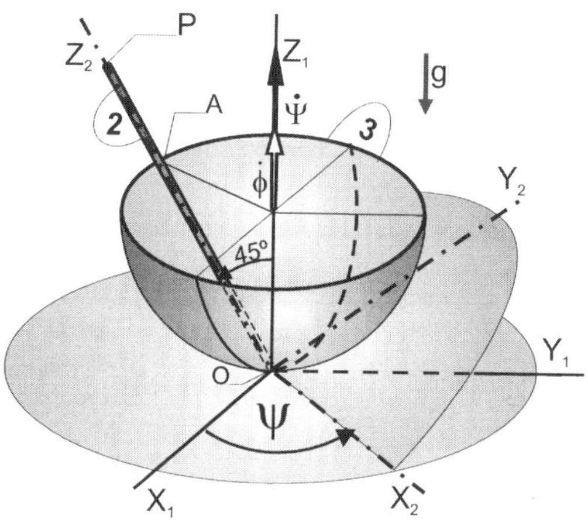

Sistema 7. (20/02/05) Una placa pesada (sólido "2") está formada por medio aro de masa $2M/3$ y un semidisco de masa M. La placa así formada, está apoyada sobre una barra horizontal (O) (de sección despreciable y perpendicular a su plano) sobre la cual el semiaro *desliza, sin rozamiento*, de modo que la placa puede desplazarse en un *plano vertical fijo*. Se tomará como parámetros los ángulos θ y ϕ representados en la figura siendo OX_1 la vertical descendente que pasa por O.

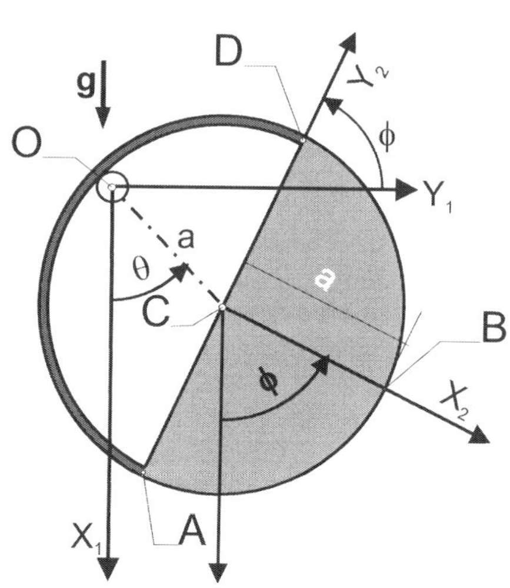

Sistema 8. (19/06/05) El anillo de la figura (sólido "2") de masa M y radio $R/2$, puede moverse, sin rozamiento, manteniéndose en contacto en todo instante y en todo su perímetro sobre la esfera fija de radio R (sólido "1").

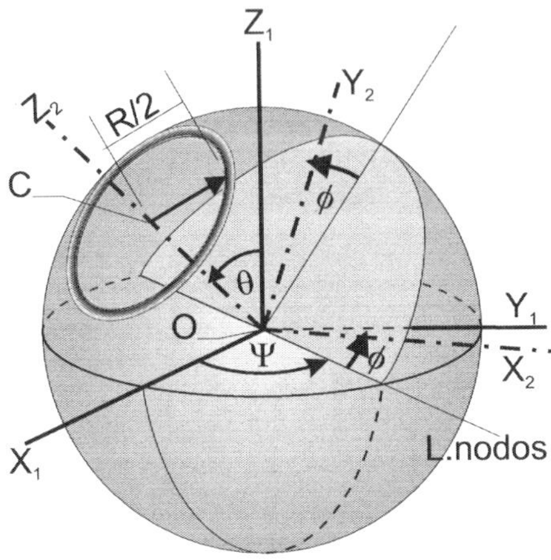

Sistema 9. (19/06/05) El sistema representado en la figura, está constituido por una varilla homogénea de longitud $2R$ y masa M, articulada por su extremo (A) a un aro de radio R. El **aro (sólido "0") no tiene masa** y rueda sin deslizar sobre el eje O_1X_1 con *velocidad angular constante* ω, bajo la acción de un par motor exterior τ. El sistema se *encuentra en un plano horizontal* **(no actúa la gravedad)**. En el instante inicial, $\theta = \pi$; C, A y G se encuentran alineados sobre el eje O_1Y_1.

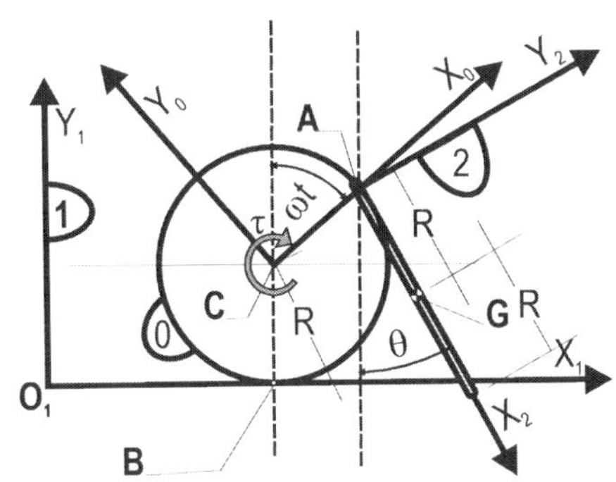

Sistema 10. (05/09/05) El sistema de la figura, formado por tres varillas iguales, cada una de ellas de longitud L, espesor despreciable y masa $M/3$ (unidas rígidamente entre sí en forma de T: sólido "2") puede deslizar por su extremo A sobre una recta horizontal fija: sólido "1".

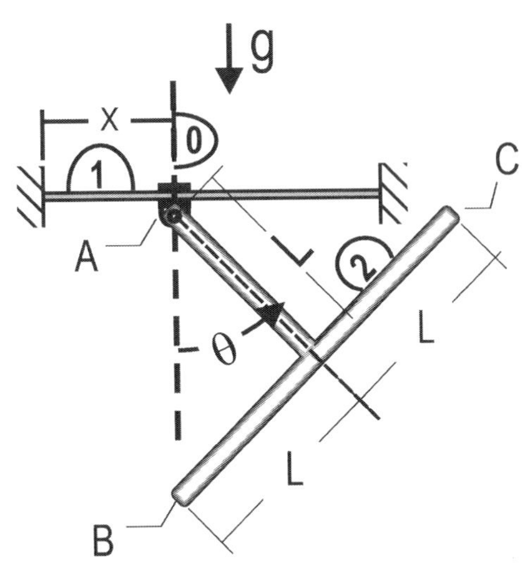

Sistema 11. (05/09/05) Un cuadrado homogéneo (sólido "2"), de masa M y lado $2\,a$ puede moverse sin rozamiento *en el plano vertical* $O_1X_1Y_1$ (O_1Y_1 es vertical ascendente). El extremo B se mueve sobre el eje O_1X_1 atraído hacia el origen O_1 por un muelle, de longitud natural nula y constante elástica k, mientras que el lado CD desliza sin rozamiento apoyándose sobre una barra horizontal fija (A) (sección despreciable y perpendicular al plano del cuadrado) situada a una distancia $2\,a$ sobre el eje O_1Y_1. Utilizar x y θ como parámetros que fijan la posición del sistema.

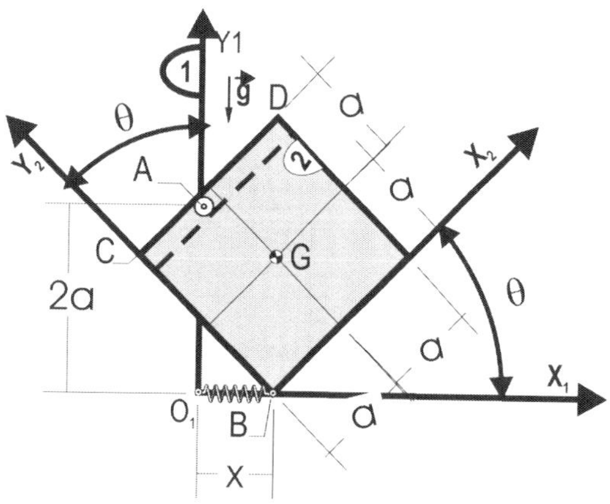

Sistema 12. (19/01/06) Un disco circular homogéneo (*sólido "2"*) de centro C, radio $2\,a$, de masa m y de espesor despreciable, descansa por un punto M de su circunferencia sobre una superficie cónica circular (*sólido "3"*) *sin masa*, de vértice O y semiángulo en el vértice 45°. El eje, *sin masa*, del disco OX_0 del (*sólido "0"*) está articulado en el punto O por medio de una rótula esférica.
En el instante inicial ($t = 0$) la superficie cónica, accionada por un motor, comienza a girar con velocidad angular constante ($\omega_{31} = \omega$) alrededor del eje vertical fijo O_1Z_1 del sólido "1"; se supone además que en ese instante ($t = 0$) el disco es conducido, sin velocidad inicial, al contacto con la superficie cónica.
En el contacto del disco (sólido "2") con el cono (sólido "3") se produce una fuerza de rozamiento por deslizamiento de coeficiente μ (los rozamientos por pivotamiento y rodadura se desprecian)

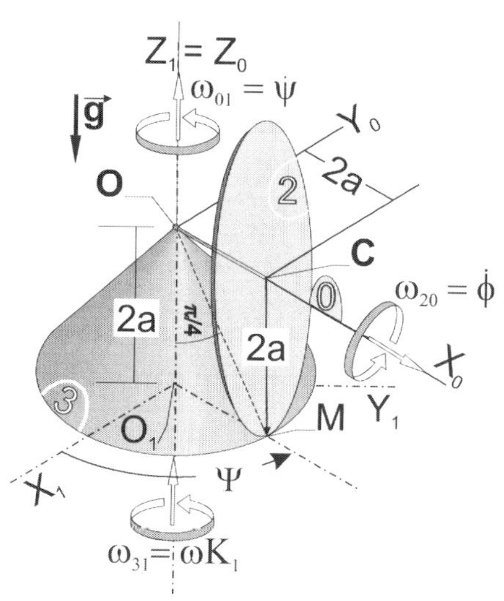

Sistema 13. (19/01/06) Un cuadrado homogéneo (sólido "2") de masa m y lado $2a$ se mueve *sin rozamiento* en un plano vertical $O_1X_1Y_1$ (sólido "1"). El vértice B *desliza permanentemente* sobre el eje horizontal O_1X_1, mientras que:

A) En una primera fase, partiendo del reposo para $\theta = 45°$, el lado BC desliza sin rozamiento apoyándose en A.

B) En una segunda fase (cuando C alcanza el punto A) el vértice C se apoya, también sin rozamiento, sobre la contrahuella del escalón (vertical O_1A) y por último

C) En una tercera fase el vértice C se separa de la vertical.

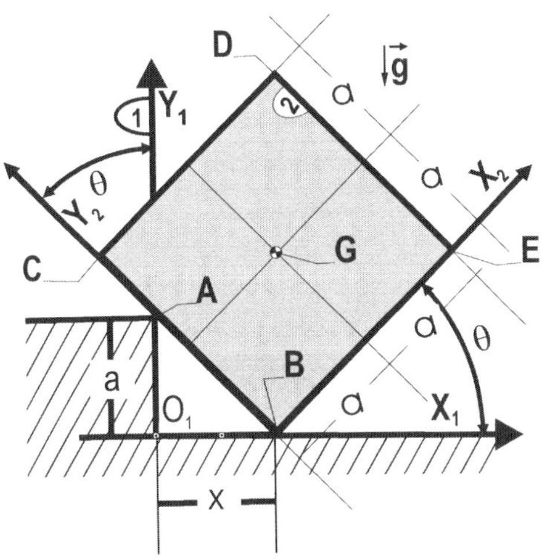

Sistema 14. (22/06/06) El sistema material de la figura está constituido por una placa triangular homogénea ACD ($|AD| = |DC| = a; |AC| = a\sqrt{2}$) (sólido "0") de masa M y una barra homogénea (AB) de masa M y de longitud $a\sqrt{2}$ (sólido "2"). Placa y barra están articuladas (sin rozamiento) en A y la placa triangular puede deslizar (sin rozamiento) sobre el eje horizontal fijo Ox; un resorte sin masa y de longitud natural nula, ejerce entre los extremos B y C una fuerza atractiva proporcional a la distancia CB y de coeficiente $K = Mg/a$. Se admite que el *movimiento se realiza en el plano vertical* y que en el instante inicial $(t = 0)$: $x = 0; \theta = \pi/4; \dot{x} = \dot{\theta} = 0$.

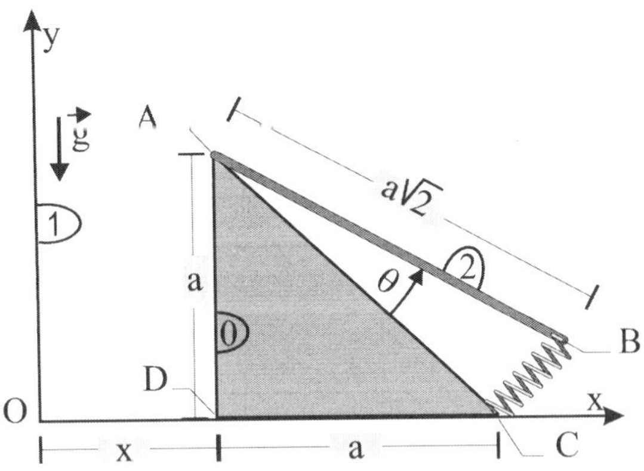

Sistema 15. (22/06/06) El sistema material de la figura, está constituido por un disco homogéneo de masa $4M$, centro O, radio a y una barra homogénea (AB), de masa M y longitud $3\,a$. Disco y barra están articulados (sin rozamiento) en A y el disco es móvil (sin rozamiento) alrededor de su centro O, que es fijo. Supuesto el movimiento en el plano horizontal:

1. Colocamos en la articulación A un resorte sin masa que ejerce entre AB y AD un par proporcional a $\alpha = \theta - \phi$ y de coeficiente $-3\,M\,a^2\,\omega^2$.

2. Se suprime el resorte colocado en A y se le sustituye por un dispositivo que asegura el enlace $\dot{\alpha} + k^2\,\alpha\,\mathrm{sen}(\theta) = 0$ con $\alpha = \theta - \phi$.

3. Colocamos en A el resorte del apartado 1 y se fija el centro O del disco a un motor que lo hace girar con velocidad angular constante ω.

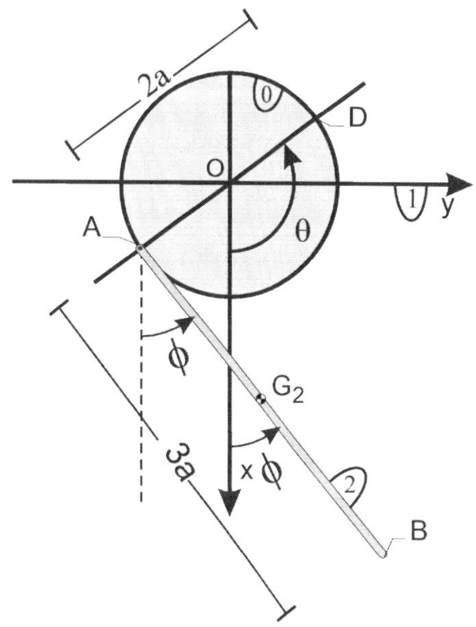

Sistema 16. (04/09/06) Un disco circular homogéneo (*sólido "2"*) de centro O, radio a, masa M y espesor despreciable, se mueve respecto a un sistema de referencia fijo (*sólido "1"*) de modo que, en todo instante, su centro de masas, de coordenadas: $(0, 0, a\ \mathrm{sen}\ \theta)_{\text{"1"}}$ recorre el eje vertical O_1Z_1 y su circunferencia permanece tangente al plano horizontal $O_1X_1Y_1$ (los rozamientos, entre sólidos en contacto se desprecian).
Se define el sistema de referencia intermedio (*sólido "0"*) de origen en O y tal que: OX_0 es el eje horizontal del plano del disco; OX_0 es el eje horizontal del plano del disco; OY_0 máxima pendiente del disco ; OZ_0 normal al plano del disco y positivo en el semiespacio que no contiene a O_1. La posición del sólido se fija por medio de los ángulos de Euler (ver figura).

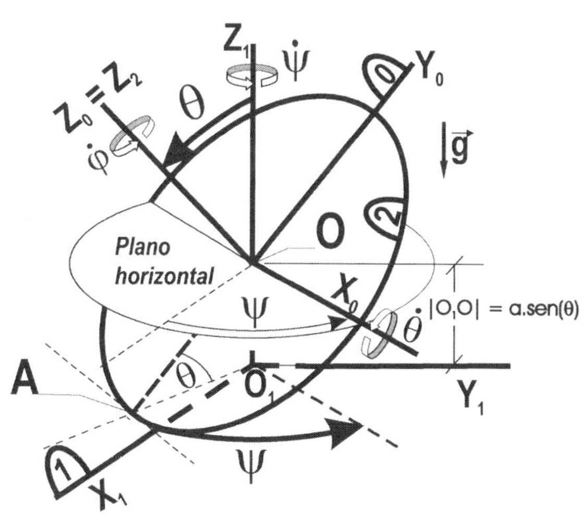

Sistema 17. (04/09/06) El sistema material de la figura, está constituido por una varilla homogénea (AC) de masa M, longitud $3a$ (sólido "3") y una placa pesada (sólido "2"), formada por *medio aro de masa* M y un *semidisco de masa* $3M/2$ (ambos de radio a). La mencionada placa es móvil (sin rozamiento) alrededor de su centro (O_1), que es fijo. La varilla está obligada a pasar por el punto B del sólido "2" y su extremo A recorre (sin rozamiento) la circunferencia de centro O_1 y radio a (contorno de la placa). Se supone el *movimiento en el plano horizontal.*

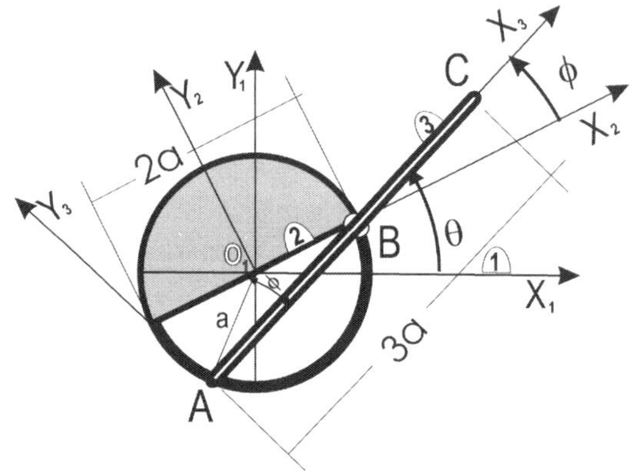

Sistema 18. (20/01/07) El sistema material de la figura, está formado por un vástago vertical fijo (OP) sobre el que se apoya y desliza (sin rozamiento) una cáscara semiesférica (sólido "2") homogénea de radio a y masa M. El punto A del borde de la cáscara, puede deslizar libremente sobre el eje vertical y el vínculo existente en A obliga a que el plano que contiene los puntos A, G_2 y C (plano de simetría) coincida en todo momento con OX_0Z_0. Un resorte sin masa, de longitud natural $2\,a$ y constante elástica $k = \frac{\sqrt{5}}{4}\,\frac{M\,g}{a}$, ejerce entre sus extremos (A y O) una fuerza repulsiva proporcional a la distancia $|AP|$; admitimos además que el sistema está sometido a la acción gravitatoria. La posición se fija por los parámetros ψ y θ.

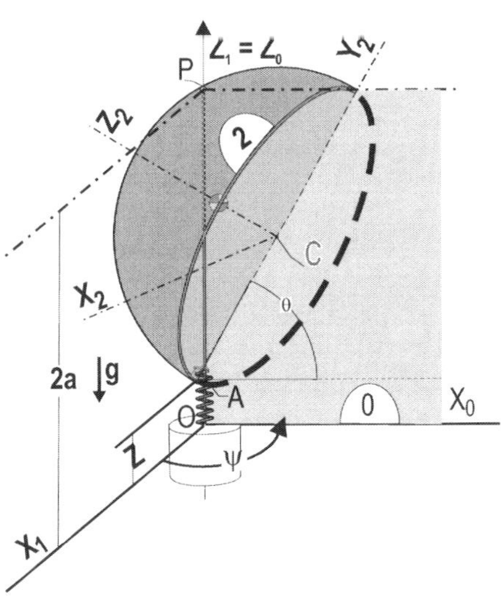

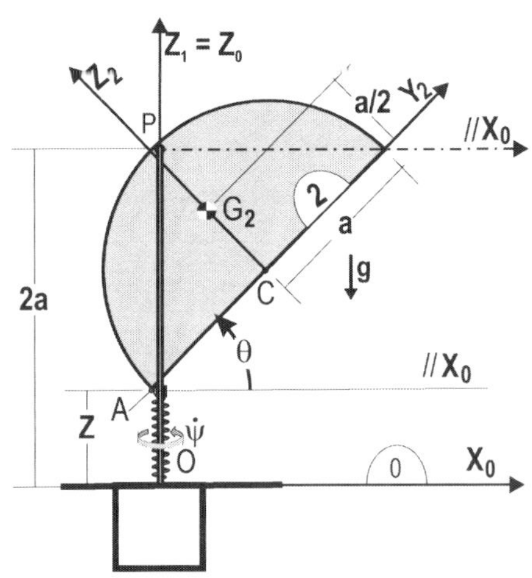

Sistema 19. (20/01/07) El sistema material de la figura está constituido por una varilla homogénea AB (sólido "3"), de masa m, longitud $3\,a$, articulada por su extremo A, a un cuadrado homogéneo (sólido "2") de masa m y lado $2\,a$ que se mueve *sin rozamiento* en un plano vertical $O_1X_1Y_1$ (sólido "1"). El vértice C *desliza permanentemente* sobre el eje horizontal OX_1.
En un instante cualquiera, la posición del sistema se determina por las coordenadas x, θ y ϕ propuestas en la figura. En el instante $t = 0$, el sistema está en reposo, siendo $x^- = \phi^- = \theta^- = 0$.

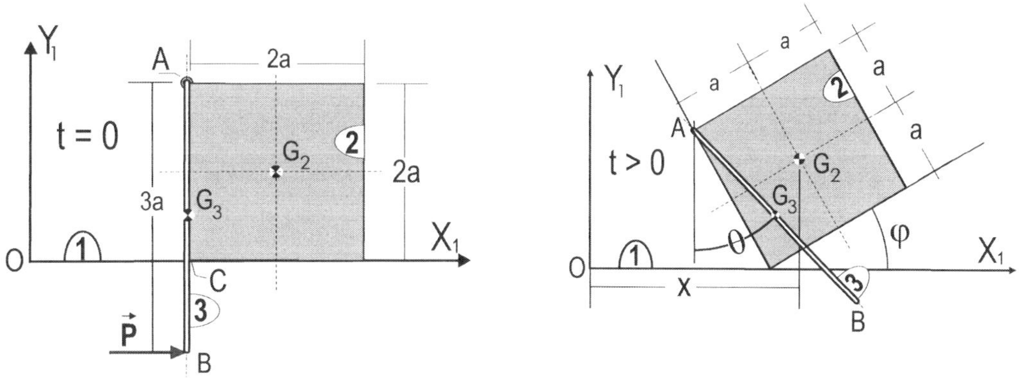

Sistema 20. (21/06/07) El sistema material de la figura, está formado por un volante de inercia, modelable por un aro homogéneo de centro C, radio a (sólido "2") y masa M situado perpendicularmente al eje COA de longitud $2\,a$ y masa despreciable (sólido "0") en cuyo extremo A existe una partícula material pesada de masa M, mientras que su punto medio O puede girar libremente alrededor de un punto fijo. Usar como coordenadas los ángulos de Euler.

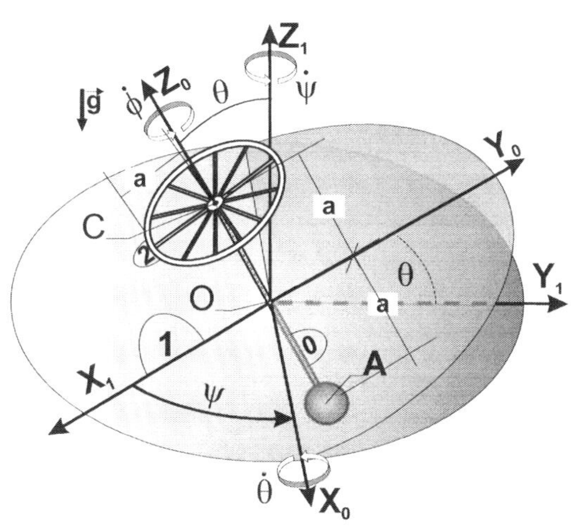

Sistema 21. (21/06/07) El sistema material de la figura está constituido por:

- Un disco circular homogéneo (sólido "0"), pesado de masa m y radio a, que se mueve en un plano vertical OXY manteniéndose siempre en contacto sin rozamiento con un suelo horizontal (sólido "1"). El centro C desliza permanentemente sobre el eje horizontal OY.

- Una varilla CD (sólido "2"), rectilínea homogénea y pesada, de masa m, longitud $3a$, uno de cuyos extremos C está articulado en el centro del disco, mientras que el otro extremo (D) desliza sin rozamiento sobre una guía vertical (OX). En un instante cualquiera, la posición del sistema se determina por las coordenadas θ y ϕ propuestas en la figura.

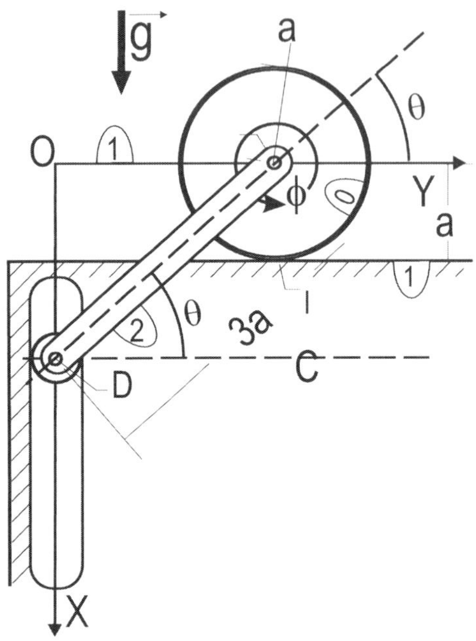

Sistema 22. El sistema material de la figura, representa una bóveda homogénea de masa M (sólido "2") formado por la intersección de un cilindro macizo circular de radio R y altura R con una semiesfera hueca de radio R y centro el de la base del cilindro C; el sólido rígido descrito se apoya y desliza (sin rozamiento) sobre una cascara esférica fija (sólido "1") de radio R.
Un resorte sin masa, de longitud natural nula y constante elástica $k = \frac{M\,g}{4\,R}$ ejerce entre sus extremos A y B (distantes $2\,R$ de C) una fuerza atractiva proporcional a la distancia $|AB|$; admitimos además que el sistema está sometido a la acción gravitatoria.

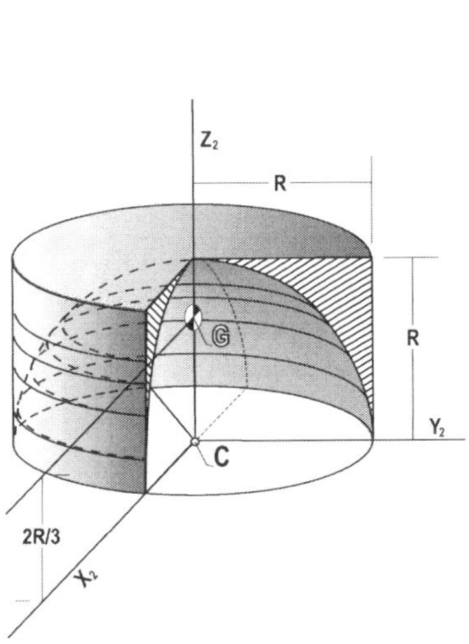

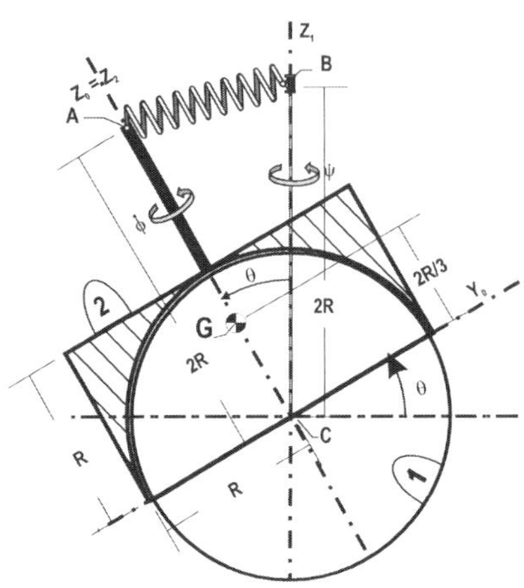

Sistema 23. El sistema material de la figura está formado por dos varillas delgadas y homogéneas de masa m y lado $2\,a$ (cada una) soldadas entre sí formando ángulo recto en A (sólido "2") y que se mueve sin rozamiento en un plano horizontal OX_1Y_1 (sólido "1"). El vértice A desliza permanentemente (sin rozamiento) sobre el eje horizontal OX_1 a la misma vez que el vértice B permanece unido al origen O por medio de un hilo inextensible de longitud $2\,a$. En un instante cualquiera, la posición del sistema se determina por las coordenadas x y ϕ, propuestas en la figura.

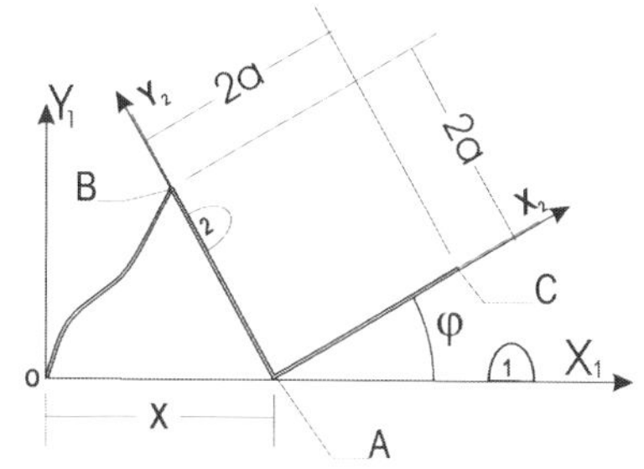

Sistema 24. (16/01/08) Una esfera maciza y homogénea de radio a y de masa M (sólido "2") rueda sin deslizar sobre la base y el borde de un hueco cilíndrico de radio $R = (3 + \sqrt{3}/2)a$ y profundidad $a/2$ (sólido "1"). El coeficiente de rozamiento entre la superficie esférica con el borde y base del hueco, es inferior a la unidad. **NOTA:** Expresar todos los resultados vectoriales en los ejes "0". El sólido "0" contiene en su plano vertical OX_0Z_0, los puntos de contacto (A y B) y el centro de la esfera (C).

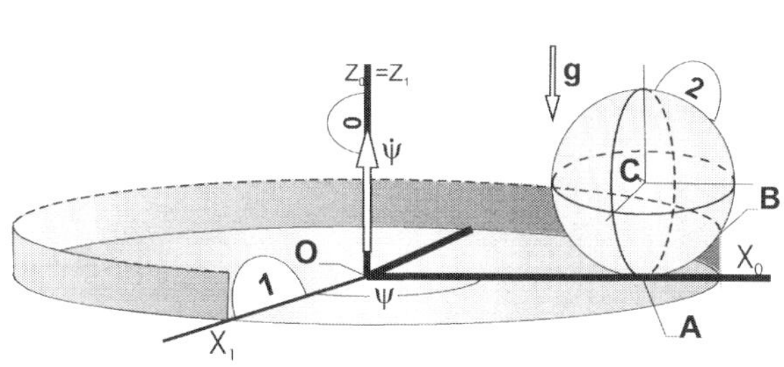

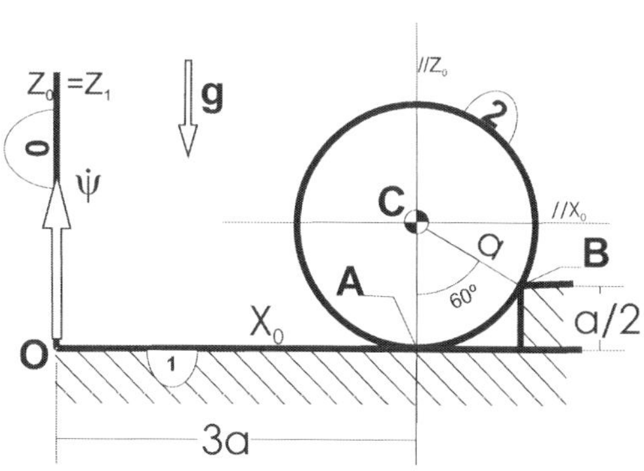

Sistema 25. (16/01/08) Un cuadrado homogéneo (sólido "2") de masa M y lado $2\,a$, puede moverse sin rozamiento en el plano horizontal $O_1\,X_1\,Y_1$ (sólido "1"), de forma tal que el lado AO pase siempre por O_1. Un resorte sin masa, de longitud natural nula y constante elástica $k = M\,\omega^2$, ejerce entre sus extremos (O_1 y O) una fuerza atractiva proporcional a la distancia $|O_1O| = \varrho$. Utilizar ϱ y θ como parámetros que fijan la posición del sistema.

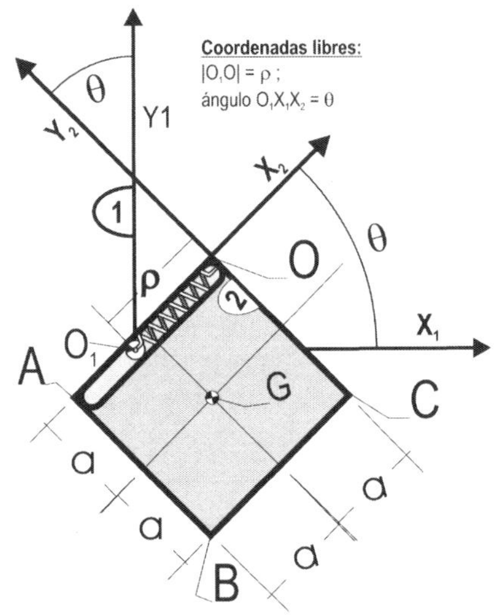

Sistema 26. (23/06/08) *A)* Una partícula de masa m desliza sin rozamiento sobre una *superficie de revolución* de eje vertical y ecuaciones paramétricas:

$$x = \varrho\cos\theta; \quad y = \varrho\,\mathrm{sen}\,\theta; \quad z = z(\varrho)$$

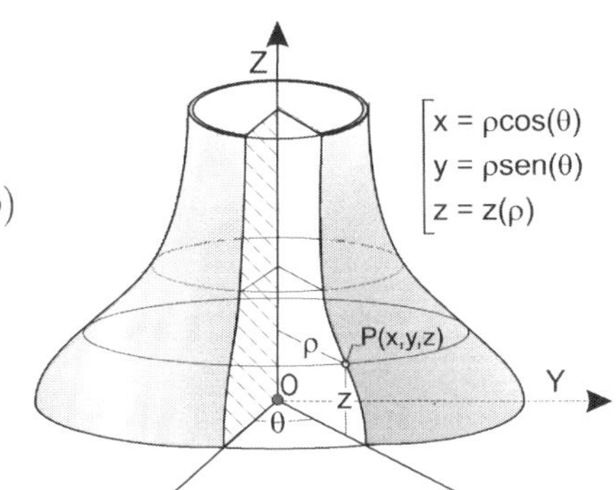

Para un instante genérico, se pide:

1. *Momento cinético* de la partícula en la dirección de OZ.
2. *Energía cinética.*

B) Si la ecuación de la meridiana: $z = z(\varrho)$ es $z = \varrho^2/r$, la partícula se mueve sobre un paraboloide de revolución de eje vertical (ver figura). La presencia de un hilo que pasa por una polea fija al punto $(0,0,6\,r)$ da lugar a que la partícula realice un movimiento circular uniforme con velocidad $V = \omega\,r$, describiendo un círculo horizontal de radio $\varrho = r$. En un determinado instante se tira del hilo hasta que la partícula adquiere de nuevo un movimiento circular de radio $\varrho = 2\,r$ ¿Qué trabajo se ha realizado al tirar del hilo?

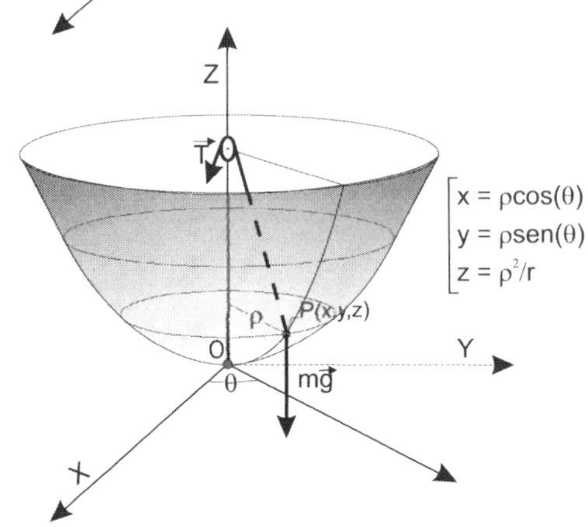

Sistema 27. (23/06/08) Una varilla homogénea AB (sólido "2") de longitud $2\,a$ y masa M está unida por su extremo A (por medio de una articulación cilíndrica) a una deslizadera que se desplaza sin rozamiento sobre un eje vertical fijo (OZ_1). Las coordenadas que fijan la posición del sistema son: z (altura del centro de la varilla) y ψ (ángulo que forma el plano vertical que contiene la varilla con un plano vertical fijo).

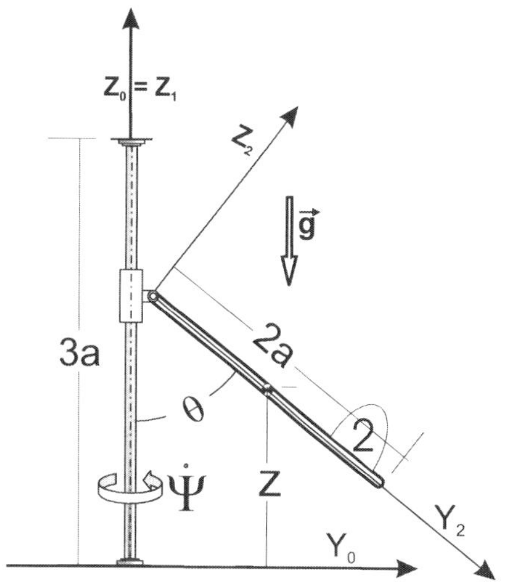

Sistema 28. (03/09/08) Una placa cuadrada homogénea de masa M y lado $2\,a$ (sólido "2") puede rotar y deslizar libremente y sin rozamiento sobre un plano vertical (sólido "0"). Este plano es, a su vez, móvil alrededor de un eje vertical fijo ($OZ_1 \equiv OZ_0$). La configuración del sistema se determina por las coordenadas y, z (coordenadas del centro de masas), θ (giro en el plano OY_0Z_0) y ψ (ángulo que forma el plano vertical que contiene la placa con un plano vertical fijo). En el instante inicial($t = 0$):

$$y = 0; \quad z = 5\,a; \quad \theta = 30°; \quad \psi = 0; \quad \dot{\theta} = \omega; \quad \dot{y} = \dot{z} = 0; \quad \dot{\psi} = \omega$$

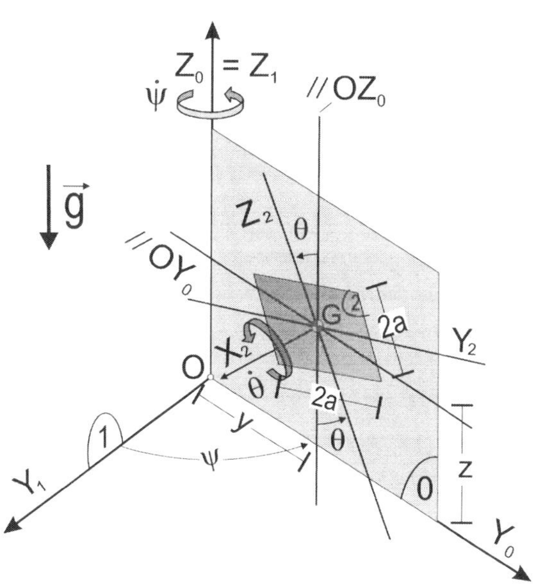

Sistema 29. (03/09/08) Dos varillas homogéneas OA y AB de masa M y longitud $2\,a$ están articuladas en el punto A. El extremo O es un punto fijo y B desliza sobre el eje vertical (OZ_1); durante el movimiento, ambas varillas están contenidas en el plano OX_0Z_0 (sólido "0").
Un resorte sin masa, de longitud natural $4\,a$ y constante elástica $k = M\,g/2\,a$, ejerce entre sus extremos O y B una fuerza repulsiva proporcional a la elongación $4\,a(1-\cos\,\theta)$. Admitimos, además que el sistema está sometido a la acción gravitatoria y que inicialmente $\theta = 60°$; $\dot{\theta} = 0$; $\dot{\psi} = \sqrt{\frac{g}{a}}$.

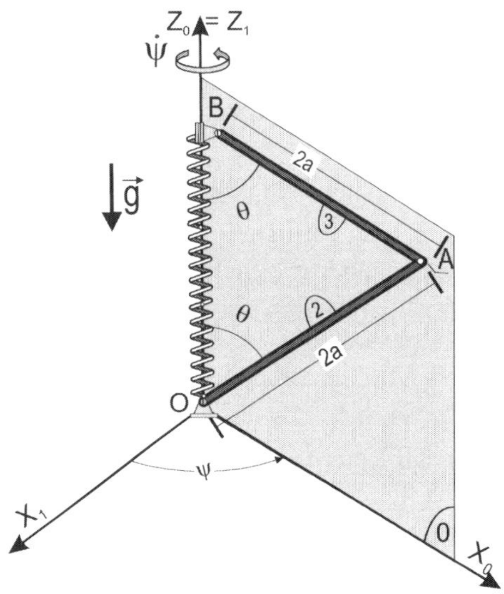

Sistema 30. (03/09/08) Un aro vertical de radio R, masa M y centro O, rueda y desliza sin rozamiento sobre una recta horizontal sometido a la acción de un par motor τ (constante). Un punto material P (del sólido "3"), de la misma masa (M), está obligado a deslizar sin rozamiento sobre el aro; el enlace es bilateral. Se supone que en el instante inicial el sistema parte del reposo desde la posición ($x = \theta = 0$; $\phi = \pi$).

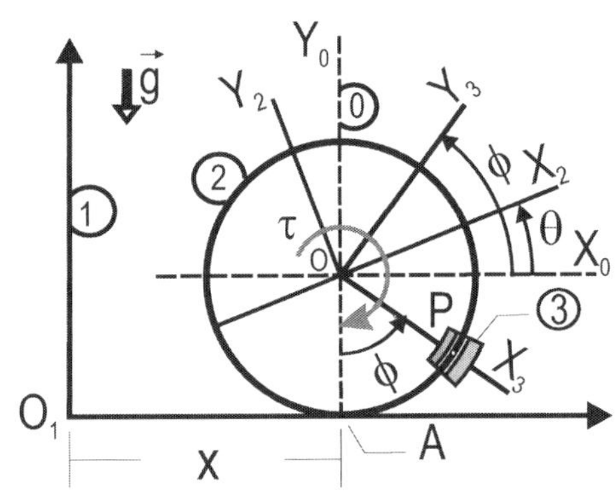

Sistema 31. (26/06/09) Una placa rectangular homogénea (sólido "2"), de masa M, base $4\,a$ y altura $2\,a$ está obligada a moverse, de forma que el centro de la base O está fijado al origen de un sistema de referencia inercial $OX_1Y_1Z_1$ (sólido "1"). Un resorte sin masa, de longitud natural nula y constante elástica $k = M\,g/4\,a$ ejerce entre sus extremos (C y D) una fuerza atractiva proporcional a la distancia $|CD| = 2\sqrt{2}\,a\,(\cos(\theta/2) - \operatorname{sen}(\theta/2))$. Se usan como coordenadas libres los ángulos de Euler (ψ, θ , ϕ).

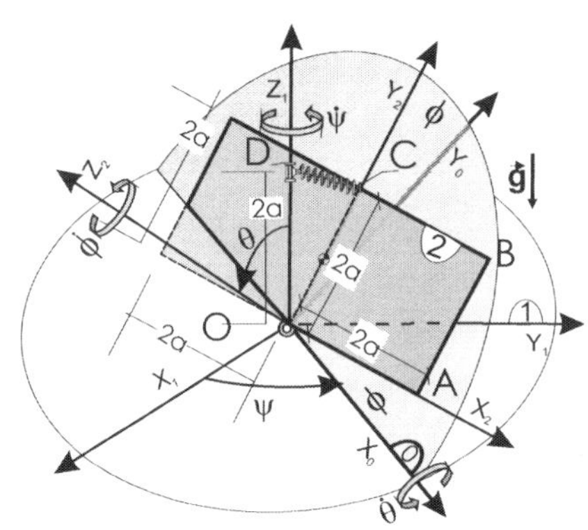

|OA| = |AB| = |BC| = |OC| = |OD| = 2a

Sistema 32. (26/06/09) Una placa pesada (sólido "2") está formada por medio aro de masa $2\,m$ y radio R y un semidisco de masa $3\,m$ y radio R. La placa así formada, se encuentra contenida en un plano vertical fijo (O, X_1, Y_1) y se apoya sobre un suelo horizontal rugoso (OX_1).

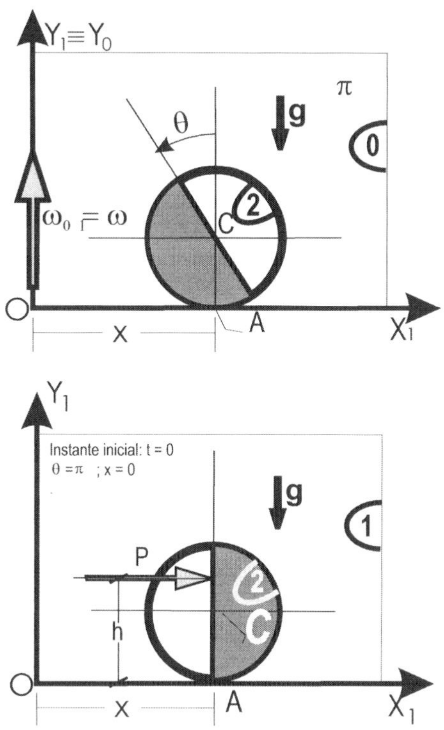

Sistema 33. (26/06/09) Una placa cuadrada homogénea de masa m y lado $2\,a$ (sólido "2") , puede deslizar libremente y sin rozamiento sobre un plano vertical (sólido "1"). La configuración del sistema se determina por las coordenadas x (distancia $O_1\,O$ entre los ejes $Y_0\,Y_2$), ϱ (distancia OG entre los ejes $X_0\,X_2$) y θ (ángulo girado por "2" ó "0" con respecto a "1").

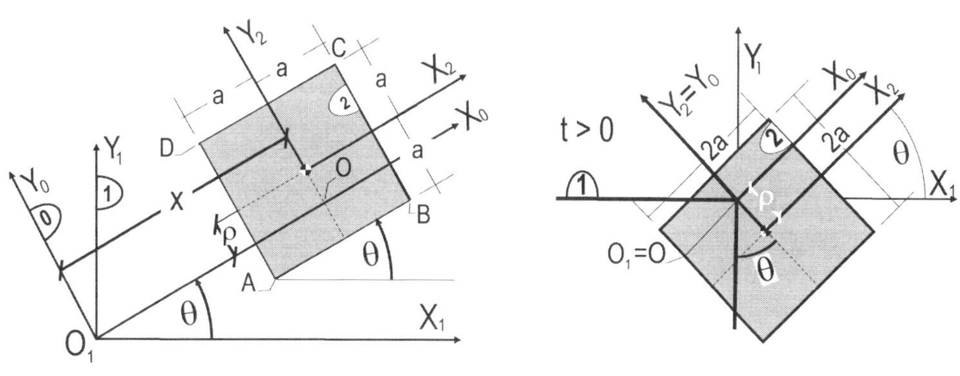

Sistema 34. (01/09/09) Una placa triangular homogénea (sólido "2"), de masa M , base $4\,a$ y altura $2\,a$, está obligada a moverse de forma tal que su base permanece siempre contenida en el plano $Z_1 = 0$ y el centro de la misma (O) está fijado al origen de un sistema de referencia inercial ($OX_1Y_1Z_1$) (sólido "1"). Un resorte sin masa de longitud natural nula y constante elástica $k = M\,g/12\,a$ ejerce entre sus extremos (B y D) una fuerza atractiva proporcional a la distancia $|BD| = 2\sqrt{2}\,a\,(\cos(\theta/2) - \operatorname{sen}(\theta/2))$. Se usan como coordenadas libres los ángulos de Euler (ψ, θ) y se sugiere expresar los resultados vectoriales en los ejes "2".

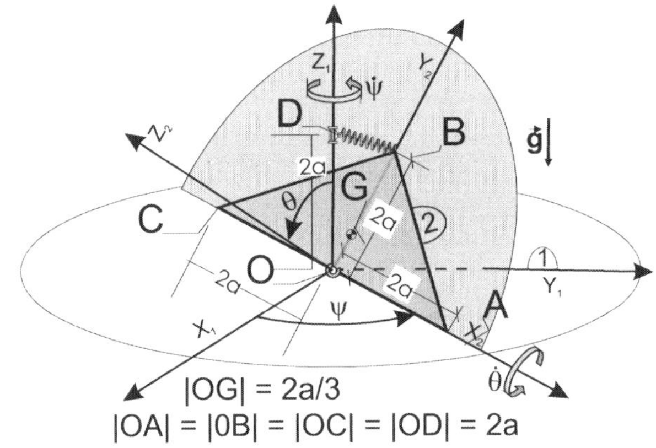

Sistema 35. (01/09/09) Una varilla pesada de masa M y longitud $2\,a$ se mueve de forma que uno de sus extremos A se encuentra articulado en el eje O_1X_0 a una distancia $2\,a$ del eje vertical O_1Z_1. Dicha articulación se establece por medio de un resorte en forma de espiral plana que, a la vez que obliga que la barra AB se mantenga siempre en el plano vertical $O_1X_0Z_0$ ejerce un par recuperador $\boldsymbol{M}_A = -k\,\phi\boldsymbol{\jmath}_0$.

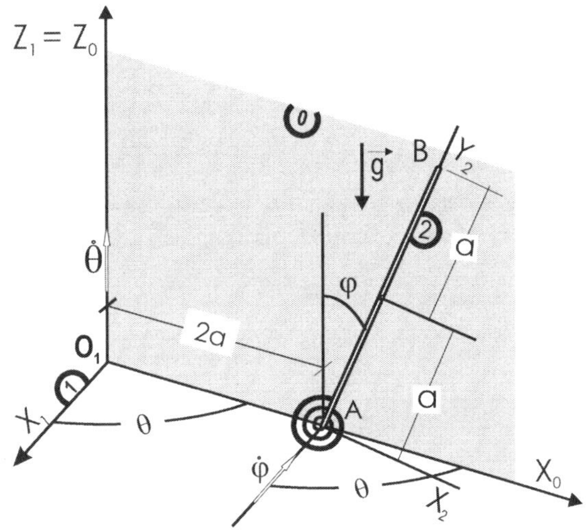

Sistema 36. (15/12/09) Una varilla uniforme de longitud $2\,a$, masa M y sección transversal despreciable, se ha puesto en equilibrio verticalmente sobre un suelo liso y después se deja caer libremente.

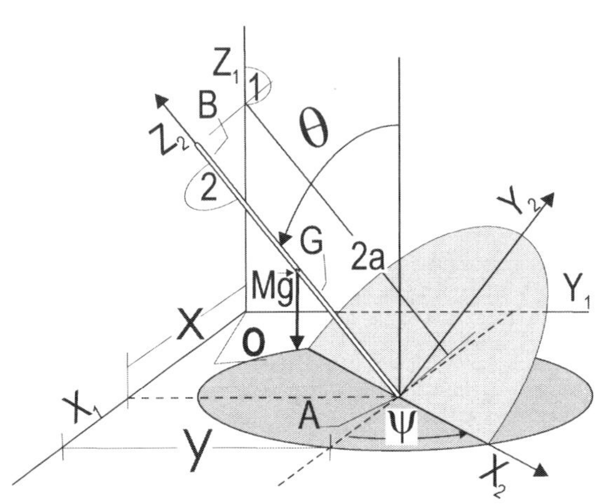

Sistema 37. (15/12/09) Un aro homogéneo (sólido "0"), de masa M y radio a, puede girar sin rozamiento alrededor de uno de sus diámetros (AB) que permanece horizontal y fijo. Los extremos (CD) de una varilla homogénea (sólido "2") de masa M y longitud $a\sqrt{2}$ deslizan, sin rozamiento, sobre la circunferencia anterior.

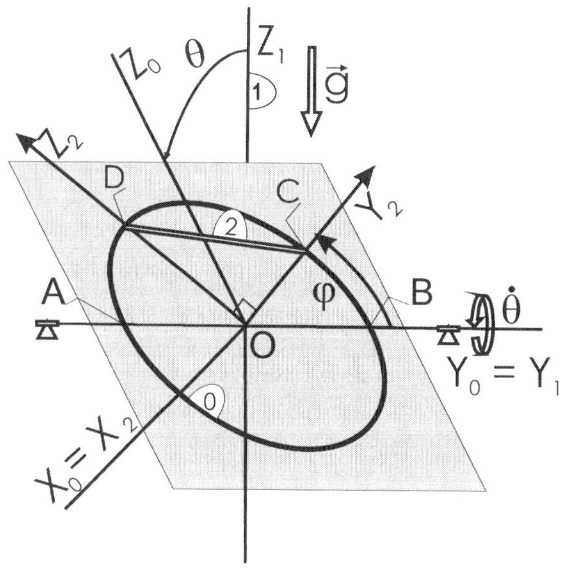

Sistema 38. (26/01/10) El sistema material de la figura está formado por un disco circular (sólido "2") de masa M y radio a (contenido en un plano OX_0Y_0 sin masa y con un punto fijo (O)), que gira, sin rozamiento, alrededor de su eje de simetría unido perpendicularmente al plano (sólido "0") de origen fijo en O, de forma tal que $OX_0 \equiv$ eje horizontal del plano del disco; $OY_0 \equiv$ máxima pendiente del disco; $OZ_0 \equiv$ normal al plano del disco. La posición del sólido se fija por medio de las coordenadas libres (ψ, θ, ϕ) (ver figura). Nota: Los resultados vectoriales se expresarán en los ejes "'0".

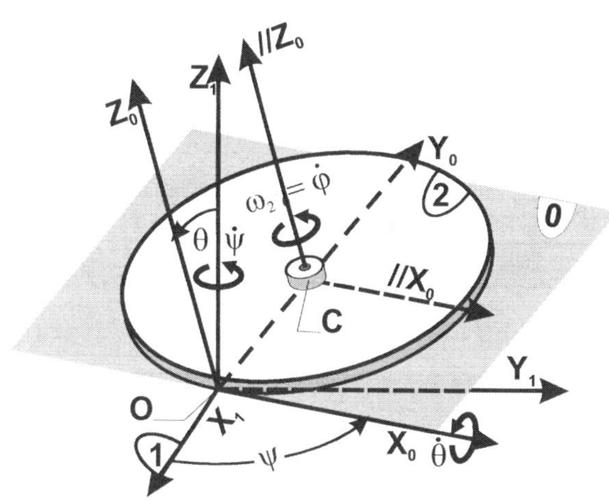

Sistema 39. (26/01/10) Un aro vertical homogéneo (sólido "O") de masa M y radio a, rueda y desliza sin rozamiento sobre una recta que permanece horizontal y fija (OX_1). Los vértices (ABD) de un triángulo isósceles homogéneo (sólido "2") de masa $3M$ y lados $(2\,a, a\sqrt{2}, a\sqrt{2})$ deslizan, sin rozamiento, sobre la circunferencia anterior.

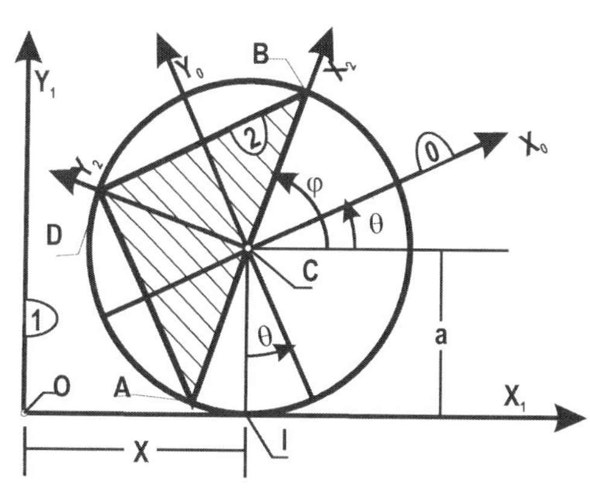

Sistema 40. (2/09/10) Una placa cuadrada homogénea de lado $2a$ y masa M (sólido "2"), tiene una ranura de ancho despreciable (AB), coincidente con una de sus diagonales, que desliza con rozamiento sobre un pivote rugoso fijo (O). La placa, que está obligada a moverse en un plano vertical, se abandona en reposo (para $t = 0$, $\varrho = a\sqrt{2}/3$, $\theta = 0$) bajo la acción de su propio peso.

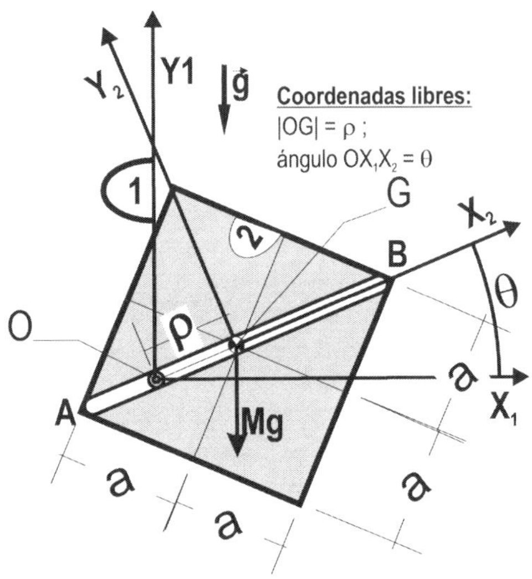

Sistema 41. (2/09/10) Las palas de la figura, sólido "0", (formado por dos sectores circulares coplanarios opuestos por sus vértices de radio a y ángulo en el vértice $\pi/2$ (cuarta parte de un disco), homogéneos y de masa $M/2$ cada uno) se mueven respecto a un sistema de referencia inercial $O_1X_1Y_1Z_1$ (sólido "1") de forma tal que, en todo momento, el diámetro AB permanece horizontal; su centro O (unido a un par cilíndrico de masa y radio despreciables) se desplaza siempre sobre el eje vertical fijo O_1Z_1 a la vez que las palas giran alrededor de dicho eje.
En el instante inicial: $t = 0$, el sistema se encuentra en reposo en la posición $\theta = 0$; $\psi = 0$; $z = |O_1C|$, y alcanza el tramo CD, en el que el par cilíndrico (que va unido al centro O) recorre un tornillo, de radio despreciable, que es solidario con el eje O_1Z_1. Como consecuencia, los movimientos de traslación $(\dot{z})$ y rotación $(\dot{\psi})$ no son independientes, sino que existe una ecuación que los liga: $z = \frac{a}{2}\,\psi$.

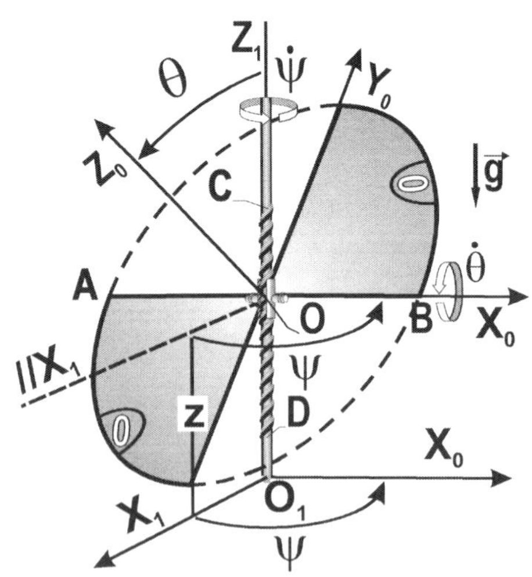

Parte II:
Boletines

Boletín 1: Geometría de masas y cinética

1.1. (Sistema 1)

Halle:

1. ♣ *Tensor de inercia del cilindro referido a los ejes principales correspondientes al punto O (centro de su base).*

2. ♣ *Momento cinético del sistema respecto al punto O.*

3. ♣ *Energía cinética del sistema.*

1.2. (Sistema 2)

1. ♣ *Halle los momentos de inercia $I_{33}(A)$ de disco y varilla correspondientes al punto A.*

2. Obtenga el momento cinético del sistema respecto al punto A.

3. ♣ *Demuestre que la energía cinética del sistema puede escribirse como:*

$$T = \lambda M a^2 \left(\dot{\phi}^2 + \dot{\phi}\,\dot{\theta}\, \cos(\phi - \theta) + \mu\,\dot{\theta}^2 \right)$$

donde λ y μ son valores numéricos a determinar.

1.3. (Sistema 3)

Halle:

1. ♣ *Direcciones principales en O y tensor de inercia (referido a direcciones principales) en el punto A del plano vertical.*

2. ♣ *Momento cinético en el punto A.*

Admitiendo que el tensor de inercia de la cáscara en el punto A (referido a los ejes $A\,X_2\,Y_2\,Z_2$) es:

$$\overleftrightarrow{I}(A) = M R^2 \begin{bmatrix} \alpha & 0 & 0 \\ 0 & \beta & 0 \\ 0 & 0 & \gamma \end{bmatrix}_{"2}$$

donde

$$\alpha = \frac{14}{3}; \quad \beta = \frac{1}{3}\left(2 + \frac{2}{\pi}\right); \quad \gamma = \frac{1}{3}\left(14 - \frac{2}{\pi}\right)$$

3. ♣ *Demuestre que la energía cinética del sistema puede escribirse (en función de α, β y γ) como:*

$$T = \frac{1}{2} M R^2 \left(\alpha\,\dot{\theta}^2 + \dot{\psi}^2 \left((1+\beta) + 4 \operatorname{sen}\theta + (\gamma - \beta)\operatorname{sen}^2\theta \right) \right)$$

1.4. (Sistema 4)

Halle:

1. ♣ *Centro de masas del sistema formado por aro y disco.*

2. ♣ *Momento cinético del aro (sólido "2"), respecto al punto O.*

3. ♣ *Energía cinética del sistema.*

1.5. (Sistema 5)

1. ♣ *Obtenga los momentos de inercia $I_{33}(O)$ de aro y varilla.*

2. Determine el momento cinético del sistema respecto al punto O.

3. ♣ *Demuestre que la energía cinética del sistema se escribe:*

$$T = \lambda M R^2 \left(\mu \dot{\theta}^2 + \dot{\phi}^2 - 2 \dot{\theta} \dot{\phi} \cos(\theta + \phi)\right)$$

con λ y μ, constantes a determinar.

1.6. (Sistema 6)

Halle:

1. ♣ *Tensores de inercia de cáscara y varilla referidos a los ejes principales correspondientes al punto O.*

2. ♣ *Momento cinético (para cada sólido por separado) en el punto O.*

3. Energía cinética del sistema.

1.7. (Sistema 7)

Calcule:

1. ♣ *Posición del centro de masas.*

2. ♣ *Tensor de inercia en el centro de masas de la placa (G).*

3. Momento cinético en el punto G.

4. ♣ *Energía cinética del sistema.*

1.8. (Sistema 8)

Calcule:

1. ♣ *Tensor de inercia en el punto O (centro de la esfera).*

2. Momento cinético en el punto O.

3. ♣ *Energía cinética del sistema.*

1.9. (Sistema 9)

Se pide:

1. ♣ *Momento cinético de cada uno de los sólidos por separado (en su centro de masas).*

2. Energía cinética del sistema.

1.10. (Sistema 10)

Se pide:

1. ♣ *Momento de inercia $I_{33}(A)$.*

2. ♣ *Momento cinético del sistema en el punto A.*

3. ♣ *Energía cinética del sistema.*

1.11. (Sistema 11)

1. ♣ *Demuestre que:*

$$2\,a\,\cos\,\theta + x\,\operatorname{sen}\,\theta = \eta$$

es la ecuación de ligadura entre los parámetros que fijan la posición del sistema y donde η es una constante a determinar.

2. ♣ *Calcule el momento de inercia $I_{33}(B)$ de la placa cuadrada.*

3. Obtenga el momento cinético del sistema en el punto B

4. ♣ *Demuestre que la energía cinética del sistema se escribe:*

$$T = M\left(\lambda\,\dot{x}^2 - 2\,\lambda\,a\,\dot{x}\,\dot{\theta}(\cos\,\theta + \operatorname{sen}\,\theta) + \mu\,a^2\,\dot{\theta}^2\right)$$

donde λ y μ son constantes a determinar.

1.12. (Sistema 12)

Determine:

1. ♣ *Tensor de inercia del disco referido a los ejes principales correspondientes al punto (O).*

2. ♣ *Momento cinético del sistema respecto al punto O.*

3. ♣ *Energía cinética del sistema.*

1.13. (Sistema 13)

Se pide:

1. ♣ *Expresar, por medio de ecuaciones de ligaduras entre los parámetros, las restricciones impuestas al movimiento libre: tanto en la primera fase (A) como en la segunda (B).*

2. ♣ *Demostrar que la energía cinética del sistema (utilizando como parámetros x y θ) se escribe*

$$T = m\left(\frac{1}{2}\dot{x}^2 - \lambda\,\dot{x}\,\dot{\theta}(\text{sen}\;\theta + \cos\;\theta) + \mu\,\dot{\theta}^2\right)$$

donde λ y μ son constantes a determinar.

1.14. (Sistema 14)

Se pide:

1. ♣ *Centro de masas del sistema total.*

2. ♣ *Momento cinético del sistema completo en el punto A.*

3. ♣ *Energía cinética del sistema.*

1.15. (Sistema 15)

1. Calcule el momento cinético del sistema en el punto O.

2. ♣ *Demuestre que la energía cinética del sistema puede escribirse como:*

$$T = \lambda\,M\,a^2\left(\dot{\theta}^2 + \mu\,\dot{\phi}^2 - \dot{\theta}\,\dot{\phi}\,\cos(\theta - \phi)\right)$$

donde λ y μ son constantes a determinar.

1.16. (Sistema 16)

Se pide:

1. ♣ *Momento cinético del sistema en el punto O.*

2. ♣ *Energía cinética del sistema.*

1.17. (Sistema 17)

Se pide:

1. Momento cinético del sistema en el punto O.

2. ♣ *Demostrar que la energía cinética del sistema puede escribirse como:*

$$T = \frac{M\,a^2}{2}\left((\lambda - 3\,\cos\,\phi)\,\dot{\theta}^2 + (\mu - 6\,\cos\,\phi)\dot{\phi}^2 + (\eta - 9\,\cos\,\phi)\dot{\theta}\,\dot{\phi}\right)$$

donde λ , μ y η son valores numéricos a determinar.

1.18. (Sistema 18)

1. Halle el momento cinético del sistema en el punto A.

2. ♣ *Demuestre que la energía cinética del sistema (utilizando como parámetros ψ y θ) se escribe:*

$$T = \frac{M\,a^2}{12}\left(\dot{\psi}^2(\lambda - 3\,\mathrm{sen}(2\,\theta) + 3\,\cos(2\,\theta)) + \dot{\theta}^2(\mu + 6\,\mathrm{sen}(2\,\theta))\right)$$

donde λ y μ son constantes a determinar.

1.19. (Sistema 19)

Se pide:

1. ♣ *Momento cinético del sistema en el punto C.*

2. Energía cinética del sistema.

1.20. (Sistema 20)

Usando como coordenadas los ángulos de Euler, determine:

1. ♣ *Momento cinético del sistema en el punto O.*

2. ♣ *Energía cinética.*

1.21. (Sistema 21)

Determine:

1. Momento cinético del sistema en el punto D.

2. ♣ *Energía cinética.*

1.22. (Sistema 22)

Sabiendo que el centro de masas dista $2R/3$ del centro de la semiesfera, se pide:

1. ♣ *Calcular el tensor de inercia del cuerpo respecto al punto C (referir a direcciones principales).*

2. Usando como coordenadas, los ángulos de Euler, determine:

(a) ♣ *Momento cinético del sistema en el punto C.*

(b) ♣ *Energía cinética.*

1.23. (Sistema 23)

Se pide:

1. Momento cinético del sistema en el punto A.
2. ♣ *La energía cinética del sistema.*

1.24. (Sistema 24)

Se pide:

1. ♣ *Momento cinético del sistema en el punto B.*
2. ♣ *La energía cinética del sistema.*

1.25. (Sistema 25)

♣ *Demuestre que la energía cinética del sistema se escribe:*

$$T = \frac{M}{2}\left\{\dot{\varrho}^2 + \lambda\, a^2\, \dot{\theta}^2 \left(\left(\frac{\varrho - a}{a\sqrt{\lambda}}\right)^2 + 1\right) + 2\, a\, \dot{\varrho}\, \dot{\theta}\right\}$$

donde λ es una constante a determinar.

1.26. (Sistema 26)

Se pide:

1. ♣ *Momento cinético de la partícula en la dirección OZ*
2. ♣ *Energía cinética.*

1.27. (Sistema 27)

Se pide:

1. Momento cinético del sistema en el punto A.
2. ♣ *Demostrar que la energía cinética del sistema se escribe:*

$$T = M\left(3\,\lambda\,\dot{z}^2 - \lambda\, a^2\, \dot{\theta}^2 (1 + 3\,\cos^2\,\theta) + \mu\, a^2\, \dot{\psi}^2\, \mathrm{sen}^2\,\theta\right)$$

donde λ y μ son constantes a determinar.

1.28. (Sistema 28)

Se pide:

1. ♣ *Momento cinético del sistema en el punto G (centro de gravedad de la placa).*

2. ♣ *Energía cinética del sistema.*

1.29. (Sistema 29)

♣ *Demuestre que la energía cinética del sistema se escribe*

$$T = \lambda\, M\, a^2 \left((1 + \mu \operatorname{sen}^2 \theta)\, \dot{\theta}^2 + \varepsilon\, \dot{\psi}^2 \operatorname{sen}^2 \theta \right)$$

donde λ, μ y ε son constantes a determinar.

1.30. (Sistema 30)

Para este sistema, determine:

1. ♣ *La posición de su centro de masas.*
2. ♣ *Momento cinético en el punto A.*
3. ♣ *Energía cinética.*

1.31. (Sistema 31)

Se pide:

1. ♣ *Momento cinético del sistema en el punto O.*
2. ♣ *Demostrar que la energía cinética del sistema se escribe:*

$$T = \lambda\, M\, a^2 \left(\dot{\theta}^2 + \dot{\psi}^2 \operatorname{sen}^2 \theta + \mu\, (\dot{\phi} + \dot{\psi} \cos \theta)^2 \right)$$

donde λ y μ son constantes a determinar.

1.32. (Sistema 32)

Se pide:

1. ♣ *Posición del centro de masas.*
2. ♣ *Tensor de inercia en el punto C.*
3. Energía cinética del sistema.

1.33. (Sistema 33)

♣ *Demuestre que la energía cinética del sistema se escribe*

$$T = \lambda m \left((\dot{x} - \varrho \dot{\theta})^2 + (\dot{x}\,\dot{\theta} + \dot{\varrho})^2 + \mu \dot{\theta}^2 \right)$$

donde λ y μ son constantes a determinar.

1.34. (Sistema 34)

Se pide:

1. ♣ *Momento cinético del sistema en el punto O.*
2. ♣ *Demostrar que la energía cinética del sistema se escribe:*

$$T = \lambda M a^2 \left(\dot{\theta}^2 + \dot{\psi}^2 (\cos^2 \theta + \mu) \right)$$

donde λ y μ son constantes a determinar.

1.35. (Sistema 35)

♣ *Demuestre que la energía cinética del sistema se escribe:*

$$T = M a^2 \left(\dot{\theta}^2 (\lambda + \mu \operatorname{sen}^2 \phi + \lambda \operatorname{sen} \phi) + \mu \dot{\phi}^2 \right)$$

donde λ y μ son constantes a determinar.

1.36. (Sistema 36)

Halle:

1. ♣ *Tensor central de inercia de la varilla referido a ejes principales.*
2. ♣ *Momento cinético del sistema respecto al punto A.*
3. ♣ *Energía cinética del sistema.*

1.37. (Sistema 37)

♣ *Demuestre que la energía cinética del sistema se escribe:*

$$T = \frac{M a^2}{12} \left((\lambda + \operatorname{sen}(2\,\phi)) \dot{\theta}^2 + \mu \dot{\phi}^2 \right)$$

donde λ y μ son constantes a determinar.

1.38. (Sistema 38)

Halle:

1. ♣ *Tensor de inercia del disco referido a ejes principales en el punto O.*

2. ♣ *Momento cinético del sistema respecto al punto O.*

3. ♣ *Energía cinética del sistema.*

1.39. (Sistema 39)

1. ♣ *Halle el tensor de inercia del triángulo referido a ejes principales en el punto C.*

2. Obtenga el momento cinético del triángulo respecto al punto C.

3. ♣ *Demuestre que la energía cinética del sistema se escribe:*

$$T = \lambda M \left(2\,\mu \dot{x}^2 + a^2(\dot{\theta}^2 + \dot{\phi}^2) - \mu\, a\, \dot{x}\, \dot{\phi}\, \cos\,\phi\right)$$

donde λ y μ son constantes a determinar.

1.40. (Sistema 40)

Determine el momento cinético de la placa con respecto a su centro de masas y, a partir de este resultado, su valor con respecto al punto O.

1.41. (Sistema 41)

1. ♣ *Halle el tensor de inercia del sólido "0" en el punto O y referido a los ejes $OX_0Y_0Z_0$.*

2. ♣ *Demuestre que la energía cinética del sistema (con (z, ψ , θ) como coordenadas generalizadas) se escribe:*

$$T = \lambda M\, a^2 \left(\left(\frac{2\,\dot{z}}{a}\right)^2 - \mu\, \dot{\theta}\, \dot{\psi}\ \mathrm{sen}\ \theta + \dot{\theta}^2 + \dot{\psi}^2(1 + \cos^2\,\theta)\right)$$

donde λ y μ son constantes a determinar.

3. ♣ *Calcule el momento cinético en $O \equiv G$.*

Boletín 2: Dinámica Vectorial

2.1. (Sistema 1)

Sabiendo que el sistema parte del reposo para $\theta = 12\pi$ radianes y utilizando los métodos de la dinámica vectorial, se pide:

1. Desvincular el sistema en O.
2. ♣ *Aplicar (al sistema) el teorema del momento cinético en el punto O.*
3. ♣ *Obtener las ecuaciones diferenciales del movimiento (en forma de integrales primeras).*

2.2. (Sistema 2)

Utilizando los métodos de la dinámica vectorial, se pide:

1. Desvincular "$3/2$" , "$2/0$", "$2/1$" y "$0/1$".
2. Aplicar el teorema del momento cinético al sistema completo en el punto A.
3. Obtener las ecuaciones diferenciales del movimiento.

2.3. (Sistema 3)

Utilizando los métodos de la mecánica vectorial:

1. ♣ *Desvincule, razonadamente, el ´solido "2" (cáscara más barra) del sólido "0" en el punto A.*
2. ♣ *De la aplicación del teorema del momento cinético en el punto A, obtenga una ecuación del movimiento que no contenga las incógnitas de reacción vincular.*
3. ♣ *Admitiendo que $\dot{\psi} = \omega$ (constante), calcule el ángulo θ que la barra OA forma con la vertical, cuando el movimiento del sistema es estacionario.*

2.4. (Sistema 4)

1. ♣ *Aplique el teorema de la cantidad de movimiento al centro de masas del sistema total. ¿Se deduce alguna integral primera?*
2. ♣ *Aplique el teorema del momento cinético al aro aislado. Deduzca de aquí que la velocidad angular $\dot{\theta}$ es una constante del movimiento.*
3. ♣ *Aplique el teorema de la energía al sistema. Simplifique su expresión final utilizando para ello las integrales primeras obtenidas previamente.*

4. ♣ *Calcule las reacciones vinculares ejercidas sobre el aro. ¿En el transcurso del movimiento, se separan disco y aro?*

2.5. (Sistema 5)

Utilizando los métodos de la mecánica vectorial, se pide:

1. Aplicar el teorema de la cantidad de movimiento al centro de masas de la barra.
2. Aplicar el teorema del momento cinético al sistema completo respecto al punto O.
3. Aplicar el teorema de la energía al sistema.

2.6. (Sistema 6)

Utilizando los métodos de la mecánica vectorial, se pide:

1. ♣ *Aplicar el teorema del momento cinético (para cada sólido por separado) en el punto O.*
2. ♣ *Demostrar que la primera fase del movimiento es un deslizamiento. Integrar las ecuaciones del movimiento calculando ψ y ϕ en función del tiempo.*
3. ♣ *Demostrar que después del deslizamiento, la varilla y la semiesfera están en equilibrio relativo. Estudiar esta segunda fase del movimiento.*

2.7. (Sistema 7)

Utilizando los métodos de la mecánica vectorial, se pide:

1. Aplicar el teorema del momento cinético en el punto C
2. Hallar dos integrales primeras del movimiento.

2.8. (Sistema 8)

1. ♣ *Pruebe, razonadamente, que el sistema posee tres grados de libertad (usar como coordenadas libres los ángulos de Euler) y desvincule el anillo en el punto O (centro de la esfera).*
2. Obtenga (utilizando los métodos de la mecánica vectorial) tres integrales primeras del movimiento del aro.

2.9. (Sistema 9)

Se pide:

1. ♣ *Fragmentar el sistema y aplicar los teoremas del centro de masa y del momento cinético (en el centro de masas) a cada uno de los sólidos por separado.*

2. ♣ *Obtener la ecuación diferencial del movimiento.*

3. ♣ *Comprobar que $\theta + \omega\, t = 0$ es una solución de la ecuación del movimiento. Calcular, en este caso, la reacción que la varilla ejerce sobre el aro en la articulación A, la que el eje $O_1 X_1$ ejerce sobre el aro en B y el par motor τ.*

4. ♣ *Hacer un estudio cualitativo del movimiento (usar el cambio de variables $u = \theta + \omega\, t$).*

2.10. (Sistema 10)

1. ♣ *Supuesto que existe rozamiento (por deslizamiento) en A y que, en la posición inicial $\theta = \pi/2$, el movimiento consta de dos fases: en la primera se suelta manteniendo inmovilizada la corredera; en la segunda, cuando se alcanza la posición $\theta = \pi/4$, se permite a la corredera deslizar sobre la recta. ¿Cuál debe ser el coeficiente de rozamiento entre la corredera y la recta horizontal para que, en el instante de soltar la corredera, no se produzca deslizamiento?*

2. ♣ *Supuesto que no existe rozamiento en A y utilizando los métodos de la mecánica vectorial, determine:*

   (a) *Ecuaciones diferenciales del movimiento (obtenga integrales primeras).*

   (b) *Reacción en A.*

2.11. (Sistema 11)

Utilizando los métodos de la mecánica vectorial, se pide:

1. Aplicar el teorema del momento cinético en el punto B

2. Obtener las ecuaciones diferenciales del movimiento.

2.12. (Sistema 12)

Se pide:

1. ♣ *Aplicar razonadamente los teoremas generales de la Mecánica (Centro de masas y Momento cinético para el punto O).*

2. ♣ *En la hipótesis de deslizamiento, determinar las acciones de contacto en el punto M.*

3. ♣ *Calcular el trabajo realizado durante la fase de deslizamiento por el motor que proporciona el enlace ω = constante.*

2.13. (Sistema 13)

:

Utilizando los métodos de la mecánica vectorial (en la primera fase del movimiento), se pide:

1. Aplicar el teorema del momento cinético en el CIR del movimiento "$2/1$".

2. Determinar las ecuaciones diferenciales del movimiento.

2.14. (Sistema 14)

Se pide:

1. ♣ *Aplicar el teorema de la cantidad de movimiento al centro de masas del sistema total ¿Se deduce alguna integral primera?*

2. ♣ *Aplicar el teorema de la energía al sistema completo. Simplificar (¡si ha lugar!) su expresión final utilizando para ello la(s) integral(es) primera(s) obtenida(s) previamente.*

3. ♣ *Aplicar el teorema del momento cinético al sistema completo en el punto A y calcular de aquí el par de reacción ejercido por el suelo sobre la placa triangular.*

2.15. (Sistema 15)

Colocamos en la articulación A un resorte sin masa que ejerce entre AB y AD un par proporcional a $\alpha = \theta - \phi$ y de coeficiente $-3\, M\, a^2\, \omega^2$

Utilizando los métodos de la mecánica vectorial, se pide:

1. Determinar las ecuaciones diferenciales del movimiento (dos integrales primeras)

2. Se fija el centro O del disco a un motor que lo hace girar con velocidad angular constante ω.

   (a) Halle las ecuaciones diferenciales del movimiento.

   (b) Determine la potencia del motor que asegura la rotación ω.

2.16. (Sistema 16)

Sabiendo que en el instante inicial ($t = 0$), su posición y velocidades vienen dados por:

$$\phi = \psi = 0;\ \theta = 60°;\ \dot{\theta} = \dot{\psi} = 0;\ \dot{\phi} = r_0$$

tal que $r_0^2 = \dfrac{(1+\sqrt{3})\, g}{2\, a}$.

Se pide:

1. ♣ *Desvincular el sistema en el punto O.*

2. ♣ *Aplicar el teorema del momento cinético en el punto O.*

3. ♣ *Encontrar tres integrales primeras del movimiento.*

4. ♣ *Estudiar cualitativamente por medio del cambio de variables $u = \cos\theta$, el movimiento del sistema, demostrando su periodicidad.*

2.17. (Sistema 17)

1. Aplique (al sistema) el teorema del momento cinético en el punto O_1.

2. Halle las ecuaciones diferenciales del movimiento (en forma de integrales primeras).

2.18. (Sistema 18)

1. Determine, utilizando los métodos de la Dinámica Vectorial, las ecuaciones del movimiento de la cáscara en forma de integrales primeras sabiendo que el sistema parte del reposo en el instante inicial ($t = 0$) desde la posición $\psi = 0, \operatorname{sen}\theta = 2/\sqrt{5}$.

2. Calcule el par ejercido por un motor que obligase al sistema a girar de manera que $\dot{\psi} = \omega$ (constante).

2.19. (Sistema 19)

1. Aplique el teorema de la cantidad de movimiento al centro de masas del sistema total. ¿Se deduce alguna integral primera?

2. Obtenga las ecuaciones diferenciales del movimiento.

2.20. (Sistema 20)

♣ *Se sabe que el volante gira alrededor del eje AOC con velocidad angular ω constante ($\dot{\phi} = \omega$) al tiempo que el eje describe un plano horizontal ($\theta = 90°$) girando alrededor de la vertical que pasa por el punto medio O con una velocidad angular Ω constante ($\dot{\psi} = \Omega$). Para que este movimiento sea posible, es necesario que además de las fuerzas gravitatorias y vinculares, actúe en el punto O un par; determine el par $\mathbf{M}_0$ aplicando el teorema del momento cinético en O.*

2.21. (Sistema 21)

Se pide:

1. Aplicar (al sistema) el teorema del momento cinético en el punto D.

2. Obtener las ecuaciones diferenciales del movimiento.

2.22. (Sistema 22)

♣ *Utilizando los métodos de la Mecánica Vectorial, encuentre tres integrales primeras del movimiento.*

2.23. (Sistema 23)

1. Aplique (al sistema) el teorema del momento cinético en el punto A.
2. Halle las ecuaciones diferenciales del movimiento hasta que se tensa el hilo.

2.24. (Sistema 24)

♣ *Aplique el teorema del momento cinético en el punto B y, determine de aquí, el valor máximo que puede tomar $\dot{\psi}$ sin que la esfera pierda contacto con la base del hueco.*

2.25. (Sistema 25)

Haciendo uso de los métodos de la dinámica vectorial, se pide determinar las ecuaciones del movimiento del cuadrado en forma de integrales primeras, sabiendo que el sistema parte del reposo en el instante inicial ($t = 0$) desde la posición $\varrho = a$ y $\theta = 0$.

2.26. (Sistema 26)

♣ *Si la ecuación de la meridiana: $z = z(\varrho)$ es $z = \varrho^2/r$, la partícula se mueve sobre un paraboloide de revolución de eje vertical. La presencia de un hilo que pasa por una polea fija al punto $(0, 0, 6\,r)$ da lugar a que la partícula realice un movimiento circular uniforme con velocidad $V = \omega\, r$, describiendo un círculo horizontal de radio $\varrho = r$. En un determinado instante se tira del hilo hasta que la partícula adquiere de nuevo un movimiento circular de radio $\varrho = 2\,r$ ¿Qué trabajo se ha realizado al tirar del hilo?*

2.27. (Sistema 27)

Haciendo uso de los métodos de la dinámica vectorial, se pide determinar las ecuaciones del movimiento de la varilla *en forma de tres integrales primeras*, sabiendo que el sistema parte, en el instante inicial ($t = 0$), desde la posición $z = 3\,a$, $\theta = \pi/6$, $\psi = 0$, con las velocidades $\dot{z} = \dot{\theta} = 0$ y $\dot{\psi} = \omega$.

2.28. (Sistema 28)

Haciendo uso de los métodos de los teoremas generales de la Mecánica vectorial, (los resultados vectoriales se expresarán en los ejes "0"), se pide:

1. ♣ *Desvincular, de forma razonada, el sistema en el punto G (centro de gravedad de la placa).*

2. ♣ *Hallar las ecuaciones diferenciales del movimiento en forma de cuatro integrales primeras.*

3. ♣ *Se obliga a que el plano $O\,X_0\,Z_0$ (sin masa) gire con velocidad angular constante (ω = constante). Demostrar que puede realizarse añadiendo un par motor de eje vertical. Calcular el par.*

2.29. (Sistema 29)

Haciendo uso de los teoremas generales de la Mecánica Vectorial (los resultados vectoriales se expresarán en los ejes "0"), se pide hallar las ecuaciones diferenciales del movimiento en forma de integrales primeras.

2.30. (Sistema 30)

1. ♣ *Aplique el teorema de la cantidad de movimiento al centro de masas del sistema total. ¿Se deduce alguna integral primera?*

2. ♣ *Aplique el teorema del momento cinético al aro aislado. Deduzca de aquí la dependencia de la velocidad angular $\dot{\theta}$ con el par τ.*

3. ♣ *Aplique el teorema de la energía al sistema. Simplifique su expresión final utilizando para ello las integrales primeras obtenidas previamente.*

2.31. (Sistema 31)

Utilizando los métodos de la Dinámica Vectorial,

1. ♣ *Desvincule en "O".*

2. Obtenga las ecuaciones de movimiento de la placa en forma de integrales primeras.

2.32. (Sistema 32)

Sabiendo que las condiciones iniciales son: $\dot{x}(0) = P/5m$ y $\dot{\theta} = \dfrac{2\,P(R-h)}{7\,m\,R^2}$, calcule:

1. ♣ *La distancia x_1 que recorre hasta pararse y comenzar a retroceder.*

2. ♣ *La distancia x_2 a la que comenzará a rodar sin deslizar.*

3. ♣ *La distancia x_3 en la que se para.*

El coeficiente de rozamiento al deslizamiento entre el suelo y la placa es μ.

2.33. (Sistema 33)

Si la placa se mueve de forma tal que su eje de simetría (GY_2) desliza y rota alrededor de la esquina O y que en el instante inicial el sistema parte del reposo desde la posición ($x = 0$; $\theta = \pi/2$; $\varrho = a/6$), utilizando los métodos de la Dinámica Vectorial:

1. Calcule la reacción N que es necesario ejercer para mantener el enlace: $x = 0$.

2. Halle un sistema de ecuaciones diferenciales cuya solución determine ϱ y θ.

2.34. (Sistema 34)

Utilizando los métodos de la Dinámica Vectorial,

1. ♣ *Desvincule la placa en el centro de su base* (O).

2. ♣ *Halle las ecuaciones de movimiento de la placa en forma de integrales primeras.*

2.35. (Sistema 35)

Utilizando los teoremas de conservación, determine las ecuaciones de movimiento en forma de integrales primeras.

2.36. (Sistema 36)

Aplique:

1. ♣ *El teorema del centro de masas y deducir de aquí dos integrales primeras.*

2. ♣ *El teorema del momento cinético en el punto* A *y deducir de aquí una integral primera.*

3. ♣ *El teorema de la energía cinética y deducir de aquí una integral primera.*

2.37. (Sistema 37)

Utilizando los teoremas generales de la mecánica:

1. Desvincule "2" + "0" de "1" en el punto O y aplique al sistema ("2" + "0") los teoremas de:

   a) Centro de masas

   b) Momento cinético en "O"

2. Desvincule "2" de "0" y aplique a "2" los teoremas de:

   a) Centro de masas.

   b) Momento cinético en "O".

2.38. (Sistema 38)

Utilizando los métodos de la mecánica vectorial:

1. ♣ *Desvincule el sistema en el punto O.*
2. ♣ *Aplique el teorema del momento cinético en el punto O.*
3. ♣ *Encuentre tres integrales primeras del movimiento.*

2.39. (Sistema 39)

Utilizando los métodos de la mecánica vectorial:

1. Aplique el teorema de la cantidad de movimiento al centro de masas del sistema total. ¿Se deduce alguna integral primera?
2. Aplique el teorema del momento cinético al aro aislado. Deduzca de aquí que la velocidad angular $\dot{\theta}$ es una constante del movimiento.
3. Aplique el teorema de la energía al sistema.

2.40. (Sistema 40)

Utilizando los métodos de la mecánica vectorial, se pide:

1. ♣ *¿Hasta que valor de la* $\tan\theta$ *no existe deslizamiento entre la placa y el pivote, siendo μ el coeficiente de rozamiento?*
2. ♣ *Obtener las ecuaciones diferenciales del movimiento, una vez iniciado el deslizamiento.*
3. ♣ *Al llegar al final de la ranura, un dispositivo fija el vértice A de la placa, que permanecerá unido en el movimiento posterior al origen del sistema de referencia inercial (O). Determinar el centro de oscilación de este péndulo y demostrar que el eje de suspensión y el de oscilación son recíprocos (teorema de Huygens).*

2.41. (Sistema 41)

Utilizando los métodos de la mecánica vectorial, se pide:

1. Desvincular el sistema en el punto O.
2. Aplicar el teorema de la cantidad de movimiento y del momento cinético en el punto O.

Boletín 3: Dinámica Analítica

3.1. (Sistema 1)

Sabiendo que el sistema parte del reposo para $\theta = 12\,\pi$ radianes y utilizando los métodos de la mecánica analítica, se pide determinar las ecuaciones diferenciales del movimiento (en forma de integrales primeras).

3.2. (Sistema 2)

♣ *Utilizando los métodos de la mecánica analítica, se pide determinar las ecuaciones diferenciales del movimiento.*

3.3. (Sistema 3)

Utilizando los métodos de la mecánica analítica:

1. ♣ *Halle dos integrales primeras del movimiento.*
2. ♣ *Se desea imponer un movimiento en el cual la velocidad angular $\dot{\psi} = \omega$. Demuestre que se puede realizar añadiendo a las fuerzas activas un par; calcule este par.*

3.4. (Sistema 4)

Utilizando los métodos de la mecánica analítica, se pide hallar las ecuaciones diferenciales del movimiento (en forma de integrales primeras).

3.5. (Sistema 5)

♣ *Utilizando los métodos de la mecánica analítica, se pide determinar las ecuaciones diferenciales del movimiento.*

3.6. (Sistema 6)

Después de la primera etapa de deslizamiento, varilla y semiesfera están en equilibrio relativo. Estudie, utilizando los métodos de la mecánica analítica, esta segunda fase del movimiento.

3.7. (Sistema 7)

Utilizando los métodos de la mecánica analítica, se pide:

1. ♣ *Hallar dos integrales primeras del movimiento.*
2. ♣ *Determinar el valor de la reacción vincular en O.*

3.8. (Sistema 8)

1. ♣ *Obtenga (utilizando los métodos de la mecánica analítica) tres integrales primeras del movimiento del aro.*

2. ♣ *Suponiendo que el anillo parte en el instante inicial* ($t = 0$), *con* $\theta = \frac{\pi}{6}$, $\phi = \psi = 0$, $\dot{\theta} = \dot{\psi} = 0$, $\dot{\phi} = \omega$ *y, por medio del cambio de variables* $\cos\theta = u$, *estudie (cualitativamente) la traza dibujada sobre la esfera por el eje* OZ_2.

3.9. (Sistema 9)

Utilizando los métodos de la mecánica analítica, se pide:

1. Obtener las ecuaciones diferenciales del movimiento.

2. Comprobar que $\theta + \omega\, t = 0$ es una solución de la ecuación del movimiento.

3. Hacer un estudio cualitativo del movimiento (usar el cambio de variables $u = \theta + \omega\, t$.

3.10. (Sistema 10)

Supuesto que no existe rozamiento en A y utilizando los métodos de la mecánica analítica, determine:

1. Ecuaciones diferenciales del movimiento (obtenga integrales primeras).

2. La reacción en A.

3.11. (Sistema 11)

Utilizando x y θ como parámetros para fijar la posición del sistema y haciendo uso de los métodos de la mecánica analítica, se pide:

1. ♣ *Demostrar que:*

$$2\,a\,\cos\theta + x\,\operatorname{sen}\theta = \eta$$

es la ecuación de ligadura entre los parámetros, donde η *es una constante a determinar.*

2. ♣ *Haciendo uso de multiplicadores de Lagrange, escribir las ecuaciones diferenciales del movimiento.*

3.12. (Sistema 12)

Utilizando los métodos de la mecánica analítica, se pide calcular el trabajo realizado durante la fase de deslizamiento por el motor que proporciona el enlace ω = constante.

3.13. (Sistema 13)

Utilizando los métodos de la mecánica analítica, se pide:

1. ♣ *Expresar, por medio de ecuaciones de ligaduras entre los parámetros, las restricciones impuestas al movimiento libre en la segunda fase (B).*

2. ♣ *Escribir, haciendo uso de los multiplicadores de Lagrange, las ecuaciones diferenciales del movimiento en esta fase del movimiento y deducir de aquí el valor de θ para el que se inicia la tercera fase.*

3.14. (Sistema 14)

Utilizando los métodos de la mecánica analítica, se pide hallar las ecuaciones diferenciales del movimiento.

3.15. (Sistema 15)

1. ♣ *Colocamos en la articulación A un resorte sin masa que ejerce entre AB y AD un par proporcional a $\alpha = \theta - \phi$ y de coeficiente $-3\,M\,a^2\,\omega^2$. Halle de las ecuaciones de Lagrange del movimiento, dos integrales primeras.*

2. ♣ *Se suprime el resorte colocado en A y se le sustituye por un dispositivo que asegura el enlace $\dot{\alpha} + k^2\,\alpha\,\mathrm{sen}(\theta) = 0$ con $\alpha = \theta - \phi$. Halle las ecuaciones de Lagrange del movimiento y calcule el par que es necesario ejercer para realizar el enlace.*

3. ♣ *Colocamos en A el resorte del apartado 2 y se fija el centro O del disco a un motor que lo hace girar con velocidad angular constante ω. Halle:*

   (a) *Ecuaciones diferenciales del movimiento.*

   (b) *Potencia del motor que asegura la rotación ω.*

3.16. (Sistema 16)

Sabiendo que en el instante inicial ($t = 0$), su posición y velocidades vienen dados por:

$$\phi = \psi = 0;\;\; \theta = 60^\circ;\;\; \dot{\theta} = \dot{\psi} = 0;\;\; \dot{\phi} = r_0$$

tal que $r_0^2 = \dfrac{(1+\sqrt{3})\,g}{2\,a}$.

Utilizando los métodos de la mecánica analítica, se pide:

1. Encontrar tres integrales primeras del movimiento.

2. ♣ *Estudiar cualitativamente por medio del cambio de variables $u = \cos\theta$, el movimiento del sistema, demostrando su periodicidad.*

3.17. (Sistema 17)

Utilizando los métodos de la mecánica analítica, se pide determinar las ecuaciones diferenciales del movimiento (en forma de integrales primeras).

3.18. (Sistema 18)

1. ♣ *Determine, utilizando los métodos de la Dinámica Analítica, las ecuaciones del movimiento de la cáscara en forma de integrales primeras, sabiendo que el sistema parte del reposo en el instante inicial ($t = 0$) desde la posición $\psi = 0$, $\operatorname{sen}\,\theta = 2/\sqrt{5}$*

2. ♣ *Calcule el par ejercido por un motor que obligase al sistema a girar de manera que $\dot{\psi} = \omega$ (constante).*

3.19. (Sistema 19)

Utilizando los métodos de la mecánica analítica, se pide determinar las ecuaciones diferenciales del movimiento.

3.20. (Sistema 20)

♣ *Se sabe que el volante gira alrededor del eje AOC con velocidad angular ω constante ($\dot{\phi} = \omega$) al tiempo que el eje describe un plano horizontal ($\theta = 90°$) girando alrededor de la vertical que pasa por el punto medio O con una velocidad angular Ω constante ($\dot{\psi} = \Omega$). Para que este movimiento sea posible, es necesario que además de las fuerzas gravitatorias y vinculares, actúe en el punto O un par. Determine (aplicando los métodos de la dinámica analítica),el par $\boldsymbol{M}_0$.*

3.21. (Sistema 21)

Utilizando los métodos de la mecánica analítica, se pide determinar las ecuaciones diferenciales del movimiento.

3.22. (Sistema 22)

Utilizando los métodos de la mecánica analítica, encuentre tres integrales primeras del movimiento.

3.23. (Sistema 23)

Utilizando los métodos de la dinámica analítica y conociendo posición y velocidad del sistema en el instante inicial: ($t = 0$; $x = 2\,a$, $\phi = \pi/2$; $\dot{x} = 2\,\omega\,a$; $\dot{\phi} = \omega$ obtenga:

1. ♣ *Ecuaciones del movimiento hasta que se tensa el hilo.*

2. ♣ *Ecuaciones del movimiento con el hilo tenso.*

3.24. (Sistema 24)

Utilizando los métodos de la mecánica analítica, se pide determinar las ecuaciones diferenciales del movimiento.

3.25. (Sistema 25)

Utilizando ϱ y θ como parámetros para fijar la posición del sistema y haciendo uso de los métodos de la dinámica analítica, se pide:

1. ♣ *Determinar las ecuaciones del movimiento del cuadrado, en forma de integrales primeras sabiendo que el sistema parte del reposo en el instante inicial ($t = 0$), desde la posición $\varrho = a$ y $\theta = 0$.*

2. ♣ *Si se impone un vínculo al sistema que le obliga a que el vértice C se mueva sobre el eje OX_1, hallar la ecuación de ligadura entre los parámetros y (haciendo uso de los multiplicadores de Lagrange) escribir las ecuaciones diferenciales del movimiento.*

3.26. (Sistema 26)

Haciendo uso de los métodos de la mecánica analítica, obtenga:

1. Ecuaciones diferenciales del movimiento en función de la tensión del hilo.

2. El trabajo que se ha realizado al tirar del hilo.

3.27. (Sistema 27)

Haciendo uso de los métodos de la dinámica analítica, se pide:

1. ♣ *Obtener las ecuaciones del movimiento de la varilla en forma de tres integrales primeras, sabiendo que el sistema parte en el instante inicial ($t = 0$) desde la posición $z = 3\,a$, $\theta = \pi/6$; $\psi = 0$ con las velocidades $\dot{z} = \dot{\theta} = 0$; $\dot{\psi} = \omega$.*

2. ♣ *Haciendo el cambio $u = \cos\,\theta$, demostrar que θ oscila periódicamente entre $\pi/6 \leq \theta \leq \pi/3$ con período:*

$$\tau = \frac{4}{\omega} \int_{-\frac{\sqrt{3}}{2}}^{\frac{\sqrt{3}}{2}} \sqrt{\frac{1+3\,u^2}{3-4\,u^2}}\,d\,u$$

3.28. (Sistema 28)

Haciendo uso de los métodos de la mecánica analítica, se pide:

1. Hallar las ecuaciones diferenciales del movimiento en forma de cuatro integrales primeras.

2. Si se obliga a que el plano OX_0Z_0 (*sin masa*) gire con velocidad angular constante (ω = constante), demostrar que puede realizarse añadiendo un par motor de eje vertical. Calcular el par.

3.29. (Sistema 29)

Haciendo uso de los métodos de la mecánica analítica, se pide:

1. ♣ *Obtener las ecuaciones diferenciales del movimiento en forma de integrales primeras.*

2. ♣ *Reducir el movimiento a una única integral primera y por medio del cambio de variables* $\cos\theta = u$*, hacer un análisis cualitativo del mismo.*

3.30. (Sistema 30)

Haciendo uso de los métodos de la mecánica analítica, se pide determinar las ecuaciones diferenciales del movimiento en forma de integrales primeras.

3.31. (Sistema 31)

Utilizando los métodos de la Mecánica Analítica, se pide:

1. ♣ *Hallar las ecuaciones del movimiento de la placa en forma de integrales primeras.*

2. ♣ *Obtener el par que es necesario ejercer para realizar el enlace:* $\phi = 0$ *(haciendo uso de los multiplicadores de Lagrange).*

3.32. (Sistema 32)

Haciendo uso de los métodos de la mecánica analítica, se pide:

1. Hallar las ecuaciones diferenciales del movimiento en forma de integrales primeras.

2. Obtener las ecuaciones de Hamilton

3.33. (Sistema 33)

Haciendo uso de los métodos de la mecánica analítica, se pide:

1. ♣ *Hallar la energía potencial del sistema.*

   Admitiendo, además, que la placa se mueve de forma tal que su eje de simetría (GY_2*) desliza y rota alrededor de la esquina* O *y que, en el instante inicial, el sistema parte del reposo desde su posición (*$x = 0$*,* $\theta = \pi/2$*;* $\rho = a/6$ *y, utilizando los métodos de la Mecánica Analítica:*

2. ♣ *Calcular la reacción* N *que es necesario ejercer para mantener el enlace:* $x = 0$ *(haciendo uso de los multiplicadores de Lagrange).*

3. ♣ *Hallar un sistema de ecuaciones diferenciales, cuya solución determine* ρ *y* θ*.*

4. ♣ *Determinar el par que es necesario ejercer para realizar el enlace:* $\phi = 0$ *(haciendo uso de los multiplicadores de Lagrange).*

3.34. (Sistema 34)

Si en el instante inicial ($t = 0$): $\psi = 0$; $\dot{\psi} = \omega = \sqrt{\frac{g}{a}}$; $\theta = \pi/2$; $\dot{\theta} = 0$:

1. Determine la energía potencial del sistema.
2. Obtenga integrales primeras del movimiento.
3. ♣ *Estudie cualitativamente el movimiento de la placa.*

3.35. (Sistema 35)

♣ *Haciendo uso de los métodos de la mecánica analítica, discuta (y determine en su caso) la existencia de integrales primeras del movimiento.*

3.36. (Sistema 36)

Haciendo uso de los métodos de la mecánica analítica, determine cuatro integrales primeras del movimiento.

3.37. (Sistema 37)

♣ *Haciendo uso de los métodos de la mecánica analítica, determine las ecuaciones diferenciales del movimiento.*

3.38. (Sistema 38)

Utilizando los métodos de la mecánica analítica, se pide:

1. Determinar las ecuaciones del movimiento del disco en forma de integrales primeras, sabiendo que en el instante inicial ($t = 0$), su posición y velocidades vienen dadas por: $\phi = \psi = 0$, $\theta = \pi/2$, $\dot{\theta} = \dot{\phi} = 0$, $\dot{\psi} = \omega$.
2. Calcular el par ejercido por un motor que obligase al sistema a girar de manera que $\dot{\psi} = \omega =$ cte.

3.39. (Sistema 39)

Haciendo uso de los métodos de la mecánica analítica, halle:

1. ♣ *Ecuaciones diferenciales del movimiento (integrales primeras).*
2. ♣ *Reacciones que originarían la imposición del vínculo "rodar sin deslizar".*

3.40. (Sistema 40)

Haciendo uso de los métodos de la mecánica analítica, halle las ecuaciones de Lagrange del movimiento, una vez iniciado el deslizamiento. Admita que el rozamiento entre el pivote y la placa es un *rozamiento seco.*

3.41. (Sistema 41)

Haciendo uso de los métodos de la mecánica analítica, halle:

1. ♣ *Las reacciones que se originan por la imposición del vínculo.*

2. ♣ *El par motor que sería necesario aplicar en la dirección del eje* OX_0 *para que además del vínculo anterior, el sistema girase con velocidad angular* $\dot{\theta} = \omega$ *(constante).*

Boletín 4: Dinámica Impulsiva

4.1. (Sistema 1)

♣ *Estando el sistema en movimiento, para $\theta = 0$ radianes, un dispositivo interno bloquea el movimiento relativo entre cilindro y bolita. Calcule el estado cinemático inmediatamente después de activarse el dispositivo.*

4.2. (Sistema 2)

♣ *En el instante inicial ($t = 0$), el sistema se encuentra en reposo con $\theta = \phi = 0$ y recibe una percusión $\boldsymbol{P} = P\,\boldsymbol{\jmath}_1$ (con $P = 9\,M\,a\,\omega$ y ω, constante conocida) aplicada en el extremo B de la barra. Se pide calcular el estado cinemático posterior a la percusión.*

4.3. (Sistema 3)

♣ *En el instante inicial ($t = 0$), el sistema se encuentra en reposo con $\theta = 0$; $\dot{\psi} = 0$; $\dot{\theta} = 0$ y recibe una percusión $\boldsymbol{P} = P\,\boldsymbol{\imath}_2$ (con $P = (1+\beta)MR^2\,\omega$ y ω constante conocida) aplicada en el centro O de la cáscara en la dirección del eje OX_2. Calcule el estado cinemático posterior a la percusión.*

4.4. (Sistema 4)

Admitiendo que el sistema se encuentra en reposo en la posición indicada, ¿cuál debería ser el valor de la percusión que, aplicada en el punto C, imprime al sistema el estado cinemático señalado como condiciones iniciales?

4.5. (Sistema 5)

1. ♣ *Estando el sistema en reposo en la posición de equilibrio, se le comunica la percusión $\boldsymbol{P}$ como muestra la figura. Halle (suponiendo que no existe rozamiento y en función de $\boldsymbol{P}$) el estado cinemático del sistema en el instante inmediatamente posterior a la percusión.*

2. ♣ *Al cabo de un cierto tiempo, t_0, después de iniciado el movimiento, se activa un dispositivo interno que bloquea el movimiento relativo entre la barra y el aro. Calcule el estado cinemático del sistema inmediatamente después de activarse el dispositivo.*

4.6. (Sistema 6)

Estando el sistema en la segunda etapa del movimiento (equilibrio relativo entre varilla y semiesfera), se activa un mecanismo que bloquea el movimiento de la semiesfera. Calcule el estado cinemático del sistema inmediatamente después de activarse el dispositivo.

4.7. (Sistema 7)

En el instante inicial y estando la placa en equilibrio con $\theta = \phi = 0$, se aplica una percusión horizontal $P\vec{\jmath}$ en el punto B; determine las condiciones cinemáticas posteriores a la percusión.

1. ♣ *Halle dos integrales primeras del movimiento.*

2. ♣ *Halle el valor de la percusión P necesario para que el parámetro θ oscile entre $-\pi/2 \leq \theta \leq \pi/2$.*

3. ♣ *Durante el movimiento, el punto D alcanza a O ($\phi = \theta + \pi/2$) y permanece vinculado a él. Halle el estado cinemático posterior a la introducción de este vínculo.*

4.8. (Sistema 8)

En el instante inicial ($t = 0$), el sistema se encuentra en reposo con $\theta = \dfrac{\pi}{6}$, $\phi = \psi = 0$ y recibe una percusión $\boldsymbol{P} = P\,\boldsymbol{\imath}_2$ aplicada en el punto de coordenadas $(R/2, 0, R\sqrt{3}/2)$ en los ejes "0". Calcule el estado cinemático posterior a la percusión.

4.9. (Sistema 9)

En el instante inicial($t = 0$), el sistema se encuentra en reposo con $\theta = 0$; A, C y G alineados sobre el eje O_1Y_1, y recibe una percusión horizontal $\boldsymbol{P} = P\,\boldsymbol{i}_1$ en el centro de masa de la varilla. Se pide el estado cinemático posterior a la percusión.

4.10. (Sistema 10)

♣ *En el supuesto de que no exista rozamiento en A y estando el sistema en reposo en la posición ($x = 0, \theta = 0$), se le comunica una percusión horizontal $\boldsymbol{P} = P\,\boldsymbol{\imath}_1$, en el extremo$B$. Halle, en función de P, el estado cinemático posterior a la percusión.*

4.11. (Sistema 11)

Utilizando θ como parámetro que fija la posición del sistema, se pide:

1. Hamiltoniana.

2. Ecuaciones canónicas de Hamilton.

4.12. (Sistema 12)

En el instante inicial ($t = 0$), el sistema se encuentra en reposo y recibe una percusión horizontal $\boldsymbol{P} = P\,\boldsymbol{j}_0$ en el centro de masas del disco. Se pide el estado cinemático posterior a la percusión.

4.13. (Sistema 13)

Se pide:

1. ♣ *Expresar, por medio de ecuaciones de ligaduras entre los parámetros, las restricciones impuestas al movimiento libre: tanto en la primera fase* (A) *como en la segunda* (B)*.*

2. ♣ *Hallar la velocidad angular* $\dot{\theta}^{+}$*, en el instante inmediatamente posterior a iniciarse la segunda fase del movimiento, en función de la velocidad angular* $\dot{\theta}^{-}$ *(supuesta conocida en el instante inmediatamente anterior a que el vértice* C *alcance el punto* A*).*

4.14. (Sistema 14)

Supuesto que el movimiento se realiza en el plano vertical y que en el instante inicial ($t = 0$): $x = 0; \theta = \pi/4; \dot{x} = \dot{\theta} = 0$, halle:

1. Hamiltoniana.

2. Ecuaciones canónicas de Hamilton.

4.15. (Sistema 15)

Utilizando los métodos de la mecánica analítica, determine:

1. Hamiltoniana.

2. Ecuaciones canónicas de Hamilton.

4.16. (Sistema 16)

Sabiendo que en el instante inicial ($t = 0$), el sistema se encuentra en reposo y en la posición dada por: $\phi = \psi = 0$; $\theta = 60°$, se pide la percusión P que, al aplicarse en A, origina el siguiente estado cinemático:

$$\dot{\theta} = \dot{\psi} = 0; \; \dot{\phi} = r_0$$

tal que $r_0^2 = \dfrac{(1+\sqrt{3})\, g}{2\, a}$.

4.17. (Sistema 17)

1. ♣ *Inicialmente,* $\theta(0^-) = \phi(0^-) = 0$ *y el sistema está en reposo. En el instante* $t = 0$*, se aplica una percusión* $\boldsymbol{P} = (0, P, 0)_{\text{“3”}}$ *en el punto* C *del sólido "3" (extremo de la varilla). Calcule, utilizando los métodos de la Mecánica Analítica, el estado cinemático del sistema en el instante inmediatamente posterior a la percusión.*

2. ♣ *Cuando el extremo A de la varilla ocupa una posición tal que $\phi = \pi/2$, se activa un mecanismo interno que bloquea el movimiento relativo entre la varilla y la placa. Determine el estado cinemático inmediatamente después de activarse el dispositivo.*

4.18. (Sistema 18)

Determine la hamiltoniana y las leyes de evolución del sistema por medio de las ecuaciones canónicas de Hamilton.

4.19. (Sistema 19)

♣ *En el instante $t = 0$, estando el sistema en reposo en $x = \phi = \theta = 0$, se da una percusión $(P, 0)$ en el punto B de la varilla. Utilizando los métodos de la mecánica vectorial, determine el estado cinemático posterior a la percusión.*

4.20. (Sistema 20)

Determine la hamiltoniana y las ecuaciones canónicas de Hamilton.

4.21. (Sistema 21)

♣ *En el instante inicial ($t = 0$), estando el sistema en reposo y siendo $\phi^- = 0$; $\theta^- = 90°$, se aplica una percusión horizontal $(0, \mathcal{P})$ con $\mathcal{P} = 2m\sqrt{a\,g}$ en el punto I (más bajo del disco). Determine, utilizando los métodos de la dinámica analítica, el estado cinemático posterior a la percusión.*

4.22. (Sistema 22)

Determine la hamiltoniana y las ecuaciones canónicas de Hamilton.

4.23. (Sistema 23)

♣ *Utilizando los métodos de la dinámica analítica, determine el estado cinemático del sistema inmediatamente después de tensar el hilo (en función de los valores inmediatamente anteriores a la introducción del vínculo).*

4.24. (Sistema 24)

Determine la hamiltoniana y las ecuaciones canónicas de Hamilton.

4.25. (Sistema 25)

Determine la hamiltoniana y las ecuaciones canónicas de Hamilton.

4.26. (Sistema 26)

Determine la hamiltoniana y las ecuaciones canónicas de Hamilton.

4.27. (Sistema 27)

Determine la hamiltoniana y las ecuaciones canónicas de Hamilton.

4.28. (Sistema 28)

Determine la hamiltoniana y las ecuaciones canónicas de Hamilton.

4.29. (Sistema 29)

En el instante inicial ($t = 0$), el sistema se encuentra en reposo con $\theta = 60^\circ$, $\psi = 0$ y recibe una percusión $\boldsymbol{P} = -P\,\boldsymbol{i}_1$ aplicada en la articulación en A. Se pide calcular el estado cinemático posterior a la percusión.

4.30. (Sistema 30)

Si en ausencia de par motor y estando el sistema en equilibrio en la posición ($x = \theta = 0$; $\phi = \pi$), recibe una percusión en el punto material P de valor $\boldsymbol{\mathcal{P}} = M\,R\,\omega\boldsymbol{u}_x$, calcule el estado cinemático del sistema inmediatamente después de sufrir la percusión, usando los métodos tanto de la dinámica analítica como de la dinámica vectorial.

4.31. (Sistema 31)

♣ *Admitiendo, además, que la placa se mueve de forma tal que su base permanece siempre contenida en el plano $Z_1 = 0$, (es decir, con $\phi = 0$) y que, en el instante inicial ($t = 0^-$) el sistema parte del reposo ($\dot{\theta}^- = \dot{\psi}^- = 0$; $\psi = 0$, $\theta = \pi/2$), se aplica una percusión $\boldsymbol{P} = (0, 0, -P)_{\text{“2”}}$ en el vértice B de la placa (sólido “2”). Se pide determinar, utilizando los métodos de la Mecánica Vectorial, el estado cinemático del sistema en el instante posterior a la percusión.*

4.32. (Sistema 32)

♣ *Estando el sistema en reposo en la posición representada, se le comunica una percusión P a una altura h del suelo. Utilizando los métodos de la mecánica vectorial, se pide determinar el estado cinemático del sistema en el instante inmediatamente posterior a la percusión.*

4.33. (Sistema 33)

Cuando la placa se mueve de forma tal que su eje de simetría (GY_2) desliza y rota alrededor de la esquina O y ha partido del reposo desde la posición ($x = 0$; $\theta = \pi/2$; $\varrho = a/6$), se le impone el vínculo $\theta = $ cte. Se pide determinar las condiciones cinemáticas posteriores a la imposición del vínculo.

4.34. (Sistema 34)

Determine la hamiltoniana y las ecuaciones canónicas de Hamilton.

4.35. (Sistema 35)

♣ *En el instante inicial ($t = 0$) y hallándose el sistema en reposo en la posición $\theta = \phi = 0$, el extremo B de la barra recibe una percusión de valor $\boldsymbol{P} = P\,\boldsymbol{\imath}_0$. Se pide determinar el estado cinemático posterior a la percusión.*

4.36. (Sistema 36)

Admitiendo que la varilla para $t < 0$ cae verticalmente, de forma tal que, en $t = 0$, ($\theta = \psi = x = y = z = 0$; $\dot{\theta}^- = \dot{\psi}^- = \dot{x}^- = \dot{y}^- = 0$, $\dot{z}^- = -2\,a\,\omega\,\boldsymbol{k}_1$), se introduce un vínculo que fuerza a que el extremo A de la varilla (coincidente con O) permanezca fijo; determine el estado cinemático posterior a la introducción del vínculo. ¿Basta con aplicar el Teorema de Carnot?.

4.37. (Sistema 37)

♣ *Estando en reposo el sistema en la posición $\theta = \phi = 5\,\pi/4$, recibe una percusión de valor $\boldsymbol{P} = 2\,M\,\omega a \boldsymbol{\imath}_0$ en el punto E del aro, tal que $\boldsymbol{OE} = a\,\boldsymbol{k}_0$. Determine el estado cinemático posterior a la percusión.*

4.38. (Sistema 38)

En el instante inicial ($t = 0$) y hallándose el sistema en movimiento en la posición $\phi = \psi = 0$, $\theta = \pi/2$, $\dot{\phi} = 0$, $\dot{\psi} = \omega$ recibe una percusión de valor $\boldsymbol{P} = -P\,\boldsymbol{k}_0$. Determine el estado cinemático posterior a la percusión.

4.39. (Sistema 39)

♣ *Estando el sistema en reposo en la posición $x = \theta = \phi = 0$, recibe una percusión $\boldsymbol{P} = 2\,M\,\omega\,a\,\boldsymbol{\imath}_0$ en el punto D. Se pide determinar el estado cinemático posterior a la percusión.*

4.40. (Sistema 40)

Al llegar al final de la ranura, un dispositivo fija el vértice A de la placa en reposo, que permanecerá unido en el movimiento posterior al origen del sistema de referencia inercial (O). Determine la percusión horizontal que habría que aplicar en el vértice B para que la placa realice un giro completo.

4.41. (Sistema 41)

Determine la hamiltoniana y las ecuaciones canónicas de Hamilton.

Parte III:
Problemas Explicados

Sistema 1
(22/01/2004)

Un cilindro circular (sólido "0") de radio R y masa M, situado en posición vertical puede rotar, sin rozamiento, alrededor de su eje de simetría con velocidad angular $\dot{\phi}$. En su superficie, lleva rígidamente unido un tubo estrecho de sección circular y masa despreciable arrollado en forma de hélice, de ecuación:

$$x = R\cos\theta$$

$$y = R\,\mathrm{sen}\,\theta$$

$$z = R\theta$$

referida a los ejes $(OX_0Y_0Z_0)$. En el interior del tubo se coloca una bolita perfectamente lisa de masa $M/2$ (asimilable a un punto material P, que recorre la hélice).
Sabiendo que el sistema parte del reposo para $\theta = 12\,\pi$ radianes y utilizando los métodos de la mecánica vectorial, calcule:

1. Momento cinético del sistema respecto al punto O.
2. Energía cinética del sistema.
3. Ecuaciones diferenciales del movimiento (integrales primeras).

   Estando el sistema en movimiento, para $\theta = 0$ radianes, un dispositivo interno bloquea el movimiento relativo entre cilindro y bolita.
4. El estado cinemático inmediatamente después de activarse el dispositivo.

Solución:

Designamos por sólido "0" el sistema de referencia (O, x_0, y_0, z_0) ligado al cilindro; por sólido "2", el sistema de referencia con origen en P y Pz_2 paralelo a $z_0 \equiv z_1$; el plano Px_2z_2 forma un ángulo θ con el $y_0 = 0$ (ver figura).

Cinemática

$$\boldsymbol{OP} = R\begin{Bmatrix}\cos\theta\\ \mathrm{sen}\,\theta\\ \theta\end{Bmatrix}_{\text{"0"}} \;;\; \boldsymbol{v}_{20}^{P} = \left.\frac{d\boldsymbol{OP}}{dt}\right|_{\text{"0"}} = R\dot{\theta}\begin{Bmatrix}-\mathrm{sen}\,\theta\\ \cos\theta\\ 1\end{Bmatrix}_{\text{"0"}}$$

$$\boldsymbol{\omega}_{01} = \begin{Bmatrix}0\\ 0\\ \dot{\phi}\end{Bmatrix}_{\text{"0"}} \;;\quad \boldsymbol{v}_{01}^{P} = \overbrace{\boldsymbol{v}_{01}^{O}}^{=0} + \boldsymbol{\omega}_{01}\wedge\boldsymbol{OP} = R\dot{\phi}\begin{Bmatrix}-\mathrm{sen}\,\theta\\ \cos\theta\\ 0\end{Bmatrix}$$

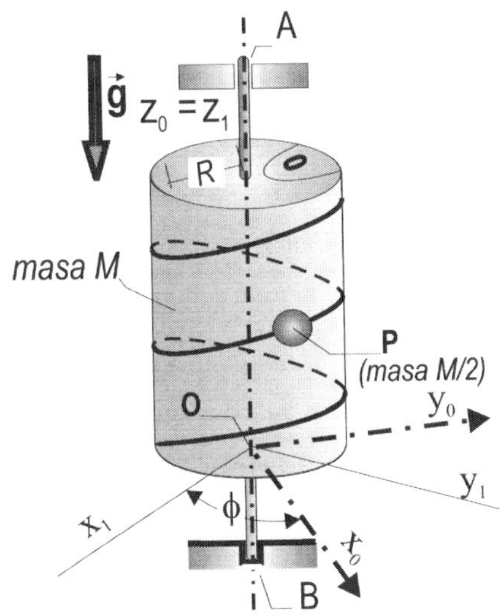

Figura 1: *Sistema 1*

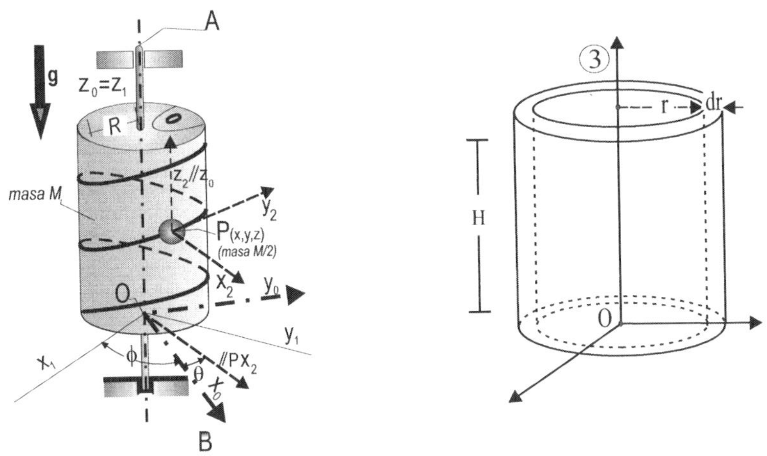

Figura 2: *Sistemas de referencia y cálculo de* I_{33}.

Consecuentemente,

$$\boldsymbol{v}_{21}^{P} = \boldsymbol{v}_{20}^{P} + \boldsymbol{v}_{01}^{P} = R \left\{ \begin{array}{c} -(\dot{\theta} + \dot{\phi}) \text{ sen } \theta \\ (\dot{\theta} + \dot{\phi}) \cos \theta \\ \dot{\theta} \end{array} \right\}_{\text{“0”}}$$

Geometría de masas y cinética

$$dI_{33} = \frac{M}{\pi R^2 H} r^2 (2 \pi r H) dr \quad \Longrightarrow \boxed{I_{33}(0) = \tfrac{1}{2} M R^2}$$

1. **Momento cinético respecto a** O

   La aditividad del momento cinético respecto a un punto permite escribir:

$$\boldsymbol{\Gamma}_O = \overset{(0)}{\boldsymbol{\Gamma}_O} + \overset{(2)}{\boldsymbol{\Gamma}_O} \tag{1}$$

donde $\mathbf{\Gamma}_O{}^{(0)}$ es el momento cinético del cilindro y $\mathbf{\Gamma}_O{}^{(2)}$, el momento cinético de la partícula material:

$$\overset{(0)}{\mathbf{\Gamma}_O} = I_{33}(O)\,\dot{\phi}\,\boldsymbol{k}; \quad \overset{(2)}{\mathbf{\Gamma}_O} = \boldsymbol{OP} \wedge \left(\frac{1}{2}\,M\,\boldsymbol{v}_{21}^P\right)$$

Sustituyendo valores:

$$\overset{(2)}{\mathbf{\Gamma}_O} = \frac{1}{2}\,M\,R^2 \left\{ \begin{array}{c} \dot{\theta}\,\mathrm{sen}\,\theta - (\dot{\theta}+\dot{\phi})\,\theta\,\cos\theta \\ -\dot{\theta}\cos\theta - (\dot{\theta}+\dot{\phi})\,\theta\,\mathrm{sen}\,\theta \\ (\dot{\theta}+\dot{\phi}) \end{array} \right\}_{\text{“0”}}$$

$$\overset{(0)}{\mathbf{\Gamma}_O} = \frac{1}{2}\,M\,R^2 \left\{ \begin{array}{c} 0 \\ 0 \\ \dot{\phi} \end{array} \right\}_{\text{“0”}}$$

y, en consecuencia:

$$\boxed{\mathbf{\Gamma}_O = \tfrac{1}{2}\,M\,R^2 \left\{ \begin{array}{c} \dot{\theta}\,\mathrm{sen}\,\theta - (\dot{\theta}+\dot{\phi})\,\theta\,\cos\theta \\ -\dot{\theta}\cos\theta - (\dot{\theta}+\dot{\phi})\,\theta\,\mathrm{sen}\,\theta \\ (\dot{\theta}+2\,\dot{\phi}) \end{array} \right\}_{\text{“0”}}} \qquad (2)$$

2. **Energía cinética del sistema**

   La energía cinética del sistema, T, es igual a:

$$T = \overset{\text{“0”}}{T} + \overset{\text{“2”}}{T}$$

con $\overset{\text{“0”}}{T} = \frac{1}{2}\,I_{33}\,\dot{\phi}^2 = \frac{1}{4}\,M\,R^2\,\dot{\phi}^2$ y

$$\overset{\text{“2”}}{T} = \frac{1}{2}\frac{M}{2}(\boldsymbol{v}_{21}^P)^2 = \frac{1}{4}M\,R^2\left((\dot{\theta}+\dot{\phi})^2 + \dot{\theta}^2\right) = \frac{1}{4}M\,R^2(2\dot{\theta}^2 + 2\dot{\theta}\,\dot{\phi} + \dot{\phi}^2)$$

y, por tanto:

$$\boxed{T = \tfrac{1}{2}\,M\,R^2\left(\dot{\theta}^2 + \dot{\theta}\,\dot{\phi} + \dot{\phi}^2\right)} \qquad (3)$$

Ecuaciones diferenciales del movimiento (integrales primeras)

1. **Conservación de la energía**

   La única fuerza externa al sistema es la acción gravitatoria, que deriva de un potencial (el cilindro no cambia la posición de su centro de gravedad). Para la masa puntual, se tiene:

$$V = \frac{M}{2}\,g\,z = \frac{M}{2}\,g\,R\,\theta$$

y, en consecuencia $T + V = \text{cte} \Longrightarrow \frac{1}{2}\,M\,R^2\left(\dot{\theta}^2 + \dot{\theta}\,\dot{\phi} + \dot{\phi}^2\right) + \frac{M}{2}\,g\,R\,\theta =$ cte y como para $t = 0,\ \theta = 12\,\pi$ y $\dot{\theta} = \dot{\phi} = 0$. Luego,

$$\boxed{\left(\dot{\theta}^2 + \dot{\theta}\,\dot{\phi} + \dot{\phi}^2\right) + \frac{g}{R}\,\theta = \frac{g}{R}(12\,\pi)} \qquad (4)$$

2. **Conservación de la componente vertical de $\boldsymbol{\Gamma}_O$.**

En efecto, del teorema del momento cinético aplicado al punto fijo O:

$$\left.\frac{d\boldsymbol{\Gamma}_O}{dt}\right|_1 = \boldsymbol{OP} \wedge \left(\frac{M}{2}\,\boldsymbol{g}\right) + \overset{\hookrightarrow \text{vinc}}{\tau_O}$$

Proyectando en la dirección $\boldsymbol{k}_1$, se obtiene:

$$\left.\frac{d\boldsymbol{\Gamma}_O}{dt}\right|_1 \cdot \boldsymbol{k}_1 = 0$$

$$\boxed{\boldsymbol{\Gamma}_O \cdot \boldsymbol{k}_1 = \text{cte en la evolución del sistema}} \tag{5}$$

donde se ha tenido en cuenta que:

$$\boldsymbol{k}_1 \cdot \Big(\boldsymbol{OP} \wedge (\frac{M}{2}\,\boldsymbol{g}) + \boldsymbol{OA} \wedge \boldsymbol{\phi}^A + \boldsymbol{OB} \wedge \boldsymbol{\phi}^B\Big) = 0$$

Es decir,

$$\boldsymbol{\Gamma}_O \cdot \boldsymbol{k}_1 = \frac{1}{2}\, M\, R^2(\dot\theta + 2\,\dot\phi) = \text{cte} \quad \Longrightarrow$$

$$\dot\theta + 2\,\dot\phi = 0 \tag{6}$$

Las ecuaciones (4) y (6) representan dos integrales primeras que describen la evolución de las dos coordenadas libres del sistema.

De las ecuaciones (4) y (6), se tiene:

$$\left\{\begin{array}{c} \dot\theta + 2\dot\phi = 0 \\ \\ \dot\theta^2 + \dot\theta\,\dot\phi + \dot\phi^2 = \dfrac{g}{R}(12\,\pi - \theta) \end{array}\right. \Longrightarrow \left\{\begin{array}{c} \dot\theta = -2\dot\phi \\ \\ \dfrac{3}{4}\,\dot\theta^2 = \dfrac{g}{R}(12\,\pi - \theta) \end{array}\right. \Longrightarrow$$

$$\left\{\begin{array}{c} \dot\theta^2 = \dfrac{4\,g}{R}(4\,\pi - \frac{\theta}{3}) \\ \\ \dot\phi = -\dfrac{\dot\theta}{2} \end{array}\right. \tag{7}$$

Estado cinemático posterior a la imposición del vínculo

Del sistema de ecuaciones (7), se deduce que:

$$\dot\theta^- = \pm\sqrt{\frac{4^2\,\pi\, g}{R}} = \pm 4\,\sqrt{\frac{g\,\pi}{R}}$$

$$\dot\phi^- = \pm\,\frac{\dot\theta^-}{2} = \pm\, 2\,\sqrt{\frac{g\,\pi}{R}}$$

Para $\theta = 0$, el dispositivo interno bloquea el movimiento, lo que implica la imposición de un vínculo impulsivo de forma tal que $\theta = \dot\theta^+ = 0$. Como las

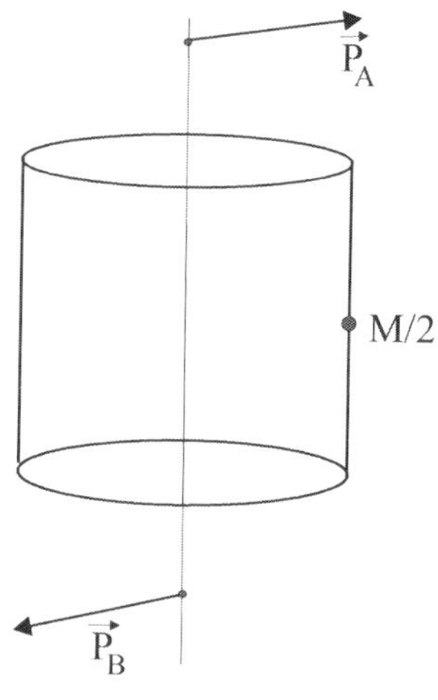

Figura 3: *Percusiones aplicadas al sistema completo.*

percusiones son internas y el sistema pierde un grado de libertad, basta con aplicar el *teorema de Carnot de la dinámica impulsiva.*

$$T^- - T^+ = T_{\text{v. perd}} \quad \text{(velocidades perdidas)} \quad \text{con } \dot\theta^+ = 0$$

$$T^- = \frac{1}{2} M\, R^2 \left((\dot\theta^-)^2 + (\dot\theta^-)(\dot\phi^-) + (\dot\phi^-)^2 \right) = 6\,\pi M\, R\, g\,;$$

$$T^+ = \frac{1}{2} M\, R^2 (\dot\phi^+)^2\,;$$

$$\Delta T = T^- - T^+ = \frac{M\, R^2}{2} \left(\frac{12\,\pi\, g}{R} - (\dot\phi^+)^2 \right)$$

$$T_{\text{perd}} = \frac{1}{2} M\, R^2 \left((\dot\theta^-)^2 + (\dot\theta^-)(\dot\phi^- - \dot\phi^+) + (\dot\phi^- - \dot\phi^+)^2 \right)$$

$$T_{\text{perd}} = \frac{M\, R^2}{2} \left(\frac{16\,\pi\, g}{R} - \frac{8\,\pi\, g}{R} - 4\sqrt{\frac{\pi\, g}{R}}\,\dot\phi^+ + \frac{4\,\pi\, g}{R} + (\dot\phi^+)^2 + 4\sqrt{\frac{\pi\, g}{R}}\,\dot\phi^+ \right) =$$

$$= \frac{M R^2}{2} \left(\frac{12\,\pi\, g}{R} + (\dot\phi^+)^2 \right) \Longrightarrow -\left(\dot\phi^+\right)^2 = \left(\dot\phi^+\right)^2 \quad \Longrightarrow$$

$$\boxed{\dot\phi^+ = 0}$$

El sistema se para.

Otro método (vectorial)

Aplicando el teorema del momento cinético para percusiones al sistema completo,

$$\Delta \mathbf{\Gamma}_O = \boldsymbol{OA} \wedge \boldsymbol{P}_A + \boldsymbol{OB} \wedge \boldsymbol{P}_B$$

(las percusiones debidas a la introducción del vínculo son internas y se anulan por el principio de acción y reacción), se deduce:

$$\Delta(\mathbf{\Gamma}_O \cdot \boldsymbol{k}_1) = 0 \quad \Longrightarrow \quad (\mathbf{\Gamma}_O \cdot \boldsymbol{k}_1)^+ = (\mathbf{\Gamma}_O \cdot \boldsymbol{k}_1)^-$$

y como

$$(\mathbf{\Gamma}_O \cdot \boldsymbol{k}_1)^- = \dot\theta^- + 2\,\dot\phi^- = 0 \quad \Longrightarrow$$

$$\Longrightarrow \quad (\boldsymbol{\Gamma}_O \cdot \boldsymbol{k}_1)^+ = \left(I_{33}(O) + \frac{M}{2}R^2\right)\dot{\phi}^+ = 0 \Longrightarrow \boxed{\dot{\phi}^+ = 0}$$

Sistema 2
(22/01/2004)

En un plano horizontal, un disco homogéneo de radio a y masa M (sólido "2"), rueda sin deslizar por el interior de una circunferencia de radio $3a$ (sólido "1"). Una varilla homogénea de longitud $3a$ y masa $3M$ se articula sin rozamiento al centro del disco por su extremo A. La posición del sistema viene determinada por las coordenadas θ y ϕ propuestas en la figura.
La varilla puede girar alrededor de A accionada por un resorte ideal, arrollado en espiral, que proporciona un par recuperador $\boldsymbol{\tau} = -k(\phi - \theta)\,\boldsymbol{k}_1$, siendo k una constante conocida.

1. Demuestre que la energía cinética del sistema puede escribirse como

$$T = \lambda\, M\, a^2 \left((\dot{\phi})^2 + \dot{\phi}\,\dot{\theta}\,\cos(\phi - \theta) + \mu(\dot{\theta})^2\right)$$

donde λ y μ son valores numéricos a determinar.

2. En el instante inicial ($t = 0$), el sistema se encuentra en reposo con $\theta = \phi = 0$ y recibe una percusión $\boldsymbol{P} = P\,\boldsymbol{\jmath}_1$ (con $P = 9\,M\,a\,\omega$ y ω, constante conocida) aplicada en el extremo B de la barra. Se pide calcular el estado cinemático posterior a la percusión.

3. Halle las ecuaciones diferenciales del movimiento.

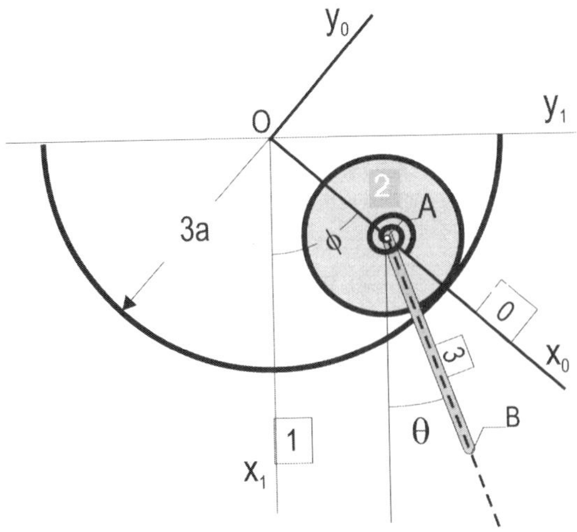

Figura 4: *Sistema 2.*

Solución:

Cinemática

De la figura se deduce fácilmente que el movimiento (0/1) es una rotación alrededor del punto O con

$$\boldsymbol{\omega}_{01} = \left\{ \begin{array}{c} 0 \\ 0 \\ \dot{\phi} \end{array} \right\}_{\text{“0”}} \quad ; \quad \boldsymbol{\omega}_{31} = \left\{ \begin{array}{c} 0 \\ 0 \\ \dot{\theta} \end{array} \right\}_{\text{“0”}}$$

Pero, $\boldsymbol{v}_{32}^{A} = 0 \Longrightarrow \boldsymbol{v}_{31}^{A} = \boldsymbol{v}_{21}^{A} = \boldsymbol{v}_{01}^{A}$. Además:

$$\boldsymbol{v}_{01}^{A} = \overbrace{\boldsymbol{v}_{01}^{O}}^{=0} + \boldsymbol{\omega}_{01} \wedge \boldsymbol{OA} = \left\{ \begin{array}{c} 0 \\ 2\,a\,\dot{\phi} \\ 0 \end{array} \right\}_{\text{“0”}}$$

Llamando I al C.I.R. del movimiento (2/1), se tiene:

$$\boldsymbol{v}_{21}^{I} = \boldsymbol{v}_{21}^{A} + \boldsymbol{\omega}_{21} \wedge \boldsymbol{AI} = 0 \Longrightarrow$$

$$\boldsymbol{v}_{21}^{A} = \boldsymbol{v}_{01}^{A} = \boldsymbol{\omega}_{21} \wedge \boldsymbol{IA} \Longrightarrow$$

$$\left\{ \begin{array}{c} 0 \\ 2\,a\,\dot{\phi} \\ 0 \end{array} \right\}_{\text{“0”}} = \left| \begin{array}{ccc} \boldsymbol{\imath}_0 & \boldsymbol{\jmath}_0 & \boldsymbol{k}_0 \\ 0 & 0 & \omega_{21} \\ -a & 0 & 0 \end{array} \right| \Longrightarrow$$

$$\boxed{\boldsymbol{\omega}_{21} = -2\,\dot{\phi}\,\boldsymbol{k}_0}$$

Calculemos la velocidad $\boldsymbol{v}_{31}^{B}$:

$$\boldsymbol{v}_{31}^{B} = \boldsymbol{v}_{31}^{A} + \boldsymbol{\omega}_{31} \wedge \boldsymbol{AB} =$$

$$= \left\{ \begin{array}{c} 0 \\ 2\,a\,\dot{\phi} \\ 0 \end{array} \right\}_{\text{“0”}} + \left| \begin{array}{ccc} \boldsymbol{\imath}_0 & \boldsymbol{\jmath}_0 & \boldsymbol{k}_0 \\ 0 & 0 & \dot{\theta} \\ \cos(\phi-\theta) & -\operatorname{sen}(\phi-\theta) & 0 \end{array} \right| 3\,a =$$

$$= \left\{ \begin{array}{c} 3\,a\,\dot{\theta}\,\operatorname{sen}(\phi-\theta) \\ 3\,a\,\dot{\theta}\,\cos(\phi-\theta) + 2\,a\,\dot{\phi} \\ 0 \end{array} \right\}_{\text{“0”}}$$

Luego,

$$\boldsymbol{v}_{31}^{A} = \left\{ \begin{array}{c} 0 \\ 2\,a\,\dot{\phi} \\ 0 \end{array} \right\}_{\text{“0”}} \quad \text{y} \quad \boldsymbol{v}_{31}^{B} = \left\{ \begin{array}{c} 3\,a\,\dot{\theta}\,\operatorname{sen}(\phi-\theta) \\ 3\,a\,\dot{\theta}\,\cos(\phi-\theta) + 2\,a\,\dot{\phi} \\ 0 \end{array} \right\}_{\text{“0”}}$$

Geometría de masas y cinética

Cálculo de la energía cinética

Dado que la energía cinética es aditiva: $T = \overset{\text{“2”}}{T} + \overset{\text{“3”}}{T}$.

$$\overset{\text{“2”}}{T} = \frac{1}{2} M \left[\boldsymbol{v}_{21}^A\right]^2 + \frac{1}{2} I_{33}(A)\,\omega_{21}^2 = \frac{1}{2} M\, a^2 (4\dot{\phi}^2) + \frac{1}{2}\left(\frac{1}{2} M\, a^2\right)(4\dot{\phi}^2) \Longrightarrow$$

$$\boxed{\overset{\text{“2”}}{T} = 3\, M a^2\, \dot{\phi}^2}$$

$$\overset{\text{“3”}}{T} = \frac{1}{6}(3\,M)\,\left[(\boldsymbol{v}_{21}^A)^2 + (\boldsymbol{v}_{31}^B)^2 + \boldsymbol{v}_{21}^A \cdot \boldsymbol{v}_{31}^B\right]$$

por tratarse de una varilla. Operando,

$$\overset{\text{“3”}}{T} = \frac{1}{2} M\, a^2 \left[12\,\dot{\phi}^2 + 9\,\dot{\theta}^2 + 18\,\dot{\theta}\,\dot{\phi}\,\cos(\phi - \theta)\right]$$

Finalmente,

$$\boxed{T = \overset{\text{“2”}}{T} + \overset{\text{“3”}}{T} = 9\,M\,a^2\left[\dot{\phi}^2 + \tfrac{1}{2}\dot{\theta}^2 + \dot{\theta}\,\dot{\phi}\,\cos(\phi - \theta)\right]}$$

En consecuencia,

$$\lambda = 9; \qquad \mu = 1/2$$

Estado cinemático posterior a la percusión

Aplicando las ecuaciones de Lagrange para la dinámica impulsiva:

$$\Delta\left(\frac{\partial T}{\partial \dot{q}_i}\right)_{t=0} - \boldsymbol{P}\cdot \left.\frac{\partial \boldsymbol{v}_{31}^B}{\partial \dot{q}_i}\right|_{t=0}$$

Evaluando los términos de la expresión anterior:

$$\left\{\begin{array}{ll} \dot{q}_1 = \dot{\phi}; & \Delta\left(\dfrac{\partial T}{\partial \dot{\phi}}\right)_{\phi=\theta=0} = 9\,M\,a^2\left[2\,\dot{\phi}^+ + \dot{\theta}^+\right] = 2\,a\,P \\ \dot{q}_2 = \dot{\theta}; & \Delta\left(\dfrac{\partial T}{\partial \dot{\theta}}\right)_{\phi=\theta=0} = 9\,M\,a^2\left[\dot{\theta}^+ + \dot{\phi}^+\right] = 3\,a\,P \end{array}\right. \Longrightarrow \left\{\begin{array}{l} \dot{\phi}^+ = -\dfrac{P}{9\,M\,a} \\ \dot{\theta}^+ = \dfrac{4\,P}{9\,M\,a} \end{array}\right.$$

Sustituyendo el valor de $P = 9\,M\,a\,\omega \Longrightarrow \dot{\phi}^+ = -\omega; \quad \dot{\theta}^+ = 4\,\omega.$

Ecuaciones diferenciales del movimiento

Las fuerzas activas (par $\boldsymbol{\tau}$ en nuestro caso) derivan de un potencial y, por tanto, el sistema es conservativo. En efecto:

$$\dot{W} = \overset{\hookrightarrow}{M}\cdot\boldsymbol{\omega} = -k(\phi - \theta)\boldsymbol{k}\cdot\boldsymbol{\omega}_{30} = -k(\phi - \theta)(\dot{\phi} - \dot{\theta}) = -\frac{d}{dt}\left(\frac{1}{2}\,k\,(\phi - \theta)^2\right)$$

y, en consecuencia,

$$\boxed{V = \frac{1}{2}k(\phi - \theta)^2}$$

Conservación de la energía

$T + V =$ cte, luego:

$$9\,M\,a^2\left(\dot{\phi}^2 + \dot{\theta}\dot{\phi}\,\cos(\phi-\theta) + \frac{1}{2}\dot{\theta}^2\right) + \frac{1}{2}k(\phi-\theta)^2 = \text{cte}$$

y, como para $t = 0$, $\phi = \theta = 0$, $\dot{\phi}^+ = -\omega$; $\dot{\theta}^+ = 4\,\omega \Longrightarrow$

$$9\,M\,a^2\left(\omega^2 - 4\,\omega^2 + 8\,\omega^2\right) = \text{cte} \quad \Longrightarrow$$

$$\boxed{\dot{\phi}^2 + \dot{\theta}\dot{\phi}\,\cos(\phi-\theta) + \tfrac{1}{2}\dot{\theta}^2 + \frac{k}{18\,M\,a^2}(\phi-\theta)^2 = 5\,\omega^2} \qquad (8)$$

Por otro lado

$$L = T - V = 9\,M\,a^2\left(\dot{\phi}^2 + \dot{\theta}\,\dot{\phi}\,\cos(\phi-\theta) + \frac{1}{2}\dot{\theta}^2\right) - \frac{1}{2}\,k(\phi-\theta)^2$$

que no posee coordenadas cíclicas; no obstante, de las ecuaciones del movimiento de Lagrange:

$$\begin{cases} \dfrac{d}{dt}\left\{9\,M\,a^2(2\,\dot{\phi} + \dot{\theta}\cos(\phi-\theta))\right\} + 9\,M\,a^2\dot{\theta}\,\dot{\phi}\,\operatorname{sen}(\phi-\theta) + k(\phi-\theta) = 0 \\ \dfrac{d}{dt}\left\{9\,M\,a^2(\dot{\theta} + \dot{\phi}\cos(\phi-\theta))\right\} - 9\,M\,a^2\dot{\theta}\,\dot{\phi}\,\operatorname{sen}(\phi-\theta) - k(\phi-\theta) = 0 \end{cases}$$

Sumando miembro a miembro, se tiene:

$$9\,M\,a^2\frac{d}{dt}\left\{2\,\dot{\phi} + \dot{\theta} + \cos(\phi-\theta)(\dot{\theta} + \dot{\phi})\right\} = 0 \Longrightarrow$$

$$2\,\dot{\phi} + \dot{\theta} + \cos(\phi-\theta)(\dot{\theta} + \dot{\phi}) = \text{cte} \Longrightarrow$$

$$-2\,\omega + 4\,\omega + 4\,\omega - \omega = \text{cte} = 5\,\omega \Longrightarrow$$

$$\boxed{2\,\dot{\phi} + \dot{\theta} + (\dot{\theta} + \dot{\phi})\cos(\phi-\theta) = 5\,\omega} \qquad (9)$$

Se dispone de dos integrales primeras (8) y (9) para resolver el problema (cuadraturas).

Sistema 3
(16/06/2004)

Una cáscara de espesor despreciable, masa M y radio R formada por dos cuadrantes de una esfera hueca (ver figura) está conectada a una articulación cilíndrica horizontal $(A'A)$ por medio de *una barra* OA de masa despreciable y de longitud $2\,R$, que se halla rígidamente unida al centro O de la mencionada cáscara. A su vez, esta articulación dista R de una segunda articulación cilíndrica vertical BC, a la que está rígidamente unida. El eje BC gira con velocidad angular $\dot{\psi}$.

1. Demuestre que el tensor de inercia de la cáscara en el punto O (referido a los ejes $OX_0Y_oZ_O$) es:

$$\overleftrightarrow{I}(O) = \lambda\,M\,R^2 \begin{bmatrix} 1 & 0 & 0 \\ 0 & 1 & \frac{1}{\pi} \\ 0 & \frac{1}{\pi} & 1 \end{bmatrix}_{"0"}$$

con λ, una constante a determinar.

2. Calcule:
   (a) Vector ligado a la dirección $\boldsymbol{\nu}$ que, contenida en el plano $X_0 = 0$, forma con el eje OY_0 un ángulo ϕ, así como el momento de inercia en esta dirección.
   (b) Direcciones principales en O y tensor de inercia (referido a direcciones principales) en el punto A del plano vertical.
   (c) Momento cinético en el punto A.
3. Desvincule, razonadamente, el sólido "2" (cáscara más barra) del sólido "0" en el punto A.
4. De la aplicación del teorema del momento cinético en el punto A, obtenga una ecuación del movimiento que no contenga las incógnitas de reacción vincular.
5. Admitiendo que $\dot{\psi} = \omega$ (constante), calcule el ángulo θ que la barra OA forma con la vertical cuando el movimiento del sistema es estacionario.
6. Haciendo uso de los métodos de la Mecánica Analítica:
   (a) Demuestre que la energía cinética del sistema puede escribirse (en función de α, β, γ) como:

$$T = \frac{1}{2} M\,R^2 \left(\alpha(\dot{\theta})^2 + (\dot{\psi})^2\,((1+\beta) + 4\,\mathrm{sen}\,\theta + (\gamma - \beta)\,\mathrm{sen}^2\,\theta)\right)$$

   (b) En el instante inicial ($t = 0$), el sistema se encuentra en reposo con $\theta = 0$; $\dot{\psi} = 0$; $\dot{\theta} = 0$ y recibe una percusión $\boldsymbol{P} = P\,\boldsymbol{\imath}_2$ (con $P = (1+\beta)MR^2\,\omega$ y ω constante conocida) aplicada en el centro O de la cáscara en la dirección del eje OX_2. Calcule el estado cinemático posterior a la percusión.
   (c) Halle dos integrales primeras del movimiento.
   (d) Se desea imponer un movimiento en el cual la velocidad angular sea $\dot{\psi} = \omega$. Demuestre que se puede realizar añadiendo a las fuerzas activas un par; calcule este par.

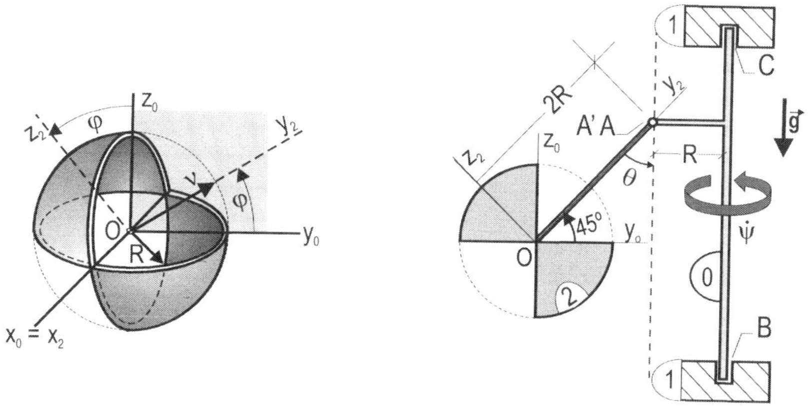

Figura 5: *Sistema 3.*

Solución:

Geometría de masas

El plano $X_0 = 0$ es un plano de simetría, lo que implica que el eje OX_0 es un eje principal de inercia y, consecuentemente

$$\overleftrightarrow{I}(O) = \begin{bmatrix} I_{11} & 0 & 0 \\ 0 & I_{22} & I_{23} \\ 0 & I_{23} & I_{33} \end{bmatrix}$$

Como toda la masa (M) equidista del centro O, se tiene que:

$$I_O = M\,R^2 = \frac{1}{2}(I_{11} + I_{22} + I_{33})$$

con $I_{11} = I_{22} = I_{33}$ (por simetría) $\Longrightarrow$ $I_{11} = I_{22} = I_{33} = \dfrac{2}{3}M\,R^2$

$$-I_{23} = P_{23} = \rho \iint_{\partial\tau} y\,z\,ds$$

con

$$\left.\begin{array}{r} y = R\,\text{sen}\,\theta\,\text{sen}\,\phi \\ z = R\cos\theta \\ d\,s = R^2\,\text{sen}\,\theta\,d\theta\,d\phi \end{array}\right\} \Longrightarrow$$

$$-I_{23} = \rho \iint_{\partial\tau} R^4\,(\text{sen}^2\,\theta\cos\theta\,d\,\theta)(\text{sen}\,\phi\,d\,\phi) \quad \Longrightarrow$$

$$-I_{23} = \rho\,R^4 \left(\int_0^{\pi} \text{sen}\,\phi\,d\,\phi \int_{\pi/2}^{\pi} \text{sen}^2\,\theta\cos\theta\,d\,\theta + \int_{\pi}^{2\pi} \text{sen}\,\phi\,d\,\phi \int_0^{\pi/2} \text{sen}^2\,\theta\cos\theta\,d\,\theta \right)$$

$$\Longrightarrow \; I_{23} = \rho\,\frac{4}{3}\,R^4 = \frac{M}{2\,\pi\,R^2}\,\frac{4}{3}\,R^4 = \frac{2}{3}M\,R^2\,\frac{1}{\pi}$$

$$\boxed{I_{23} = \tfrac{2}{3}M\,R^2\,\tfrac{1}{\pi}}$$

$$\overset{\leftrightarrow}{I}(0) = \frac{2}{3} M R^2 \begin{bmatrix} 1 & 0 & 0 \\ 0 & 1 & \frac{1}{\pi} \\ 0 & \frac{1}{\pi} & 1 \end{bmatrix} \quad ; \quad \boldsymbol{\nu} = \left\{ \begin{array}{c} 0 \\ \cos\phi \\ \operatorname{sen}\phi \end{array} \right\} \quad ; \quad \boldsymbol{\mu} = \left\{ \begin{array}{c} 0 \\ -\operatorname{sen}\phi \\ \cos\phi \end{array} \right\}$$

donde el vector unitario $\boldsymbol{\mu}$ es normal a $\boldsymbol{\nu}$ y, en consecuencia, sus vectores ligados:

$$\boldsymbol{I}_\mu = \frac{2}{3} M R^2 \left\{ \begin{array}{c} 0 \\ -\operatorname{sen}\phi + \frac{1}{\pi}\cos\phi \\ -\frac{1}{\pi}\operatorname{sen}\phi + \cos\phi \end{array} \right\}$$

$$\boldsymbol{I}_\nu = \frac{2}{3} M R^2 \left\{ \begin{array}{c} 0 \\ \cos\phi + \frac{1}{\pi}\operatorname{sen}\phi \\ \frac{1}{\pi}\cos\phi + \operatorname{sen}\phi \end{array} \right\}$$

y sus respectivos momentos y productos de inercia:

$$I_\mu = \boldsymbol{I}_\mu \cdot \boldsymbol{\mu} = \frac{2}{3} M R^2 \left(1 - \frac{1}{\pi}\operatorname{sen}(2\phi)\right)$$

$$\boldsymbol{I}_\nu \cdot \boldsymbol{\nu} = \frac{2}{3} M R^2 \left(1 + \frac{1}{\pi}\operatorname{sen}(2\phi)\right)$$

$$I_{\mu\nu} = \boldsymbol{I}_\nu \cdot \boldsymbol{\mu} = \frac{2}{3} M R^2 \frac{1}{\pi}\cos(2\phi)$$

Direcciones principales en el punto $O \Longrightarrow I_{\mu\nu} = 0 \Longrightarrow \cos(2\phi) = 0 \Longrightarrow \phi = \frac{\pi}{4}$.

$$\overset{\leftrightarrow}{I}(0) = \frac{2}{3} M R^2 \begin{bmatrix} 1 & 0 & 0 \\ 0 & 1+\frac{1}{\pi} & 0 \\ 0 & 0 & 1-\frac{1}{\pi} \end{bmatrix}_{\phi=\pi/4} \text{(ejes "2")}$$

y aplicando el Teorema de Steiner:

$$\overset{\leftrightarrow}{I}(A) = \overset{\leftrightarrow}{I}(0) + 4 M R^2 \begin{bmatrix} 1 & 0 & 0 \\ 0 & 0 & 0 \\ 0 & 0 & 1 \end{bmatrix}$$

Luego,

$$\boxed{\overset{\leftrightarrow}{I}(A) = \frac{2}{3} M R^2 \begin{bmatrix} 7 & 0 & 0 \\ 0 & 1+\frac{1}{\pi} & 0 \\ 0 & 0 & 7-\frac{1}{\pi} \end{bmatrix}} \tag{10}$$

en los ejes "2" (paralelos a $OX_2Y_2Z_2$ por A)

Momento cinético en el punto A.

$$\boldsymbol{\omega}_{21} = \left\{ \begin{array}{c} \dot\theta \\ \dot\psi\cos\theta \\ \dot\psi\operatorname{sen}\theta \end{array} \right\}_{\text{"2"}}$$

$$\boldsymbol{\Gamma}_A = \overset{\leftrightarrow}{I}(A) \cdot \boldsymbol{\omega}_{21} + M\, \boldsymbol{v}_{21}^A \wedge \boldsymbol{GA}$$

$$\boldsymbol{v}_{21}^A \wedge \boldsymbol{GA} = \begin{vmatrix} \boldsymbol{\imath} & \boldsymbol{\jmath} & \boldsymbol{k} \\ R\,\dot{\psi} & 0 & 0 \\ 0 & 2\,R & 0 \end{vmatrix} = \begin{Bmatrix} 0 \\ 0 \\ 2\,R^2\,\dot{\psi} \end{Bmatrix}_{\text{“2”}}$$

$$\boldsymbol{\Gamma}_A = \frac{2}{3}\,M\,R^2 \begin{bmatrix} 7 & 0 & 0 \\ 0 & 1+\frac{1}{\pi} & 0 \\ 0 & 0 & 7-\frac{1}{\pi} \end{bmatrix} \begin{Bmatrix} \dot{\theta} \\ \dot{\psi}\cos\theta \\ \dot{\psi}\,\text{sen}\,\theta \end{Bmatrix} + 2\,M\,R^2 \begin{Bmatrix} 0 \\ 0 \\ \dot{\psi} \end{Bmatrix}_{\text{“2”}}$$

$$\boldsymbol{\Gamma}_A = \frac{2}{3}\,M\,R^2 \begin{Bmatrix} 7\,\dot{\theta} \\ \left(1+\frac{1}{\pi}\right)\dot{\psi}\cos\theta \\ \dot{\psi}\left(3+\left(7-\frac{1}{\pi}\right)\text{sen}\,\theta\right) \end{Bmatrix}_{\text{“2”}}$$

Reacciones vinculares

Al tratarse de un vínculo perfecto (sin rozamiento) y esclerónomo (independiente del tiempo) se cumple el principio de D'Alembert:

$$\boldsymbol{\phi}^A \cdot \boldsymbol{v}_{20}^A + \overset{\hookrightarrow}{M}_A \cdot \boldsymbol{\omega}_{20} = 0$$

$$\boldsymbol{\phi}^A = \begin{Bmatrix} \phi_1^A \\ \phi_2^A \\ \phi_3^A \end{Bmatrix}; \quad \overset{\hookrightarrow}{M}_A = \begin{Bmatrix} M_1^A \\ M_2^A \\ M_3^A \end{Bmatrix}$$

$$\boldsymbol{v}_{20}^A = \begin{Bmatrix} 0 \\ 0 \\ 0 \end{Bmatrix}; \qquad \boldsymbol{\omega}_{20} = \begin{Bmatrix} \dot{\theta} \\ 0 \\ 0 \end{Bmatrix} \Longrightarrow$$

$$\Longrightarrow \phi_1^A\, 0 + \phi_2^A \cdot 0 + \phi_3^A \cdot 0 + M_1^A\,\dot{\theta} + M_2^A \cdot 0 + M_3^A \cdot 0 = 0$$

válido para todo $\theta, \psi, \dot{\psi}, \dot{\theta} \quad \Longrightarrow \quad M_1^A = 0$ es decir,

$$\boldsymbol{\phi}^A = \begin{Bmatrix} 0 \\ \phi_2^A \\ \phi_3^A \end{Bmatrix}; \qquad \overset{\hookrightarrow vinc}{M_A} = \begin{Bmatrix} 0 \\ M_2^A \\ M_3^A \end{Bmatrix}$$

Teorema del momento cinético en A.

$$\left.\frac{d\boldsymbol{\Gamma}_A}{dt}\right|_2 + \boldsymbol{\omega}_{21} \wedge \boldsymbol{\Gamma}_A = \overset{\hookrightarrow ext}{M_A} + \overset{\hookrightarrow vinc}{M_A} + M\,\boldsymbol{v}_{21}^G \wedge \boldsymbol{v}_{01}^A$$

Analizando cada uno de los sumandos, se tiene:

$$\overset{\hookrightarrow ext}{M_A} = \boldsymbol{AG} \wedge M\,\boldsymbol{g} = \boldsymbol{AO} \wedge M\,\boldsymbol{g} =$$

$$= M\,g \begin{vmatrix} \boldsymbol{\imath}_2 & \boldsymbol{\jmath}_2 & \boldsymbol{k}_2 \\ 0 & -2\,R & 0 \\ 0 & -\cos\theta & -\text{sen}\,\theta \end{vmatrix} = M\,g \begin{Bmatrix} 2\,R\,\text{sen}\,\theta \\ 0 \\ 0 \end{Bmatrix}$$

$$M\, \boldsymbol{v}_{21}^{G} \wedge \boldsymbol{v}_{01}^{A} = M(\boldsymbol{v}_{01}^{A} + \boldsymbol{\omega}_{21} \wedge \boldsymbol{AG}) \wedge \boldsymbol{v}_{01}^{A} = M\, \boldsymbol{v}_{01}^{A} \wedge (\boldsymbol{\omega}_{21} \wedge \boldsymbol{GA}) =$$

$$= 2\, M\, R^2\, \dot{\psi}\, \dot{\theta} \left\{ \begin{array}{c} 0 \\ 1 \\ 0 \end{array} \right\}_{\text{“2”}}$$

$$\boldsymbol{\omega}_{21} \wedge \boldsymbol{\Gamma}_A = \frac{2}{3} M\, R^2 \begin{vmatrix} \boldsymbol{\imath}_2 & \boldsymbol{\jmath}_2 & \boldsymbol{k}_2 \\ \dot{\theta} & \dot{\psi} \cos\theta & \dot{\psi} \text{ sen } \theta \\ 7\dot{\theta} & \left(1+\frac{1}{\pi}\right) \dot{\psi} \cos\theta & \dot{\psi}\left(3 + (7-\frac{1}{\pi}) \text{ sen } \theta\right) \end{vmatrix} =$$

$$= \frac{2}{3} M\, R^2 \left\{ \begin{array}{c} \left(3 + (7-\frac{1}{\pi}) \text{ sen } \theta\right) \dot{\psi}^2 \cos\theta - \left(1+\frac{1}{\pi}\right) \dot{\psi}^2 \text{ sen } \theta \cos\theta \\ \\ 7\dot{\theta}\dot{\psi} \text{ sen}\,\theta - \dot{\theta}\dot{\psi} \left(3 + (7-\frac{1}{\pi}) \text{ sen } \theta\right) \\ \\ \dot{\theta}\dot{\psi} \cos\theta \left(1 + \frac{1}{\pi} - 7\right) \end{array} \right\}$$

obteniéndose:

$$\boxed{7\,\ddot{\theta} + \dot{\psi}^2 \cos\theta \left(3 + (3 - \frac{1}{\pi}) 2 \text{ sen } \theta\right) = 3\, g \text{ sen } \theta} \qquad (11)$$

Partiendo de (11), con $\dot{\theta} = \ddot{\theta} = 0$ y $\dot{\psi} = \omega$, se tiene:

$$\omega^2 \cos\theta \left(3 + 2\left(3 - \frac{1}{\pi}\right) \text{ sen } \theta\right) = 3\, g \text{ sen}\,\theta$$

Mecánica Analítica

$$T = \frac{1}{2} M (v^A)^2 + M \boldsymbol{v}^A \cdot (\boldsymbol{\omega} \wedge \boldsymbol{AG}) + \frac{1}{2}\, \omega I(A)\, \omega$$

Analizando los términos:

$$\frac{1}{2} M\, v_A^2 = \frac{1}{2} M\, R^2 \dot{\psi}^2$$

$$\frac{1}{2}\, \omega\, I\, \omega = \frac{1}{2} M\, R^2 \left(\alpha\, \dot{\theta}^2 + \beta \dot{\psi}^2 \cos^2\theta + \gamma\, \dot{\psi}^2 \text{ sen}^2\, \theta\right)$$

$$M\, \boldsymbol{v}^A \cdot (\boldsymbol{\omega} \wedge \boldsymbol{AG}) = \begin{vmatrix} M R \dot{\psi} & 0 & 0 \\ \dot{\theta} & \dot{\psi} \cos\theta & \dot{\psi} \text{ sen}\,\theta \\ 0 & -2\, R & 0 \end{vmatrix} = 2M\, R^2 \dot{\psi}^2 \text{ sen}\,\theta$$

Luego,

$$\boxed{T = \tfrac{1}{2} M\, R^2 \left(\alpha \dot{\theta}^2 + \dot{\psi}^2 \left((1+\beta) + 4 \text{ sen } \theta + (\gamma - \beta) \text{ sen}^2\, \theta\right)\right)}$$

Dinámica Impulsiva

$$\Delta\left(\frac{\partial T}{\partial \dot{q}_i}\right) = \boldsymbol{P}\cdot\frac{\partial \boldsymbol{v}_{21}^O}{\partial \dot{q}_i}$$

Particularizando para $t = 0$:

$$\left.\frac{\partial T}{\partial \dot\theta}\right|_{t=0} = M\,R^2\,\dot\theta; \qquad \left.\frac{\partial T}{\partial \dot\psi}\right|_{t=0} = M\,R^2\,\dot\psi(1+\beta)$$

$$\boldsymbol{v}_{21}^O = \boldsymbol{v}_{21}^A + \boldsymbol{\omega}_{21}\wedge \boldsymbol{AO} = \begin{Bmatrix} R\dot\psi \\ 0 \\ 0 \end{Bmatrix} + \begin{vmatrix} \boldsymbol{\imath} & \boldsymbol{\jmath} & \boldsymbol{k} \\ \dot\theta & \dot\psi\cos\theta & \dot\psi\,\mathrm{sen}\,\theta \\ 0 & -2R & 0 \end{vmatrix}$$

$$\boldsymbol{v}_{21}^O = R\begin{Bmatrix} \dot\psi(1+2\,\mathrm{sen}\,\theta) \\ 0 \\ -2\,\dot\theta \end{Bmatrix}$$

Por otro lado,

$$\boldsymbol{P}\cdot\left.\frac{\partial \boldsymbol{v}_{21}^O}{\partial\,\dot\psi}\right|_{t=0} = (1+\beta)M\,R^2\,\omega$$

$$\boldsymbol{P}\cdot\left.\frac{\partial \boldsymbol{v}_{21}^O}{\partial\,\dot\theta}\right|_{t=0} = 0 \quad\Longrightarrow$$

$$\Longrightarrow \Delta\left(M\,R^2\dot\psi(1+\beta)\right) = M\,R^2(1+\beta)\,\omega \Longrightarrow$$

$$\boxed{\dot\psi^+ = \omega}$$

$$\Delta\left(M\,R^2\dot\theta\right) = 0 \Longrightarrow$$

$$\boxed{\dot\theta^+ = 0}$$

Integrales primeras del movimiento

Las fuerzas son conservativas, luego $T+V=$ cte. La coordenada ψ es cíclica y, por tanto,

$$\frac{\partial T}{\partial\,\dot\psi} = \text{cte}$$

$$V = -2\,M\,gR\,\cos\theta$$

$$\frac{1}{2}M\,R^2\left(\alpha\,\dot\theta^2 + \dot\psi^2\left((1-\beta)+4\,\mathrm{sen}\,\theta+(\gamma-\beta)\,\mathrm{sen}^2\,\theta\right)\right) - 2\,M\,g\,R\,\cos\theta = \text{cte}$$

$$\Longrightarrow \quad \alpha\,\dot\theta^2 + (1-\beta)(\dot\psi^2-\omega^2) + \dot\psi^2(4\,\mathrm{sen}\,\theta + (\gamma-\beta)\,\mathrm{sen}^2\,\theta) + \frac{4\,g}{R}(1-\cos\theta) = 0$$

$$\frac{\partial L}{\partial\dot\psi} = M\,R^2\dot\psi\left((1-\beta)+4\,\mathrm{sen}\,\theta+(\gamma-\beta)\,\mathrm{sen}^2\,\theta\right) = \text{cte} \quad\Longrightarrow$$

$$\boxed{\dot{\psi}\,((1-\beta)+4\,\text{sen}\,\theta+(\gamma-\beta)\,\text{sen}^2\,\theta)=\omega(1-\beta)}$$

Imposición de un vínculo no holónomo

Teniendo en cuenta que el vínculo es: $\dot{\psi}=\omega$ y haciendo uso de los multiplicadores de Lagrange

$$\frac{d}{dt}\left(\frac{\partial L}{\partial \dot{\psi}}\right)-\frac{\partial L}{\partial \psi}-\lambda=0 \quad\Longrightarrow$$

$$\Longrightarrow \frac{d}{dt}\left(M\,R^2\dot{\psi}\left((1-\beta)+4\,\text{sen}\,\theta+(\gamma-\beta)\,\text{sen}^2\,\theta\right)\right)-\lambda=0$$

$$\boxed{\lambda=M\,R^2\omega\,(4+2\,(\gamma-\beta)\,\text{sen}\,\theta)\,\cos\,\theta\,\dot{\theta}}$$

Sistema 4
(01/09/2004)

Un aro vertical de radio R, masa M y centro O, rueda y desliza sin rozamiento sobre una recta horizontal. Un disco de radio $R/2$, de la misma masa (M) que el aro, desliza sin rozamiento por el interior del aro; el enlace es unilateral. Se supone que en el instante inicial el sistema parte de la posición ($x=\theta=\phi=0$) con velocidades: $\dot{x}=\omega\,R$, $\dot{\theta}=\omega$; $\dot{\phi}=-4\,\omega$, donde $\omega=\frac{1}{2}\sqrt{\frac{g}{R}}$.

1. Aplique el teorema de la cantidad de movimiento al centro de masas del sistema total. ¿Se deduce alguna integral primera?
2. Aplique el teorema del momento cinético al aro aislado. Deduzca de aquí que la velocidad angular $\dot{\theta}$ es una constante del movimiento.
3. Aplique el teorema de la energía al sistema. Simplifique su expresión final utilizando para ello las integrales primeras obtenidas previamente.
4. Calcule las reacciones vinculares ejercidas sobre el aro. ¿Se separan disco y aro en el transcurso del movimiento?

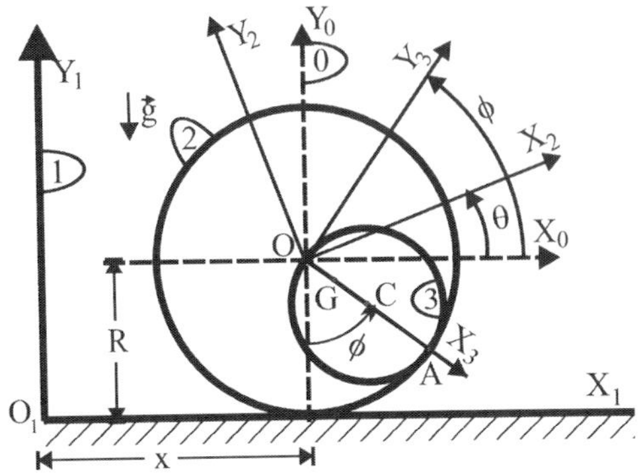

Figura 6: *Sistema 4*

Solución:

Teorema de la cantidad de movimiento

Llamamos G al centro de masas del sistema formado por aro y disco, cuya posición en los ejes "1" sería:

$$\boldsymbol{O_1G} = \frac{M\,\boldsymbol{O_1O} + M\,\boldsymbol{O_1C}}{2\,M} = \frac{2\boldsymbol{O_1O} + \boldsymbol{OC}}{2} \quad \Longrightarrow$$

$$\left.\begin{array}{rcl} x_G & = & x + \dfrac{R}{4}\,\text{sen}\,\phi \\ y_G & = & R\left(1 - \dfrac{1}{4}\cos\phi\right) \end{array}\right\} \Longrightarrow a^G = \left\{\begin{array}{c} \dfrac{d^2}{dt^2}\left(x + \frac{R}{4}\,\text{sen}\,\phi\right) \\ \\ \dfrac{R}{4}\left(\ddot{\phi}\,\text{sen}\,\phi + \dot{\phi}^2\cos\phi\right) \end{array}\right\}_{\text{"1"}}$$

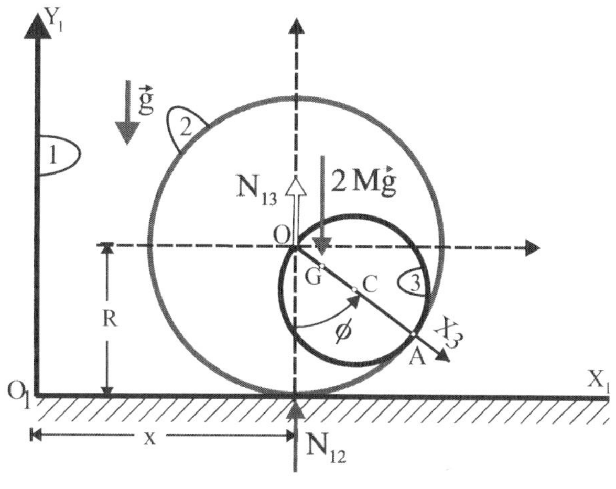

Figura 7: *Desvinculación del sistema completo.*

Aplicando el Teorema del centro de masas al sistema completo:

$$2\,M\,\boldsymbol{a}^G = \sum \boldsymbol{F}^{\text{act}} + \boldsymbol{\Phi}^{\text{vinc}} \tag{12}$$

donde los superíndices se refieren a las fuerzas *activas* y de reacción *vincular*, respectivamente. Descomponiendo esta ecuación en sus componentes, se tiene:

$$2\,M\,\frac{d^2}{d\,t^2}(\overline{OG}_x) = 2\,M\,\frac{d^2}{d\,t^2}\left(x + \frac{R}{4}\,\text{sen}\,\phi\right) = 0 \tag{13}$$

$$2\,M\,\frac{d^2}{d\,t^2}(\overline{OG}_y) = 2\,M\,\frac{d^2}{d\,t^2}\left(R(1 - \frac{\cos\phi}{4})\right) = N_{12} - 2\,M\,g \tag{14}$$

De la ecuación (13), se infiere que:

$$\dot{x} + \frac{R}{4}\cos\phi\,\dot{\phi} = \text{cte}$$

expresión que traduce el hecho de que la componente C_x de la cantidad de movimiento es una constante. Aplicando condiciones iniciales (para $t = 0$, $x = \theta = \phi = 0$, $\dot{x} = \omega R$; $\dot{\theta} = \omega$; $\dot{\phi} = -2\sqrt{g/R}$), se obtiene que esta constante es nula, luego:

$$\dot{x} + \frac{R}{4} \cos\phi\, \dot{\phi} = 0 \quad \Longrightarrow \quad \frac{d}{dt}\left(x + \frac{R}{4} \operatorname{sen}\phi\right) = 0 \quad \Longrightarrow$$

$$x + \frac{R}{4} \operatorname{sen}\phi = \text{cte}$$

Aplicando de nuevo condiciones iniciales, llegamos a:

$$x + \frac{R}{4} \operatorname{sen}\phi = 0$$

En resumen:

$$\boxed{\dot{x} + \frac{R}{4} \cos\phi\, \dot{\phi} = 0 \quad \text{y} \quad x + \frac{R}{4} \operatorname{sen}\phi = 0} \tag{15}$$

Teorema del momento cinético en A

Desvinculemos el aro (sólido "2") en el punto A.

Como el sólido "3" no rueda, en el movimiento relativo "2"/"3" el punto O es siempre el mismo, luego: $\boldsymbol{v}_{23}^{O} = 0$. Por otro lado,

$$\boldsymbol{\omega}_{23} = \boldsymbol{\omega}_{21} - \boldsymbol{\omega}_{31} = (\dot{\theta} - \dot{\phi})\,\boldsymbol{k}$$

La velocidad del punto A en el movimiento relativo "2"/"3" es igual a:

$$\boldsymbol{v}_{23}^{A} = \overbrace{\boldsymbol{v}_{23}^{O}}^{=0} + \boldsymbol{\omega}_{23} \wedge \boldsymbol{OA} = \begin{vmatrix} \boldsymbol{\imath}_3 & \boldsymbol{\jmath}_3 & \boldsymbol{k}_3 \\ 0 & 0 & (\dot{\theta} - \dot{\phi}) \\ R & 0 & 0 \end{vmatrix}_{\text{"3"}} = \left\{ \begin{array}{c} 0 \\ R\,(\dot{\theta} - \dot{\phi}) \\ 0 \end{array} \right\}_{\text{"3"}}$$

Al tratarse de vínculos lisos, en el movimiento relativo "2"/"3", el vínculo es esclerónomo y, por tanto, la potencia virtual de las reacciones vinculares, $\dot{W}_{32}$, se anula:

$$\boldsymbol{\Phi} \cdot \boldsymbol{v}_{23}^{A} + \overset{\hookrightarrow A}{\tau} \cdot \boldsymbol{\omega}_{23} = 0$$

donde

$$\boldsymbol{\Phi} = \left\{ \begin{array}{c} -N_{32} \\ T_{32} \\ 0 \end{array} \right\}_{\text{"3"}} \quad ; \quad \overset{\hookrightarrow A}{\tau} = \left\{ \begin{array}{c} 0 \\ 0 \\ \tau_{32} \end{array} \right\}_{\text{"3"}}$$

Luego,

$$-N_{32} \cdot 0 + (T_{32}\, R + \tau_{32})(\dot{\theta} - \dot{\phi}) = 0 \quad \Longrightarrow \quad T_{32}\, R + \tau_{32} = 0$$

y las reacciones vinculares pueden escribirse como:

$$\boldsymbol{\Phi} = \left\{ \begin{array}{c} -N_{32} \\ T_{32} \\ 0 \end{array} \right\}_{\text{"3"}} \quad ; \quad \overset{\hookrightarrow A}{\tau} = \left\{ \begin{array}{c} 0 \\ 0 \\ -T_{32}\, R \end{array} \right\}_{\text{"3"}}$$

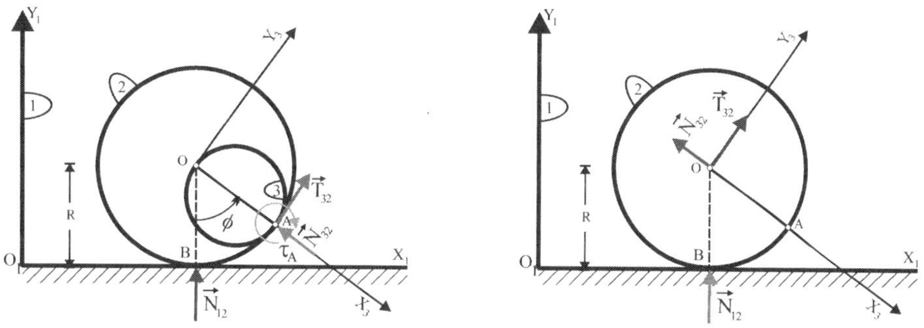

Figura 8: *Desvinculación de "2" y cambio de centro de reducción.*

Como las fuerzas son vectores deslizantes, podemos cambiar de centro de reducción y pasar del punto A al punto O, verificándose que:

$$\left\{ \begin{array}{lcl} \mathbf{\Phi}^A & = & \mathbf{\Phi}^O \\ \overset{\hookrightarrow}{\tau}^O & = & \overset{\hookrightarrow}{\tau}^A + \mathbf{\Phi}^A \wedge \boldsymbol{AO} \end{array} \right. \Longrightarrow$$

$$\overset{\hookrightarrow}{\tau}^O = \left\{ \begin{array}{c} 0 \\ 0 \\ \tau_{32} \end{array} \right\}_{\text{“3”}} + \left| \begin{array}{ccc} \boldsymbol{\imath}_3 & \boldsymbol{\jmath}_3 & \boldsymbol{k}_3 \\ N_{32} & T_{32} & 0 \\ -R & 0 & 0 \end{array} \right|_{\text{“3”}} = \boldsymbol{v} = \left\{ \begin{array}{c} 0 \\ 0 \\ \tau_{32} + R\,T_{32} \end{array} \right\}_{\text{“3”}} = \left\{ \begin{array}{c} 0 \\ 0 \\ 0 \end{array} \right\}_{\text{“3”}}$$

donde hemos tenido en cuenta la relación $\tau_{32} + R\,T_{32} = 0$ previamente hallada. Vemos que en el punto "O" no hay ningún par.

El momento cinético del sólido "2" con respecto al punto O (perteneciente a dicho sólido y posición de su centro de masas) tiene la expresión:

$$\overset{\text{“2”}}{\mathbf{\Gamma}} = I_{33}(O)\,\boldsymbol{\omega}_{21} = M\,R^2\,\dot{\theta} \left\{ \begin{array}{c} 0 \\ 0 \\ 1 \end{array} \right\}_{\text{“1”}}$$

Aplicando el Teorema del Momento Cinético al sólido "2" en el punto "O", resulta:

$$\left.\frac{d\,\overset{\text{“2”}}{\mathbf{\Gamma}_O}}{dt}\right|_{\text{“1”}} = 0 \quad \Longrightarrow \quad M\,R^2\,\dot{\theta} = \text{cte}$$

pues en el punto O no existe ningún par y N_{32} y T_{32} pasan por dicho punto y, de aquí, la integral primera:

$$\boxed{\dot{\theta} = \text{cte}} \qquad (16)$$

Teorema de la energía

Energía cinética

$$T = \overset{\text{“2”}}{T} + \overset{\text{“3”}}{T}$$

donde

$$\overset{\text{“2”}}{T} = \frac{1}{2}\,M\,\dot{x}^2 + \frac{1}{2}\,I_0\,\dot{\theta}^2 = \frac{1}{2}\,M\left(\dot{x}^2 + R^2\,\dot{\theta}^2\right)$$

Como el punto C coincide con el centro de masas del sólido "3",

$$\overset{\text{“3”}}{T} = \frac{1}{2}\,M\,(v_{31}^C)^2 + \frac{1}{2}\,\boldsymbol{\omega}_{31}\cdot \overset{\leftrightarrow}{I}\,(C)\cdot\boldsymbol{\omega}_{31} = \frac{1}{2}\,M\,(v_{31}^C)^2 + \frac{1}{2}\,I_C\,\omega_{31}^2$$

donde:

$$\boldsymbol{\omega}_{31} = \left\{\begin{array}{c} 0 \\ 0 \\ \dot\phi \end{array}\right\}_{\text{"1"}} \quad ; \qquad \boldsymbol{v}_{31}^C = \boldsymbol{v}_{31}^0 + \boldsymbol{\omega}_{31}\wedge \boldsymbol{OC} = \boldsymbol{v}_{21}^0 + \boldsymbol{\omega}_{31}\wedge\boldsymbol{OC}$$

dado que $\boldsymbol{v}_{31}^O = \boldsymbol{v}_{21}^O$. Luego,

$$\boldsymbol{v}_{31}^C = \left\{\begin{array}{c} \dot x + \frac{R}{2}\dot\phi\,\cos\phi \\ \\ \frac{R}{2}\,\dot\phi\,\text{sen}\,\phi \\ 0 \end{array}\right\}_{\text{“1”}} \qquad \text{y} \quad I_C = I_{33} = \frac{1}{2}\,M\left(\frac{R}{2}\right)^2 = \frac{1}{8}M\,R^2$$

En consecuencia,

$$\overset{\text{“3”}}{T} = \frac{M}{16}\,\left(8\,\dot x^2 + 3\,R^2\,\dot\phi^2 + 8\,R\dot x\,\dot\phi\,\cos\phi\right)$$

Como $T = \overset{\text{“2”}}{T} + \overset{\text{“3”}}{T}$,

$$T = \frac{M\,R^2}{16}\,\left(\left(\frac{4\,\dot x}{R}\right)^2 + 8\,\dot\theta^2 + 3\,\dot\phi^2 + 8\frac{\dot x}{R}\,\dot\phi\,\cos\phi\right)$$

Energía potencial

Tomando como origen de potencial el plano horizontal ($y = 0$):

$$\boxed{V = M\,g\,R\left(2 - \frac{1}{2}\,\cos\,\phi\right)}$$

Dado que las únicas fuerzas activas son los pesos y derivan de un potencial, el *teorema de conservación de la energía mecánica* exige que $T + V = \text{cte}$ y, consecuentemente,

$$\frac{M\,R^2}{16}\,\left(\left(\frac{4\,\dot x}{R}\right)^2 + 8\,\dot\theta^2 + 3\,\dot\phi^2 + 8\frac{\dot x}{R}\,\dot\phi\,\cos\phi\right) + \frac{M\,g\,R}{2}\,(4 - \cos\,\phi) = \text{cte}$$

que, particularizada para las condiciones iniciales e imponiendo que

$$\dot\theta = \omega = \frac{1}{2}\sqrt{\frac{g}{R}} = \text{cte} \quad \text{(integral primera correspondiente a la ecuación (16)),}$$

se obtiene:

$$\left(\frac{4\,\dot x}{R}\right)^2 + 3\,\dot\phi^2 + \frac{8\,\dot x\,\dot\phi}{R}\,\cos\phi - \frac{8\,g}{R}\,\cos\,\phi = 0$$

Utilizando otra integral primera (ecuación (15)), es decir, $\dot x + \frac{R}{4}\,\cos\,\phi\,\dot\phi = 0$ en la ecuación anterior, se tiene:

$$\boxed{\dot\phi^2\,(2 + \text{sen}^2\,\phi) - \frac{8\,g}{R}\,\cos\,\phi = 0} \qquad (17)$$

De la ecuación (17):

$$\dot{\phi}^2 = \frac{8\,g}{R}\,\frac{\cos\,\phi}{(2+\operatorname{sen}^2\,\phi)} \geq 0 \quad \Longrightarrow -\frac{\pi}{2} \leq \phi \leq \frac{\pi}{2}$$

Cálculo de reacciones vinculares

Desvinculamos el sólido "3" de "2" y de "1" y aplicamos el *teorema del centro de masas* y el *teorema del momento cinético* en C. Para aplicar el primer teorema, precisamos hallar $\boldsymbol{a}_{31}^C$, dado que C es el centro de masas.:

$$\boldsymbol{a}_{31}^C = \boldsymbol{a}_{31}^O + \boldsymbol{\alpha}_{31} \wedge \boldsymbol{OC} - \omega_{31}^2\,\boldsymbol{OC}$$

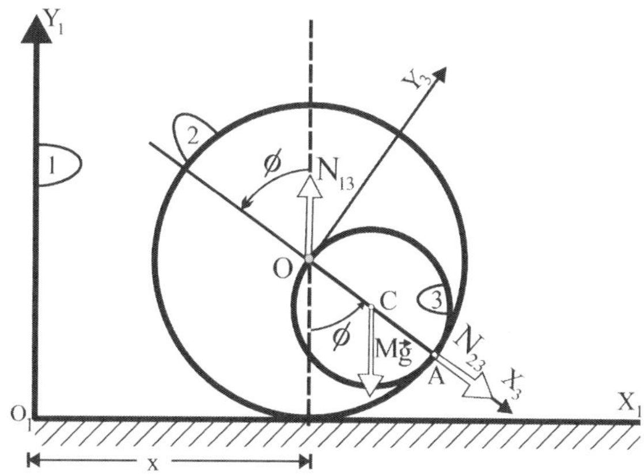

Figura 9: *Desvinculación del sólido "3" de "2" y "1".*

$$\boldsymbol{a}_{31}^C = \left\{ \begin{array}{c} \ddot{x}\ \operatorname{sen}\,\phi - \dot{\phi}^2\,\frac{R}{2} \\ \\ \ddot{x}\ \cos\,\phi + \ddot{\phi}\,\frac{R}{2} \\ 0 \end{array} \right\}_{\text{"3"}}$$

Aplicando el *teorema del centro de masas*:

$$M\,\boldsymbol{a}_{31}^C = \boldsymbol{N}_{23} + \boldsymbol{T}_{23} + M\,\boldsymbol{g} \tag{18}$$

ecuación vectorial que conduce a dos ecuaciones escalares:

$$M\left(\ddot{x}\ \operatorname{sen}\,\phi - \dot{\phi}^2\frac{R}{2}\right) = N_{23} + M\,g\,\cos\,\phi \tag{19}$$

$$M\left(\ddot{x}\ \cos\,\phi + \ddot{\phi}\frac{R}{2}\right) = T_{23} - M\,g\ \operatorname{sen}\,\phi \tag{20}$$

El momento cinético con respecto a C tiene la expresión:

$$\boldsymbol{\Gamma}_C = \overleftrightarrow{I}\,(C)\cdot\boldsymbol{\omega}_{31} = I_C\,\dot{\phi}\,\boldsymbol{k} = \frac{1}{8}\,M\,R^2\,\dot{\phi}\,\boldsymbol{k};$$

y aplicando el *teorema del momento cinético* en C:

$$\left.\frac{d\mathbf{\Gamma}_C}{dt}\right|_1 = \frac{1}{8} M R^2 \ddot{\phi}\, \boldsymbol{k} = \boldsymbol{CO} \wedge \boldsymbol{T}_{23} = \frac{R}{2} T_{23}\, \boldsymbol{k} \Longrightarrow$$

$$\frac{1}{8} M R^2 \ddot{\phi} = \frac{R}{2} T_{23}$$

Luego,

$$T_{23} = \frac{M R}{4} \ddot{\phi}$$

Finalmente, despejando N_{23} de la ecuación (19), se tiene:

$$N_{23} = M \left(\ddot{x} \text{ sen } \phi - \dot{\phi}^2 \frac{R}{2} \right) - M g \cos \phi$$

Cuando $N_{23} = 0$, se separan disco y aro.

Sistema 5
(01/09/2004)

Un aro vertical de radio R y masa M, está articulado en el punto O. En su interior, existe una barra de la misma masa (M) y longitud $R\sqrt{3}$ que, mediante las deslizaderas A y B puede moverse a lo largo del mismo.

1. Demostrar que la energía cinética del sistema se escribe:

$$T = \lambda M R^2 \left(\mu \dot{\theta}^2 + \dot{\phi}^2 - 2 \dot{\theta} \dot{\phi} \cos(\theta + \phi) \right)$$

con λ y μ, constantes a determinar.

2. Estando el sistema en reposo en la posición de equilibrio, se le comunica la percusión $\boldsymbol{P}$ (indicada en la figura). Hallar (suponiendo que no existe rozamiento y en función de $\boldsymbol{P}$) el estado cinemático del sistema en el instante inmediatamente posterior a la percusión.
3. Hallar ecuaciones diferenciales del movimiento (utilizar los métodos de la Mecánica Analítica).
4. Al cabo de un cierto tiempo t_0, se activa un dispositivo interno que bloquea el movimiento relativo entre la barra y el aro. Calcule el estado cinemático del sistema inmediatamente después de activarse el dispositivo.

Solución:

Energía cinética

La energía cinética del sistema, T, es una magnitud aditiva igual a:

$$T = \overset{\text{“2”}}{T} + \overset{\text{“3”}}{T}$$

donde $\overset{\text{“2”}}{T}$ y $\overset{\text{“3”}}{T}$ son las energías cinéticas de aro y barra, respectivamente. Así,

$$\overset{\text{“2”}}{T} = \frac{1}{2} I_0 \dot{\theta}^2$$

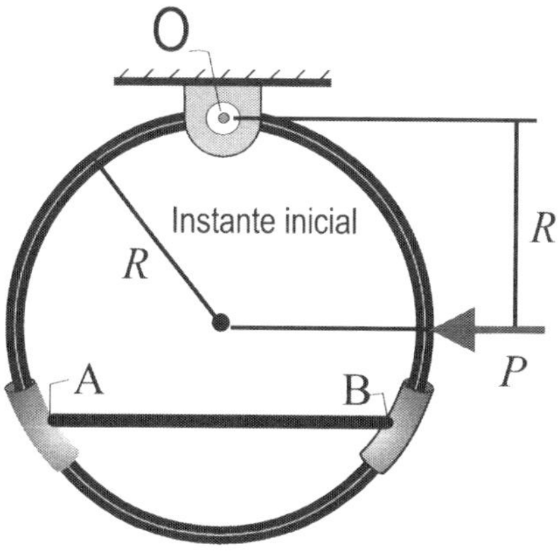

Figura 10: *Sistema 5*

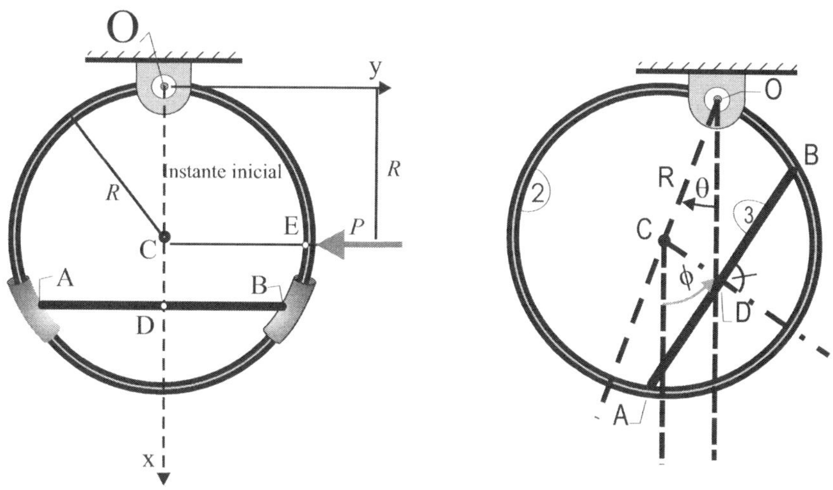

Figura 11: *Sistema de referencia y notación de sólidos.*

dado que O es un punto fijo del movimiento del aro, con $I_0 = M\,R^2 + M\,R^2 = 2\,M\,R^2$, luego

$$\overset{\text{“2”}}{T} = \frac{1}{2}\,I_0\,\dot{\theta}^2 = M\,R^2\,\dot{\theta}^2$$

Por otro lado,

$$\overset{\text{“3”}}{T} = \frac{1}{2} M\,V_D^2 + \frac{1}{2}\,I_D\,\dot{\phi}^2$$

dado que D es el centro de masas de la barra corredera. Además,

$$\boldsymbol{v}_{31}^{D} = \boldsymbol{v}_{31}^{C} + \boldsymbol{\omega}_{31} \wedge \boldsymbol{CD}$$

con

$$\boldsymbol{v}_{31}^{C} = \boldsymbol{v}_{21}^{C}; \quad \boldsymbol{\omega}_{31} = \left\{ \begin{array}{c} 0 \\ 0 \\ \dot{\phi} \end{array} \right\}; \quad \boldsymbol{v}_{31}^{D} = \left\{ \begin{array}{c} -R(\dot{\theta}\,\operatorname{sen}\theta + \dfrac{\dot{\phi}}{2}\,\operatorname{sen}\,\phi) \\ \\ -R(\dot{\theta}\,\cos\theta - \dfrac{\dot{\phi}}{2}\,\cos\,\phi) \\ 0 \end{array} \right\}_{\text{“1”}}$$

$$(\boldsymbol{v}_{31}^{D})^2 = R^2\left(\dot\theta^2 + \frac{\dot\phi^2}{4} - \dot\theta\,\dot\phi\,\cos(\theta+\phi)\right)$$

$$I_D = \frac{M}{R\sqrt{3}}\int_{-\frac{R\sqrt{3}}{2}}^{\frac{R\sqrt{3}}{2}} x^2\,dx = \frac{1}{4}M\,R^2$$

y la energía cinética del sólido "3", $\overset{\text{“3”}}{T}$:

$$\boxed{\overset{\text{“3”}}{T} = \frac{1}{4}M\,R^2\left(2\,\dot\theta^2 + \dot\phi^2 - 2\,\dot\theta\,\dot\phi\,\cos(\theta+\phi)\right)}$$

Finalmente,

$$\boxed{T = \overset{\text{“2”}}{T} + \overset{\text{“3”}}{T} = \frac{1}{4}M\,R^2\left(6\,\dot\theta^2 + \dot\phi^2 - 2\,\dot\theta\,\dot\phi\,\cos(\theta+\phi)\right)}$$

de donde

$$\boxed{\lambda = \tfrac{1}{4}\;;\quad \mu = 6}$$

Percusión

Sabiendo que

$$\boldsymbol{\omega}_{21} = \left\{\begin{array}{c} 0 \\ 0 \\ -\dot\theta \end{array}\right\}_{\text{“1”}}$$

se tiene que:

$$\boldsymbol{v}_{21}^{E} = \overbrace{\boldsymbol{v}_{21}^{O}}^{=0} + \boldsymbol{\omega}_{21}\wedge\boldsymbol{OE} = \left|\begin{array}{ccc} \boldsymbol{\imath} & \boldsymbol{\jmath} & \boldsymbol{k} \\ 0 & 0 & -\dot\theta \\ R & R & 0 \end{array}\right| = \left\{\begin{array}{c} R\,\dot\theta \\ -R\,\dot\theta \\ 0 \end{array}\right\}_{\text{“1”}}$$

y la percusión puede escribirse como:

$$\boldsymbol{P} = \left\{\begin{array}{c} 0 \\ -P \\ 0 \end{array}\right\}_{\text{“1”}}$$

Aplicando las leyes de la dinámica impulsiva y analítica

$$\Delta\left(\frac{\partial T}{\partial \dot q_i}\right) = \boldsymbol{P}\cdot\frac{\partial \boldsymbol{v}^{E}}{\partial \dot q_i}$$

con T particularizada para el instante de la percusión ($t = 0$), en el cual, al estar el sistema en reposo: $\theta = \phi = 0$.

$$T(t=0) = \frac{1}{4}M\,R^2\left(6\dot\theta^2 + \dot\phi^2 - 2\,\dot\theta\,\dot\phi\right)$$

$$\left.\begin{array}{l} \Delta\left(\dfrac{\partial T}{\partial\dot\theta}\right) = \frac{M\,R^2}{2}\left(6\,\dot\theta^{+} - \dot\phi^{+}\right) = \boldsymbol{P}\cdot\dfrac{\partial \boldsymbol{v}_{21}^{E}}{\partial\dot\theta} = P R \\[2ex] \Delta\left(\dfrac{\partial T}{\partial\dot\phi}\right) = \frac{M\,R^2}{2}\left(\dot\phi^{+} - \dot\theta^{+}\right) = \boldsymbol{P}\cdot\dfrac{\partial \boldsymbol{v}_{21}^{E}}{\partial\dot\phi} = 0 \end{array}\right\} \Longrightarrow$$

$$\Longrightarrow \boxed{\dot{\theta}^+ = \dot{\phi}^+} \quad \Longrightarrow 5\dot{\theta}^+ = \frac{2\,P}{M\,R} \Longrightarrow$$

$$\Longrightarrow \quad \boxed{\dot{\theta}^+ = \dot{\phi}^+ = \frac{2\,P}{5\,M\,R}}$$

Ecuaciones del movimiento

La energía potencial del sistema puede expresarse como:

$$V = -\frac{M\,g\,R}{2}\,(4\,\cos\,\theta + \cos\,\phi)$$

a) Las ecuaciones del movimiento se obtienen teniendo en cuenta que

$$T + V = \text{cte} \quad \text{(sistema conservativo)}$$

lo que conduce a:

$$\frac{1}{4}M\,R^2\left(6\,\dot{\theta}^2 + \dot{\phi}^2 - 2\,\dot{\theta}\,\dot{\phi}\,\cos(\theta+\phi)\right) - \frac{M\,g\,R}{2}\,(4\,\cos\,\theta + \cos\,\phi) = \text{cte}$$

Sustituyendo los valores calculados para $\dot{\theta}^+$ y $\dot{\phi}^+$, se obtiene el valor de la constante:

$$\text{cte} = \frac{P^2}{5\,M} - \frac{5}{2}\,M\,g\,R$$

Luego,

$$\frac{1}{4}M\,R^2\left(6\,\dot{\theta}^2 + \dot{\phi}^2 - 2\,\dot{\theta}\,\dot{\phi}\,\cos(\theta+\phi)\right) - \frac{M\,g\,R}{2}\,(4\,\cos\,\theta + \cos\,\phi - 5) = \frac{P^2}{5\,M} \tag{21}$$

b) Por otro lado,

$$L = T - V = \frac{1}{4}M\,R^2\left(6\,\dot{\theta}^2 + \dot{\phi}^2 - 2\,\dot{\theta}\,\dot{\phi}\,\cos(\theta+\phi)\right) + \frac{M\,g\,R}{2}\,(4\,\cos\,\theta + \cos\,\phi)$$

$$\left.\begin{aligned} \frac{\partial L}{\partial \dot{\theta}} &= \frac{M\,R^2}{2}\left(6\,\dot{\theta} - \dot{\phi}\,\cos(\theta+\phi)\right) \\ \frac{\partial L}{\partial \theta} &= \frac{M\,R^2}{2}\,(\text{sen}(\theta+\phi)\,)\,\dot{\theta}\,\dot{\phi} - 2M\,gR\,\text{sen}\,\theta \end{aligned}\right\} \frac{d}{dt}\left(\frac{\partial L}{\partial \dot{\theta}}\right) - \frac{\partial L}{\partial \theta} = 0$$

$$\frac{d}{dt}\left(6\dot{\theta} - \dot{\phi}\,\cos(\theta+\phi)\right) - \text{sen}(\theta+\phi)\,\dot{\theta}\,\dot{\phi} + \frac{4\,g}{R}\,\text{sen}\,\theta = 0 \quad \Longrightarrow$$

$$\boxed{6\,\ddot{\theta} - \ddot{\phi}\,\cos(\theta+\phi) + \dot{\phi}^2\,\text{sen}(\theta+\phi) + \frac{4\,g}{R}\,\text{sen}\,\theta = 0}$$

que, junto con la ecuación (21) proporcionan las ecuaciones de evolución del sistema.

Introducción de un vínculo impulsivo

El teorema de *Carnot de la dinámica impulsiva* establece que: *"La energía perdida es la energía cinética de las velocidades perdidas"*:

$$\Delta T = T^- - T^+ = T_{\text{v. perdidas}}$$

con

$$T = \frac{1}{4} M\, R^2 \left(6\,\dot{\theta}^2 + \dot{\phi}^2 - 2\,\dot{\theta}\,\dot{\phi}\,\cos(\theta+\phi)\right)$$

Admitiremos a título únicamente de ejemplo y para simplificar que para $t = t_0$, $\theta = \phi = 0$.

$$T^- = \frac{1}{4} M\, R^2 \left(6\,(\dot{\theta}^-)^2 + (\dot{\phi}^-)^2 - 2\,(\dot{\theta}^-)\,(\dot{\phi}^-)\right)$$

para t_0^+, $\phi = \theta \Longrightarrow \dot{\theta}^+ = \dot{\phi}^+$, luego,

$$T^+ = \frac{1}{4} M\, R^2 \left(5\,(\dot{\theta}^+)^2\right) = \frac{5}{4}\, M\, R^2 (\dot{\theta}^+)^2$$

$$T_{\text{v. perdidas}} = \frac{1}{4} M\, R^2 \left(6\,(\dot{\theta}^- - \dot{\theta}^+)^2 + (\dot{\phi}^- - \dot{\theta}^+)^2 - 2\,(\dot{\theta}^- - \dot{\theta}^+)(\dot{\phi}^- - \dot{\theta}^+)\right)$$

$$\Longrightarrow \quad 10\,(\dot{\theta}^+)^2 = 10(\dot{\theta}^-)(\dot{\theta}^+) \Longrightarrow \quad \boxed{\dot{\theta}^- = \dot{\theta}^+ = \dot{\phi}^+}$$

Sistema 6
(27/01/2005)

El sistema material de la figura está formado por una *cáscara semiesférica (sólido "3")* homogénea de radio a y masa M cuyo eje fijo (OZ_1) es vertical ascendente y por una varilla OP (sólido "2") homogénea, pesada, de masa M, de longitud $2a$ que tiene su extremo O ligado (por medio de una articulación esférica) al origen del sistema de referencia inercial: $OX_1Y_1Z_1$.
La semiesfera, que está en contacto sin rozamiento con el plano horizontal fijo (OX_1Y_1) puede girar alrededor de O_1Z_1; y la varilla, que se apoya en A, desliza sobre el contorno rugoso de la semiesfera ejerciéndose entre ambos un rozamiento de coeficiente μ.
La configuración del sistema viene determinada por los parámetros ψ (ángulo de precesión de la varilla) y ϕ (ángulo de rotación de la semiesfera alrededor de OZ_1). Sabiendo que en el instante inicial: $t = 0$:

$$\dot{\psi} = \omega = \sqrt{\frac{3\sqrt{2}g}{4\,a}}; \quad \dot{\phi} = 0$$

Se pide:

1. Aplicar el teorema del momento cinético (para cada sólido por separado) en el punto O.
2. Demostrar que la primera fase del movimiento es un deslizamiento. Integrar las ecuaciones del movimiento, calculando ψ y ϕ en función del tiempo.
3. Demostrar que después del deslizamiento, la varilla y la semiesfera están en equilibrio relativo. Estudiar esta segunda fase del movimiento.

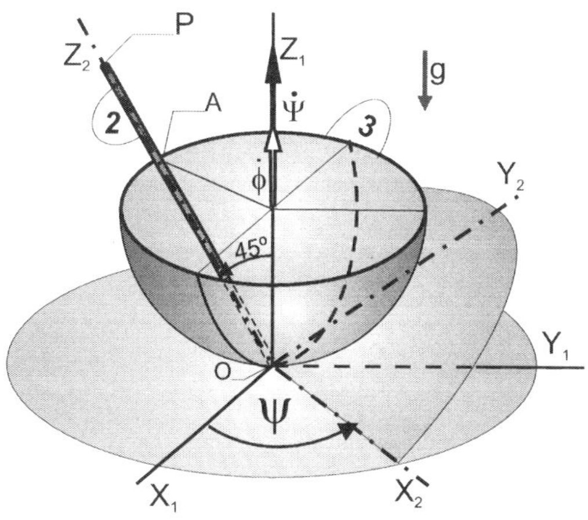

Figura 12: *Sistema 6*

Solución:

Geometría de masas y cinética

Previo a la aplicación del teorema del momento cinético, estudiaremos la cinemática, geometría de masas y cinética del problema:

Cinemática

El sólido "3" posee un único grado de libertad, fijado en cada instante por la coordenada $\phi(t)$ de forma tal que $\boldsymbol{\omega}_{31} = \dot{\phi}\, \boldsymbol{k}_1$ (rotación alrededor del eje vertical que pasa por el origen O y dirección la del eje OZ_1).

El sólido "2" en esta primera etapa, tiene un grado de libertad distinto del del sólido "3" que viene determinado por el ángulo de precesión: $\psi(t)$; los restantes ángulos de Euler que fijan la posición de este sólido vienen dados por $\theta = 45°$ (ángulo de nutación) y el ángulo de rotación propia alrededor del eje OZ_2 no tiene sentido, por tratarse de una varilla de sección transversal despreciable; en consecuencia:

$$\boldsymbol{\omega}_{21} = \dot{\psi}\, \boldsymbol{k}_1 = \dot{\psi}\, \frac{\sqrt{2}}{2} \left\{ \begin{array}{c} 0 \\ 1 \\ 1 \end{array} \right\}_{"2"}$$

Cinética

En ambos sólidos, el punto O es un punto fijo en el movimiento del sistema y los momentos cinéticos se calculan respecto a este punto. Así:

$$\overset{"3"}{\boldsymbol{\Gamma}_O} = \overset{(3)}{\overset{\leftrightarrow}{I}}(0)\, \boldsymbol{\omega}_{31} \Longrightarrow \overset{"3"}{\boldsymbol{\Gamma}_O} = \overset{(3)}{I_{33}}(0)\, \dot{\phi}\, \boldsymbol{k}_1$$

dado que por la simetría del sólido, el eje OZ_1 es principal de inercia.

Al ser la varilla (sólido "2") plana, los ejes ortogonales a la misma, OX_2 y OY_2 son principales de inercia, luego $I_{12} = I_{13} = I_{23} = 0$:

$$\overset{"2"}{\boldsymbol{\Gamma}_0} = \overset{(2)}{\overset{\leftrightarrow}{I}}(0)\, \boldsymbol{\omega}_{21} = \left\{ \begin{array}{c} 0 \\ I_{22} \\ I_{33} \end{array} \right\}_{"2"} \frac{\sqrt{2}}{2}\, \dot{\psi}$$

1. **Cáscara semiesférica.**

Para una cáscara semiesférica de radio a, sabemos que:

$$\overset{(3)}{I_C} = M\, a^2 = \frac{1}{2}(I_{11} + I_{22} + I_{33}) \quad \text{con } I_{11} = I_{22} = I_{33} \Longrightarrow$$

$$\overset{(3)}{\overset{\leftrightarrow}{I}}(C) = \frac{2}{3} M\, a^2 \begin{pmatrix} 1 & 0 & 0 \\ 0 & 1 & 0 \\ 0 & 0 & 1 \end{pmatrix}_{"1,2,3"}$$

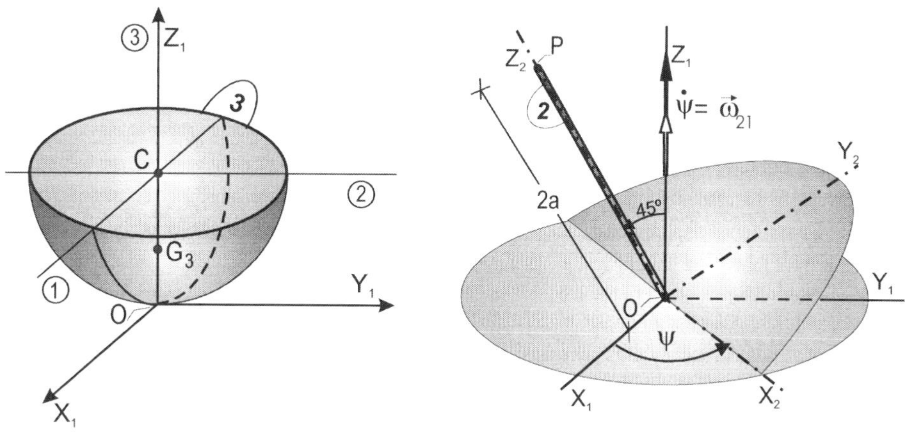

Figura 13: *Sistemas de referencia para cáscara semiesférica y varilla.*

y como el eje OZ_1 coincidente con el eje (3) de la figura, es un eje de revolución del sólido, es principal de inercia en todos sus puntos. Luego,

$$\overset{\text{“3”}}{I_{33}}(0) = \overset{\text{“3”}}{I_{33}}(C) = \frac{2}{3} M\, a^2$$

y, en consecuencia,

$$\overset{\text{“3”}}{\boldsymbol{\Gamma}_O} = \frac{2}{3} M\, a^2\, \dot{\phi} \begin{Bmatrix} 0 \\ 0 \\ 1 \end{Bmatrix}_{\text{"1"}} , \text{ dado que } \boldsymbol{\omega}_{31} = \dot{\phi} \begin{Bmatrix} 0 \\ 0 \\ 1 \end{Bmatrix}_{\text{"1"}}$$

2. **Varilla de masa M.**

Refiriendo los datos a los ejes "2":

$$\overset{(2)}{I}(0) = \frac{4}{3} M\, a^2 \begin{Bmatrix} 1 & 0 & 0 \\ 0 & 1 & 0 \\ 0 & 0 & 0 \end{Bmatrix}_{\text{"2"}}$$

y, en consecuencia:

$$\overset{(2)}{\boldsymbol{\Gamma}_0} = \frac{2\sqrt{2}}{3} M\, a^2 \begin{Bmatrix} 0 \\ 1 \\ 0 \end{Bmatrix}_{\text{"2"}} \dot{\psi}$$

y, dado que

$$\boldsymbol{\omega}_{21} = \begin{Bmatrix} 0 \\ 1 \\ 1 \end{Bmatrix} \frac{\sqrt{2}}{2}\, \dot{\psi}$$

se tiene además que:

$$\boldsymbol{\omega}_{21} \wedge \overset{\text{“2”}}{\boldsymbol{\Gamma}_0} = -\frac{2}{3} M\, a^2\, \dot{\psi}^2 \begin{Bmatrix} 1 \\ 0 \\ 0 \end{Bmatrix}_{\text{"2"}}$$

Desvinculación

Aplicando el principio de fragmentación, desvinculamos "3" de "1" y "3" de "2".

- En el movimiento de {3/1}, únicamente está permitida la rotación alrededor del eje OZ_1 (vertical) y, en consecuencia, la desvinculación en O, exige una reacción vincular $\boldsymbol{\phi^O}_{31}$ y un momento $\overset{\hookrightarrow}{M^O}_{31}$ de reacción vincular, tal que $\overset{\hookrightarrow}{M^O}_{31} \cdot \boldsymbol{k}_1 = 0$ (no existen impedimentos a la rotación vertical).

- La acción de "2" sobre "3" se deja representar por una reacción vincular $\boldsymbol{N}_{23}^A$ perpendicular a la varilla en el punto A y contenida en el plano OZ_1Z_2; además de la fuerza de rozamiento que se opone al deslizamiento relativo de la varilla sobre el borde de la cáscara semiesférica $\boldsymbol{F}_{23}^{\text{roz}}$.

- Esta fuerza de rozamiento (paralela al plano horizontal OX_1Y_1 y tangente a la circunferencia ecuatorial) es la responsable de que la semiesfera (que inicialmente está en reposo) inicie el movimiento de rotación alrededor del eje vertical y su valor es $F_{23}^{\text{roz}} = \mu N_{23}^A$ (durante la primera fase del movimiento en el que existe movimiento relativo entre la varilla y la cáscara). Cuando termina el movimiento relativo ($\dot{\phi} = \dot{\psi}$); $F_{23}^{\text{roz}} \leq \mu N_{23}^A$ (equilibrio relativo, donde el signo igual corresponde al *"movimiento inminente"*).

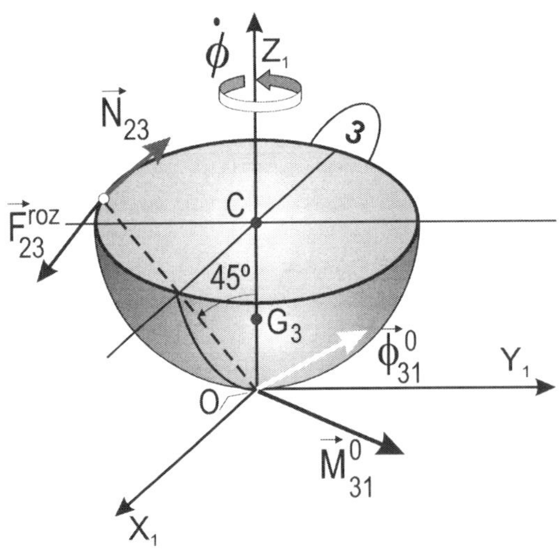

Figura 14: *Desvinculación de la cáscara semiesférica.*

- En el movimiento {2/3}, el punto O es fijo (rótula esférica) y permite cualquier rotación alrededor de este punto. El contacto entre la varilla y el contorno de la semiesfera restringe el ángulo de nutación θ al valor $\theta = 45^\circ$. La desvinculación del sólido "2" queda reducida a una reacción vincular en O, de valor ϕ_{23}^O, además de $\boldsymbol{N}_{23}^A$ y $\boldsymbol{F}_{23}^{\text{roz}}$, tal que:

$$\boldsymbol{N}_{23}^A + \boldsymbol{N}_{32}^A = \boldsymbol{0} \quad \overset{\hookrightarrow A}{M}_{23} + \overset{\hookrightarrow A}{M}_{32} = 0 \quad \text{(principio de acción y reacción)}$$

- Las únicas fuerzas *activas* que se ejercen sobre el sistema son los pesos de ambos sólidos.

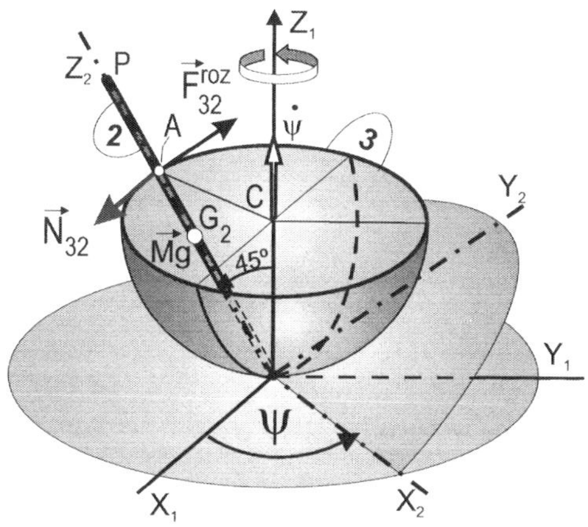

Figura 15: *Desvinculación de la varilla.*

Teorema del momento cinético en el punto O

1. **Cáscara semiesférica**

$$\left.\frac{d\overset{``3"}{\mathbf{\Gamma}_O}}{dt}\right|_{``1"} = \overset{\hookrightarrow 0}{M_{31}} + \boldsymbol{OA}\wedge(\boldsymbol{N}_{23}^{A}+\boldsymbol{F}_{23}^{\mathrm{roz}})$$

que, proyectado en la dirección $\boldsymbol{k}_1$, conduce a:

$$\frac{d}{dt}\left(\overset{``3"}{\mathbf{\Gamma}_O}\cdot\boldsymbol{k}_1\right) = \overbrace{\overset{\hookrightarrow O}{M_{31}}\cdot\boldsymbol{k}_1}^{=0} + \overbrace{\left(\boldsymbol{OA}\wedge\boldsymbol{N}_{23}^{A}\right)\cdot\boldsymbol{k}_1}^{=0} + \left(\boldsymbol{OA}\wedge\boldsymbol{F}_{23}^{\mathrm{roz}}\right)\cdot\boldsymbol{k}_1 \Longrightarrow$$

$$\frac{2}{3}M\,a^2\ddot{\phi} = \mu N_{23}^{A}\,a \;\Longrightarrow$$

$$\boxed{2\,M\,a\,\ddot{\phi} = 3\,\mu N_{23}^{A}} \tag{22}$$

2. **Varilla**

$$\left.\frac{d\overset{``2"}{\mathbf{\Gamma}_O}}{dt}\right|_{``1"} = \left.\frac{d\overset{``2"}{\mathbf{\Gamma}_O}}{dt}\right|_{``2"} + \boldsymbol{\omega}_{21}\wedge\overset{(2)}{\mathbf{\Gamma}_0} = \frac{2}{3}M\,a^2\begin{Bmatrix}-\dot{\psi}^2\\ \sqrt{2}\,\ddot{\psi}\\ 0\end{Bmatrix}_{``2"} \;;$$

$$\overset{\hookrightarrow}{M}_O = \boldsymbol{OG_2}\wedge M\boldsymbol{g} + \boldsymbol{OA}\wedge(\boldsymbol{F}_{32}^{roz}+\boldsymbol{N}_{32}^{A})$$

$$\overset{\hookrightarrow}{M}_O = \begin{vmatrix}\vec{\imath}_2 & \vec{\jmath}_2 & \boldsymbol{k}_2\\ 0 & 0 & a\\ 0 & -1 & -1\end{vmatrix}\frac{M\,g\sqrt{2}}{2} + \begin{vmatrix}\vec{\imath}_2 & \vec{\jmath}_2 & \boldsymbol{k}_2\\ 0 & 0 & a\sqrt{2}\\ -\mu N_{23}^{A} & N_{23}^{A} & 0\end{vmatrix} \Longrightarrow$$

$$\begin{cases} -\dfrac{2}{3}M\,a\dot{\psi}^2 = -\sqrt{2}\,N_{23}^{A} + \dfrac{\sqrt{2}}{2}M\,g \\[2ex] \dfrac{2\sqrt{2}}{3}M\,a\,\ddot{\psi} = -\mu\,N_{23}^{A}\,\sqrt{2}\end{cases} \tag{23}$$

Movimiento relativo

Puesto que la velocidad inicial de deslizamiento relativo entre la varilla y la cáscara, en el punto A, no es nula, la primera fase del movimiento es un deslizamiento. En efecto:

$$\boldsymbol{v}_{23}^{A} = \boldsymbol{v}_{21}^{A} + \boldsymbol{v}_{13}^{A} = \overbrace{\boldsymbol{v}_{21}^{0}}^{=0} + \boldsymbol{\omega}_{21} \wedge \boldsymbol{OA} - \overbrace{\boldsymbol{v}_{31}^{0}}^{=0} - \boldsymbol{\omega}_{31} \wedge \boldsymbol{OA} =$$

$$= (\boldsymbol{\omega}_{21} - \boldsymbol{\omega}_{31}) \wedge \boldsymbol{OA}$$

$$\boldsymbol{v}_{23}^{A} = a(\dot{\psi} - \dot{\phi}) \left\{ \begin{matrix} 1 \\ 0 \\ 0 \end{matrix} \right\}_{"1"}$$

de valor $a\,\omega$ en el instante inicial.

Ecuaciones del movimiento

Eliminando en la ecuación (23) la reacción vincular N_{23}^{A}, se tiene:

$$-\frac{2\sqrt{2}}{3} M\, a\, \ddot{\psi} = \mu \left(\frac{2}{3} M\, a\, \dot{\psi}^2 + \frac{\sqrt{2}}{2} M\, g \right) \Longrightarrow$$

$$\boxed{\ddot{\psi} = -\frac{\mu}{\sqrt{2}} \left(\frac{3\,g}{4\,a} \sqrt{2} + \dot{\psi}^2 \right)} \tag{24}$$

Para la semicáscara, eliminando N_{23}^{A} de la ecuación (22) y de la segunda ecuación de (23), se obtiene:

$$\left. \begin{matrix} 2\, M\, a \ddot{\phi} = 3\, \mu\, N_{23}^{A} \\ 2\, M\, a\, \ddot{\psi} = -3\, \mu\, N_{23}^{A} \end{matrix} \right\} \Longrightarrow \boxed{\ddot{\phi} + \ddot{\psi} = 0}$$

lo que implica que $\boxed{\dot{\phi} + \dot{\psi} = \text{cte}}$ y, como para $t = 0$, se tiene que: $\dot{\phi} = 0$ y $\dot{\psi} = \omega$:

$$\boxed{\dot{\phi} = \omega - \dot{\psi}} \tag{25}$$

Integración de las ecuaciones

Separando variables en la ecuación (24) y teniendo en cuenta que $\omega = \sqrt{\dfrac{3\sqrt{2}g}{4\,a}}$:

$$\ddot{\psi} = -\frac{1}{2}\, \mu\, \omega^2 \left(1 + \left(\frac{\dot{\psi}}{\omega} \right)^2 \right) \Longrightarrow$$

$$\int \frac{d\left(\frac{\dot{\psi}}{\omega}\right)}{1 + \left(\frac{\dot{\psi}}{\omega}\right)^2} = -\int_{t=0}^{t} \frac{1}{2} \mu\, \omega\, dt \Longrightarrow$$

$$\arctan \left(\frac{\dot{\psi}}{\omega} \right) = -\frac{1}{2} \mu\, \omega\, t + \text{cte}$$

$$\Longrightarrow \text{Para}\, t=0,\;\; \dot{\psi}=\omega \Longrightarrow \arctan\left(\frac{\dot{\psi}}{\omega}\right) = -\frac{1}{2}\mu\,\omega\, t + \arctan 1 \Longrightarrow$$

$$\boxed{\dot{\psi} = \omega \tan\left(\frac{\pi}{4} - \frac{1}{2}\mu\,\omega\, t\right) \quad \Longrightarrow}$$

$$d\psi = \tan\left(\frac{\pi}{4} - \frac{1}{2}\mu\,\omega\, t\right)\omega\, dt \Longrightarrow$$

$$\Longrightarrow \cos\left(\frac{\pi}{4} - \frac{1}{2}\mu\,\omega\, t\right) = e^{\frac{1}{2}\mu\,\psi}$$

Por otro lado,

$$\dot{\phi} = \omega - \dot{\psi} = \omega\left(1 - \tan\left(\frac{\pi}{4} - \frac{1}{2}\mu\,\omega\, t\right)\right)$$

$$\phi(t) = \omega\, t - \frac{2}{\mu}\ln\left(\cos\left(\frac{\pi}{4} - \frac{1}{2}\mu\,\omega\, t\right)\right) \quad \Longrightarrow$$

$$\Longrightarrow \cos\left(\frac{\pi}{4} - \frac{1}{2}\,\mu\,\omega\, t\right) = e^{-\frac{\mu}{2}(\phi - \omega t)}$$

Esta fase termina cuando $\dot{\phi} = \dot{\psi}$ (se anula el deslizamiento relativo); es decir: $2\dot{\psi}(t) = \omega$, lo que implica que:

$$\dot{\psi} = \frac{\omega}{2} = \omega\, \tan\left(\frac{\pi}{4} - \frac{1}{2}\mu\,\omega\, t\right) \Longrightarrow \tan\left(\frac{\pi}{4} - \frac{1}{2}\mu\,\omega\, t\right) = \frac{1}{2} \Longrightarrow$$

$$\frac{\pi}{4} - \frac{1}{2}\,\mu\,\omega\, t_{\text{final}} = 0,464\,\text{rad} \Longrightarrow$$

$$\boxed{t_{\text{final}} = \frac{\pi - 1,864}{2\,\mu\,\omega}}$$

Semiesfera y varilla solidarias

En la segunda fase la semiesfera y la varilla están en equilibrio relativo y giran con la misma velocidad angular. Aplicando el teorema del momento cinético al sistema completo, resulta:

$$\mathbf{\Gamma}_O^{\text{sist}} = \overset{\text{“2”}}{\mathbf{\Gamma}_O} + \overset{\text{“3”}}{\mathbf{\Gamma}_O} = \frac{2}{3}M\,a^2\left\{\begin{array}{c} 0 \\ \sqrt{2}\,\dot{\psi} \\ 0 \end{array}\right\}_{\text{"2"}} + \frac{2}{3}M\,a^2\left\{\begin{array}{c} 0 \\ 0 \\ \dot{\phi} \end{array}\right\}_{\text{"1"}} \Longrightarrow$$

$$\boxed{\Longrightarrow \mathbf{\Gamma}_O^{\text{sist}} = \frac{2\sqrt{2}}{3}M\,a^2\left\{\begin{array}{c} 0 \\ \dot{\psi} + \frac{\dot{\phi}}{2} \\ \frac{\dot{\phi}}{2} \end{array}\right\}_{\text{"2"}}}$$

con

$$\left.\frac{d\boldsymbol{\Gamma}_0^{\text{sist}}}{dt}\right|_{\text{“1”}} = \overset{\hookrightarrow}{M^O}_{31} + (\boldsymbol{OG_2} + \boldsymbol{OG_3}) \wedge M\boldsymbol{g}$$

(Las reacciones vinculares y de rozamiento en A desaparecen al aplicar el teorema al sistema completo, obsérvese que son fuerzas internas que cumplen el principio de acción y reacción).

Proyectando en la dirección $\boldsymbol{k}_1$ y teniendo en cuenta que:

$$\overset{\hookrightarrow}{M^O}_{31} \cdot \boldsymbol{k}_1 = 0; \quad ((\boldsymbol{OG_2} + \boldsymbol{OG_3}) \wedge M\boldsymbol{g}) \cdot \boldsymbol{k}_1 = 0 \quad \text{(por ser } \boldsymbol{k}_1 \text{ paralelo a } \boldsymbol{g})$$

se obtiene:

$$\boxed{\boldsymbol{\Gamma}_0^{\text{sist}} \cdot \boldsymbol{k}_1 = \text{cte}}$$

y como

$$\boldsymbol{k}_1 = \frac{\sqrt{2}}{2} \begin{Bmatrix} 0 \\ 1 \\ 1 \end{Bmatrix}_{\text{”2”}} \Longrightarrow$$

$$\Longrightarrow \frac{2}{3} M\, a^2 \left(\sqrt{2}(\dot{\psi} + \frac{1}{2}\dot{\phi})\frac{\sqrt{2}}{2} + \frac{\sqrt{2}}{2}\frac{\sqrt{2}}{2}\dot{\phi} \right) = \text{cte} \Longrightarrow \boxed{\dot{\psi} + \dot{\phi} = \text{cte}}$$

Resultado válido tanto en la segunda como en la primera fase:

$$\dot{\phi}(t) = \dot{\psi}(t) = \frac{\omega}{2}\,;$$

lo que implica que alcanzado el equilibrio relativo, el sistema gira indefinidamente con velocidad angular constante alrededor del eje vertical.

Sistema 7
(27/01/2005)

Una placa pesada (sólido "2") está formada por medio aro de masa $2M/3$ y un semidisco de masa M. La placa así formada, está apoyada sobre una barra horizontal (O) (de sección despreciable y perpendicular a su plano) sobre la cual el semiaro desliza, sin rozamiento, de modo que la placa puede desplazarse en un plano vertical fijo. Se tomará como parámetros los ángulos θ y ϕ representados en la figura siendo OX_1 la vertical descendente que pasa por O.

1. Calcule, en el centro de masa de la placa, el tensor de inercia y su energía cinética.
2. En el instante inicial y estando la placa en equilibrio con $\theta = \phi = 0$, se aplica una percusión horizontal $P\jmath$ en el punto B; determine las condiciones cinemáticas posteriores a la percusión.
3. Halle dos integrales primeras del movimiento.
4. Halle el valor de la percusión P necesario para que el parámetro θ oscile entre $-\pi/2 \leq \theta \leq \pi/2$.
5. Aplicando los métodos de la mecánica analítica, determine el valor de la reacción vincular en O.
6. Durante el movimiento, el punto D alcanza a O $(\phi = \theta + \pi/2)$ y permanece vinculado a él. Halle el estado cinemático posterior a la introducción de este vínculo.

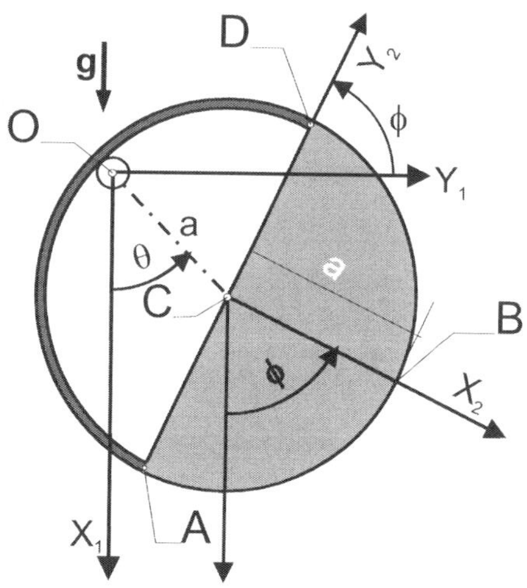

Figura 16: *Sistema 7*

Solución:

Geometría de masas

Aplicando el teorema de Pappus-Guldin a cada parte de la placa y tomando como sistema de referencia los ejes "2" centrados en C, resulta:

$$\left.\begin{array}{l} 2\,\pi\,\overline{x}_1(\pi\,a) = 4\,\pi\,a^2 \Longrightarrow \overline{x}_1 = \dfrac{2\,a}{\pi} \\ \\ 2\,\pi\,\overline{x}_2(\dfrac{\pi\,a^2}{2}) = \dfrac{4}{3}\,\pi\,a^3 \Longrightarrow \overline{x}_2 = \dfrac{4\,a}{3\,\pi} \end{array}\right\}.$$

Teniendo en cuenta la masa del aro $(2M/3)$, la del semidisco (M) y el signo de la coordenada del centro de masas:

$$\boxed{x_G = \frac{\dfrac{4\,a\,M}{3\,\pi} - \dfrac{2\,M}{3}\dfrac{2\,a}{\pi}}{\dfrac{5\,M}{3}} = 0}$$

y, en consecuencia, *el centro de masas de la placa coincide con el centro geométrico* $(G \equiv C)$ donde se aplica el peso $\dfrac{5\,M}{3}\boldsymbol{g}$.

Para calcular el tensor de inercia, tenemos en cuenta que el plano $z_2 = 0$ es un plano de simetría (figura plana). Por otro lado, $y_2 = 0$ es otro plano de simetría y, en consecuencia, los ejes $(CX_2Y_2Z_2)$ son principales de inercia en el punto $C \equiv G$.

$$\overleftrightarrow{I}(C) = \begin{pmatrix} I_{11} & 0 & 0 \\ 0 & I_{22} & 0 \\ 0 & 0 & I_{33} \end{pmatrix}_{"2"}$$

con $I_{33} = I_{11} + I_{22}$.

Por la propiedad distributiva:

$$I_{11}(C) = \overset{\text{S.A.}}{I_{11}(C)} + \overset{\text{S.D.}}{I_{11}(C)} = \frac{1}{2}\left(\frac{2\,M}{3}\right)a^2 + \frac{1}{2}\left(\frac{M\,a^2}{2}\right) = \frac{7}{12}M\,a^2 = I_{22}(C) \Longrightarrow$$

$$\boxed{\overleftrightarrow{I}(C) = \frac{7}{12}M\,a^2\begin{pmatrix} 1 & 0 & 0 \\ 0 & 1 & 0 \\ 0 & 0 & 2 \end{pmatrix}_{"2"}}$$

Cinemática

El sistema tiene dos grados de libertad: un giro alrededor del punto O (como un péndulo) parametrizado por el ángulo θ y un giro alrededor del centro C, que se fija por el ángulo ϕ. Tomando un sólido intermedio (sólido "0") de ejes OX_0, OY_0 y origen en O, se tiene:

$$\boldsymbol{\omega}_{01} = \left\{\begin{array}{c} 0 \\ 0 \\ \dot{\theta} \end{array}\right\}_{"2","0"} \;;\quad \boldsymbol{\omega}_{21} = \left\{\begin{array}{c} 0 \\ 0 \\ \dot{\phi} \end{array}\right\}_{"2","0"} \;;\; \boldsymbol{v}_{21}^C = \overbrace{\boldsymbol{v}_{20}^C}^{=0} + \boldsymbol{v}_{01}^C = \overbrace{\boldsymbol{v}_{01}^O}^{=0} + \boldsymbol{\omega}_{01} \wedge \boldsymbol{OC}$$

$$\boldsymbol{v}_{21}^C = \boldsymbol{v}_{01}^C = a\,\dot{\theta}\left\{\begin{array}{c} 0 \\ 1 \\ 0 \end{array}\right\}_{"0"} \qquad \text{con } C \equiv G.$$

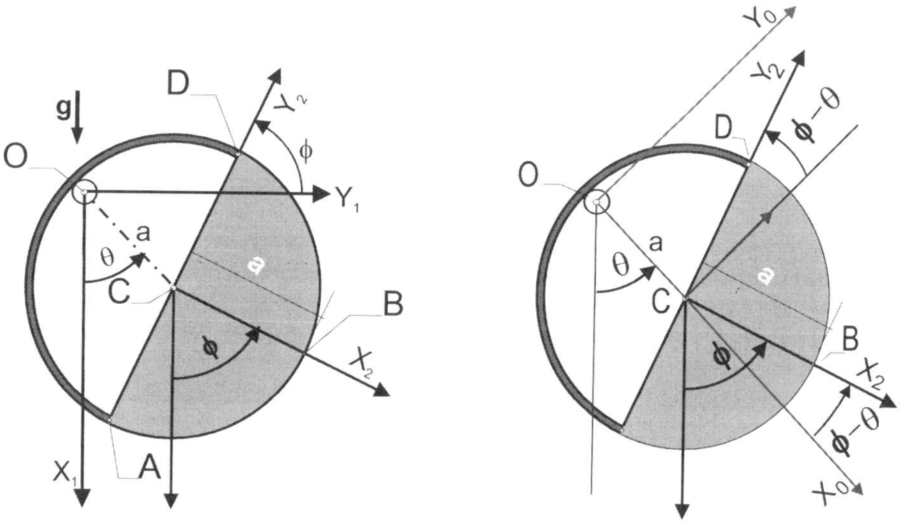

Figura 17: *Sistemas de referencia y geometría.*

Energía cinética

$$T = \frac{1}{2}\left(\frac{5\,M}{3}\right)(V_{21}^{C})^2 + \frac{1}{2}\boldsymbol{\omega}_{21}\ \overleftrightarrow{I}\,(C)\,\boldsymbol{\omega}_{21}$$

dado que $C \equiv G$. Luego,

$$\boxed{T = \frac{M\,a^2}{12}\left(10\,\dot{\theta}^2 + 7\,\dot{\phi}^2\right)}$$

Estado cinemático posterior a la percusión

$$\boldsymbol{v}_{21}^{B} = \boldsymbol{v}_{21}^{C} + \boldsymbol{\omega}_{21} \wedge \boldsymbol{CB} = a\,\dot{\theta}\left\{\begin{array}{c} \operatorname{sen}(\phi-\theta) \\ \cos(\phi-\theta) \\ 0 \end{array}\right\}_{"2"} + \left|\begin{array}{ccc} \vec{\imath}_2 & \vec{\jmath}_2 & \boldsymbol{k}_2 \\ 0 & 0 & \dot{\phi} \\ a & 0 & 0 \end{array}\right| \Longrightarrow$$

$$\Longrightarrow \boldsymbol{v}_{21}^{B} = \left\{\begin{array}{c} a\,\dot{\theta}\operatorname{sen}(\phi-\theta) \\ a\,\dot{\theta}\cos(\phi-\theta) + a\,\dot{\phi} \\ 0 \end{array}\right\}_{"2"}$$

que particularizada para $t = 0$:

$$\boldsymbol{v}_{21}^{B}(t=0) = \left\{\begin{array}{c} 0 \\ a\,(\dot{\theta}+\dot{\phi}) \\ 0 \end{array}\right\}_{"2"}$$

Por otro lado,

$$\boldsymbol{P}(t=0) = \left\{\begin{array}{c} 0 \\ P \\ 0 \end{array}\right\}_{"2"}$$

lo que nos permite escribir:

$$\boldsymbol{P}\cdot\left.\frac{\partial \boldsymbol{v}_{21}^{B}}{\partial\dot{\theta}}\right|_{t=0}=P\,a;\quad \boldsymbol{P}\cdot\left.\frac{\partial \boldsymbol{v}_{21}^{B}}{\partial\dot{\phi}}\right|_{t=0}=P\,a$$

y, aplicando las ecuaciones de Lagrange para la dinámica impulsiva:

$$\Delta\left(\frac{\partial T}{\partial\dot{q}_i}\right)_{t=0}=\boldsymbol{P}\cdot\left.\frac{\partial \boldsymbol{v}_{21}^{B}}{\partial\dot{q}_i}\right|_{t=0}$$

Sabiendo que $\dot{\theta}^- = \dot{\phi}^- = 0$ en el instante inmediatamente anterior a la percusión:

$$\left.\begin{aligned}\Delta\left(\frac{\partial T}{\partial\dot{\theta}}\right)&=\frac{5}{3}\,M\,a^2\,\dot{\theta}^+=Pa\\ \Delta\left(\frac{\partial T}{\partial\dot{\phi}}\right)&=\frac{7}{6}\,M\,a^2\,\dot{\phi}^+=Pa\end{aligned}\right\}\Longrightarrow$$

$$\boxed{\dot{\theta}^+=\frac{3\,P}{5\,M\,a};\quad \dot{\phi}^+=\frac{6\,P}{7\,M\,a}} \tag{26}$$

Integrales primeras

a) Como el sistema es conservativo:

$$\boxed{T+V=\text{cte}} \tag{27}$$

con

$$V=-\frac{5\,M}{3}\,g\,a\,\cos\theta$$

b) Como $L=T-V$, se tiene que:

$$L=\frac{M\,a^2}{12}\left(10\,\dot{\theta}^2+7\,\dot{\phi}^2\right)+\frac{5\,M\,g}{3}\,a\,\cos\theta$$

y se verifica que $\dfrac{\partial L}{\partial\phi}=0$, lo que implica que la coordenada ϕ es cíclica y, por tanto,

$$\frac{\partial L}{\partial\dot{\phi}}=\frac{7}{6}M\,a^2\,\dot{\phi}=\text{cte}$$

es una integral primera, luego:

$$\boxed{\dot{\phi}=\dot{\phi}^+=\frac{6\,P}{7\,M\,a}} \tag{28}$$

Introduciendo la ecuación (28) en (27), se tiene:

$$\frac{5\,M\,a^2}{6}\dot{\theta}^2-\frac{5\,M\,g}{3}\,a\,\cos\theta=\text{cte}$$

donde se ha introducido la condición $\dot{\phi}=\text{cte}$ en el segundo miembro y, por tanto:

$$\dot{\theta}^2-\frac{2\,g}{a}\,\cos\theta=\text{cte}$$

y, como para $t = 0$, $\dot\theta^+ = \frac{3P}{5Ma}$ $\Longrightarrow$

$$\text{cte} = \left(\frac{3P}{5Ma}\right)^2 - \frac{2g}{a} \Longrightarrow$$

$$\boxed{\dot\theta^2 + \frac{2g}{a}(1-\cos\theta) = \frac{9P^2}{25M^2a^2}} \qquad (29)$$

Puntos de libración

De la conservación de la energía mecánica:

$$\underbrace{\dot\theta^2 + \frac{2g}{a}(1-\cos\theta)}_{V(\theta)} = E$$

podemos analizar el problema unidimensional equivalente, entendiendo E como energía total y $V(\theta)$ como potencial.

Dibujando $V(\theta)$, vemos que para $E = 2g/a$, los valores $\theta = \pm\frac{\pi}{2}$ son *puntos de libración*, por lo que el sistema oscilaría entre ambos.

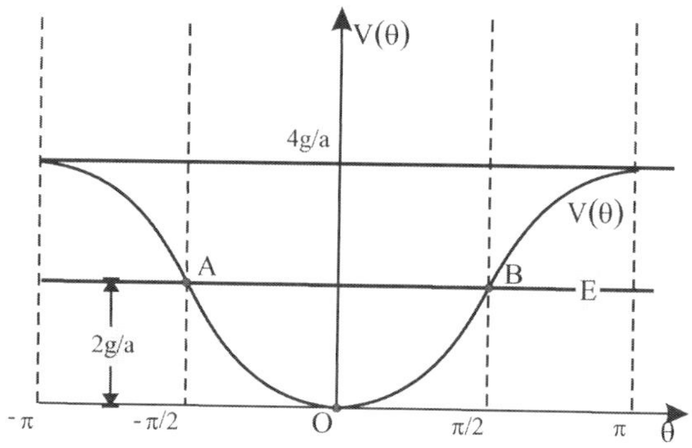

Figura 18: *Representación gráfica de* $V(\theta)$.

$$E = \frac{2g}{a} = \frac{9P^2}{25M^2a^2} \Longrightarrow \boxed{P = \frac{5\sqrt{2}}{3}M\sqrt{ag}}$$

Reacción vincular en O

Desvinculamos en O e introducimos el vínculo $\boxed{\rho = a}$ y aplicamos el método de los multiplicadores de Lagrange:

$$T = \frac{1}{2}\left(\frac{5M}{3}\right)\left(\dot\rho^2 + \rho^2\dot\theta^2\right) + \frac{7}{12}Ma^2\dot\phi^2 = \frac{Ma^2}{12}\left(10\left(\left(\frac{\dot\rho}{a}\right)^2 + \left(\frac{\rho}{a}\right)^2\dot\theta^2\right) + 7\dot\phi^2\right)$$

$$V = -\frac{5}{3}Mg\rho\cos\theta$$

$$L = T - V; \quad \rho - a = 0 \equiv \phi \Longrightarrow$$

$$\frac{d}{dt}\left(\frac{\partial L}{\partial \dot{\rho}}\right) - \frac{\partial L}{\partial \rho} = \lambda \frac{\partial \phi}{\partial \rho} \implies$$

$$\frac{M\,a^2}{12}\left(\frac{20}{a}\left(\frac{\ddot{\rho}}{a}\right) - \frac{20}{a}\left(\frac{\rho}{a}\right)\dot{\theta}^2\right) - \frac{5\,M\,g}{3}\cos\theta = \lambda$$

$$\boxed{\lambda = \frac{5\,M}{3}\left(\ddot{\rho} - \rho\dot{\theta}^2 - g\,\cos\theta\right)_{\rho=a} = -\frac{5\,M}{3}\left(a\,\dot{\theta}^2 + g\,\cos\theta\right)}$$

Sustituyendo

$$\dot{\theta}^2 = E - \frac{2\,g}{a}(1-\cos\theta) = \frac{2\,g}{a} - \frac{2\,g}{a}(1-\cos\theta) = \frac{2\,g}{a}\cos\theta$$

en la expresión anterior:

$$\boxed{\lambda = -\tfrac{5\,M}{3}\left(2\,g\,\cos\theta + g\,\cos\theta\right) = -5\,M\,g\,\cos\theta}$$

que representa la fuerza de reacción que ejerce el vínculo en el sistema (dirección $\boldsymbol{u}_\rho$).

Introducción de nuevo vínculo

La introducción del nuevo vínculo cambia súbitamente la velocidad del punto D (el cual pasa a ser fijo: $O \equiv D$) y el sistema pasa a tener *un único grado de libertad*. Este hecho y el de tratarse de un vínculo impulsivo, nos permite hacer uso del Teorema de Carnot de la Dinámica Impulsiva:

> *"La energía perdida es igual a la energía cinética de las velocidades perdidas"*

$$T^- = \frac{M\,a^2}{12}\left(10(\dot{\theta}^-)^2 + 7(\dot{\phi}^-)^2\right)$$

$$T^+ = \frac{1}{2}I_{33}(O)(\dot{\theta}^+)^2 \quad \text{con } I_{33}(O) = \frac{17}{5}M\,a^2$$

$$T_{\text{v. perdidas}} = \frac{M\,a^2}{6}\left(5(\dot{\theta}^- - \dot{\theta}^+)^2 + \frac{7}{2}\left(\dot{\phi}^- - \dot{\phi}^+\right)^2\right)$$

Al introducir el vínculo $\phi = \theta + \pi/2 \implies \dot{\phi}^+ = \dot{\theta}^+ \implies$

$$\overbrace{M\,a^2\left(\frac{5}{6}(\dot{\theta}^-)^2 + \frac{7}{12}(\dot{\phi}^-)^2 - \frac{17}{5}(\dot{\theta}^+)^2\right)}^{T^- - T^+} = \overbrace{\frac{M\,a^2}{6}\left(5(\dot{\theta}^- - \dot{\theta}^+)^2 + \frac{7}{2}\left(\dot{\phi}^- - \dot{\theta}^+\right)^2\right)}^{T_{\text{perdida}}}.$$

$$\implies \quad 10\,(\dot{\theta}^-)^2 + 35\,(\dot{\phi}^-)^2 - 204\,(\dot{\theta}^+)^2 = 50\,\left(\dot{\theta}^- - \dot{\theta}^+\right)^2 + 35\,\left(\dot{\phi}^- - \dot{\theta}^+\right)^2$$

Existe una única incógnita $\dot{\theta}^+$, dado que los valores de $\dot{\theta}^-$ y $\dot{\phi}^-$ son conocidos en el instante de la introducción del vínculo.

Podemos preguntarnos lo siguiente: ¿en qué instante se produce la introducción del vínculo? Disponemos de dos integrales primeras:

$$\left.\begin{aligned}\dot{\theta}^2 &= \frac{2\,g}{a}\cos\theta \\ \dot{\phi} &= \frac{6\,P}{7\,M\,a} = \frac{10}{7}\sqrt{\frac{2\,g}{a}}\end{aligned}\right\}$$

más la condición de vínculo $\phi = \theta + \pi/2$. La segunda es fácilmente integrable:

$$\phi(t) = \frac{10}{7}\sqrt{\frac{2\,g}{a}}\,t$$

De la primera:

$$\int_0^\theta \frac{d\theta}{\sqrt{\cos\theta}} = \sqrt{\frac{2\,g}{a}}\,t$$

De ambos y de la condición $\phi = \theta + \pi/2$ se determinaría el instante en el que se introduce el vínculo y, a partir de aquí, $\dot{\theta}^-$, $\dot{\phi}^-$.

Sistema 8 (19/06/2005)

El anillo de la figura (sólido "2") de masa M y radio $R/2$, puede moverse, sin rozamiento, manteniéndose en contacto en todo instante y en todo su perímetro sobre la esfera fija de radio R (sólido "1").

1. Pruebe, razonadamente, que el sistema posee tres grados de libertad (use como coordenadas libres los ángulos de Euler) y desvincule el anillo en el punto O (centro de la esfera).
2. Obtenga (utilizando los métodos de la mecánica analítica) tres integrales primeras del movimiento del aro.
3. Suponiendo que el anillo parte en el instante inicial ($t = 0$), con $\theta = \dfrac{\pi}{6}$, $\phi = \psi = 0$, $\dot{\theta} = \dot{\psi} = 0$, $\dot{\phi} = \omega = \sqrt{\frac{28\,g}{R}}$ y, por medio del cambio de variables $\cos\theta = u$, estudie (cualitativamente) la traza dibujada sobre la esfera por el eje OZ_2.

Solución:

Cinemática, Geometría de masas y reacciones vinculares

Un sólido rígido libre tiene seis grados de libertad. El punto C se mueve sobre una esfera de radio $\dfrac{R\sqrt{3}}{2}$ y centro O, que elimina un grado de libertad; sólo está permitido el giro alrededor de OC (se prohiben dos giros), por lo que el sólido tiene tres grados de libertad.

Las acciones de contacto entre el anillo y la esfera son normales a la esfera (enlace liso) y, en consecuencia, concurrentes en el punto O, por lo que la acción

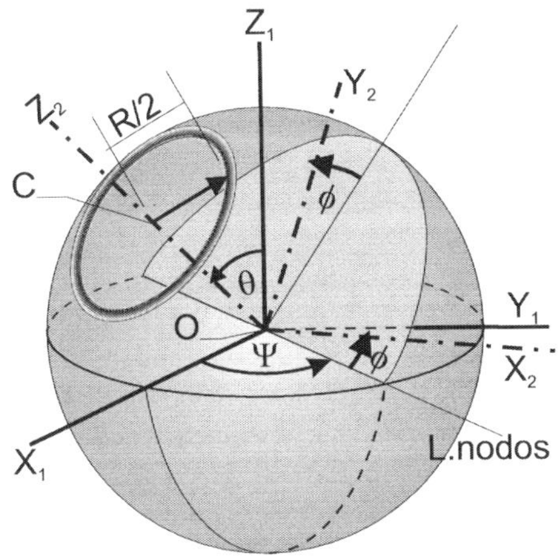

Figura 19: *Sistema 8*

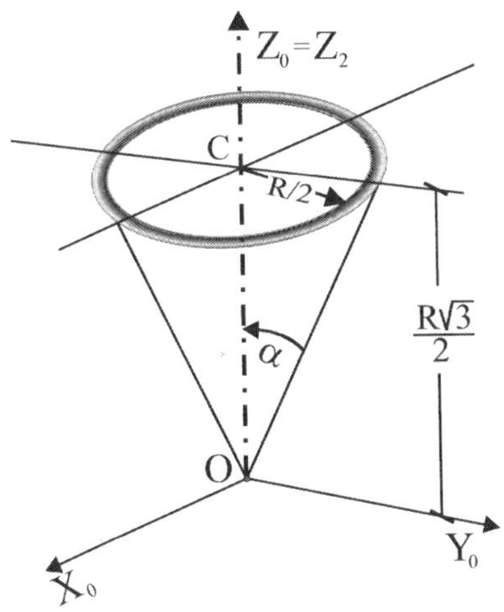

Figura 20: *Contacto entre anillo y esfera.*

resultante es una Φ aplicada en O (con tres componentes). Usando los ángulos de Euler señalados en la figura:

$$\boldsymbol{\omega}_{21} = \left\{ \begin{array}{c} \dot{\theta} \\ \dot{\psi} \text{ sen } \theta \\ \dot{\phi} + \dot{\psi} \cos \theta \end{array} \right\}_{"0"}$$

De la geometría de masas:

$$\overleftrightarrow{I}(C) = \frac{M\,R^2}{8} \begin{bmatrix} 1 & 0 & 0 \\ 0 & 1 & 0 \\ 0 & 0 & 2 \end{bmatrix}_{"0"}$$

Tensor que, calculado en (O) será:

$$\overleftrightarrow{I}(O) = \frac{M\,R^2}{8} \begin{pmatrix} 1 & 0 & 0 \\ 0 & 1 & 0 \\ 0 & 0 & 2 \end{pmatrix} + M \begin{pmatrix} 3\,R^2/4 & 0 & 0 \\ 0 & 3\,R^2/4 & 0 \\ 0 & 0 & 0 \end{pmatrix} = \frac{M\,R^2}{8} \begin{pmatrix} 7 & 0 & 0 \\ 0 & 7 & 0 \\ 0 & 0 & 2 \end{pmatrix}_{"0"}$$

Integrales primeras del movimiento

La energía cinética se escribe:

$$T = \frac{1}{2}\boldsymbol{\omega}_{21}\cdot \overset{\leftrightarrow}{I}(O)\cdot \boldsymbol{\omega}_{21}$$

$$T = \frac{1}{2}\frac{M\,R^2}{8}(\dot\theta, \dot\psi \text{ sen } \theta, \dot\phi + \dot\psi \cos\theta)\begin{pmatrix} 7 & 0 & 0 \\ 0 & 7 & 0 \\ 0 & 0 & 2 \end{pmatrix}\begin{pmatrix} \dot\theta \\ \dot\psi \text{ sen } \theta \\ \dot\phi + \dot\psi \cos\theta \end{pmatrix}$$

$$T = \frac{M\,R^2}{16}\left(7\,\dot\theta^2 + 7\,\dot\psi^2 \text{ sen}^2\,\theta + 2(\dot\phi + \dot\psi\cos\theta)^2\right)$$

$$V = M\,g\,\frac{R\sqrt{3}}{2}\cos\theta$$

$$\boxed{L = \frac{7\,M\,R^2}{16}\left(\dot\theta^2 + \dot\psi^2 \text{ sen}^2\,\theta\right) + \frac{M\,R^2}{8}\left(\dot\phi + \dot\psi\cos\theta\right)^2 - \frac{M\,g\,R\sqrt{3}}{2}\cos\theta}$$

Teniendo en cuenta que ϕ y ψ son coordenadas cíclicas:

$$\frac{\partial L}{\partial \dot\phi} = \frac{M\,R^2}{4}(\dot\phi + \dot\psi\cos\theta) = \text{cte} \implies$$

$$\boxed{\dot\phi + \dot\psi\cos\theta = r_0 \text{ (cte)}} \tag{30}$$

$$\frac{\partial L}{\partial \dot\psi} = \frac{7\,M\,R^2}{8}\dot\psi \text{ sen}^2\,\theta + \frac{M\,R^2}{4}(\dot\phi + \dot\psi\cos\theta)\cos\theta = \text{cte}$$

que introduciendo (30), se reduce a:

$$\boxed{\dot\psi \text{ sen}^2\,\theta + \tfrac{2\,r_0}{7}\cos\theta = \beta} \tag{31}$$

donde β es una constante.

Al ser un sistema conservativo: $T + V = \text{cte}$ y de (30), se obtiene:

$$\boxed{\dot\theta^2 + \dot\psi^2 \text{ sen}^2\,\theta + \tfrac{8\sqrt{3}}{7}\tfrac{g}{R}\cos\theta = \alpha} \tag{32}$$

Traza sobre la esfera

Aplicando las condiciones iniciales:

$$t = 0 \quad \begin{cases} \theta = \dfrac{\pi}{6} \\ \phi = \psi = 0 \end{cases} \quad \begin{cases} \dot\theta = 0 \\ \dot\psi = 0 \\ \dot\phi = \omega \end{cases}$$

se llega a los siguientes valores para las constantes de integración:

$$\begin{cases} r_0 = \omega = \dot{\phi} \\ \beta = \dfrac{\sqrt{3}}{7}\,\omega \\ \\ \alpha = \dfrac{12}{7}\,\dfrac{g}{R} \end{cases}$$

Haciendo el cambio de variables $u = \cos\theta$, se obtiene:

$$\dot{u} = -\operatorname{sen}\theta\,\dot{\theta} \Longrightarrow \dot{\theta} = -\frac{\dot{u}}{\sqrt{1-u^2}}$$

De la expresión (31):

$$\dot{\psi}(1-u^2) = \frac{\omega}{7}\left(\sqrt{3} - 2\,u\right) \Longrightarrow \dot{\psi} = \frac{(\sqrt{3} - 2\,u)\,\omega}{7(1-u^2)}$$

y de (32):

$$\dot{u}^2 = \frac{4}{7}\left(\frac{\sqrt{3}}{2} - u\right)\left(\frac{2\,\sqrt{3}\,g}{R}(1-u^2) - \frac{\omega^2}{7}\left(\frac{\sqrt{3}}{2} - u\right)\right) = f(u)$$

Evaluando los ceros de la función $f(u)$:

$$f(u) = 0 \quad \left\{ \begin{array}{c} u_1 = \dfrac{\sqrt{3}}{2} \\ \\ \dfrac{2\,\sqrt{3}\,g}{R}\,u^2 - \dfrac{\omega^2}{7}\,u - \dfrac{2\,\sqrt{3}\,g}{R} + \dfrac{\sqrt{3}\,\omega^2}{14} = 0 \end{array} \right\}$$

Se tiene una ecuación de segundo grado, cuyas soluciones son:

$$u = \frac{R}{4\,\sqrt{3}\,g}\left(\frac{\omega^2}{7} \pm \sqrt{\frac{\omega^4}{49} - \frac{6\,g}{7\,R^2}(\omega^2\,R - 28\,g)}\right)$$

Tomando $\omega = \sqrt{28\,g/R}\ :\ u_2 = 0\,;\ u_3 = 2/\sqrt{3}$. El sistema oscila entre $u_1 = \frac{\sqrt{3}}{2}$ y $u_2 = 0$, siguiendo la traza, correspondiente al caso 3 de la teoría (ver Tema de Movimiento del Sólido con un punto fijo).

Sistema 9
(19/06/2005)

El sistema representado en la figura, está constituido por una varilla homogénea de longitud $2R$ y masa M, articulada por su extremo (A) a un aro de radio R. El aro (sólido "0") no tiene masa y rueda sin deslizar sobre el eje O_1X_1 con velocidad angular constante ω, bajo la acción de un par motor exterior τ. El sistema se encuentra en un plano horizontal (no actúa la gravedad). En el instante inicial, $\theta = \pi$; C, A y G se encuentran alineados sobre el eje O_1Y_1. Se pide:

1. Fragmentar el sistema y aplicar los teoremas del centro de masas y del momento cinético (en su centro de masas) a cada uno de los sólidos por separado.
2. Ecuación diferencial del movimiento.
3. Comprobar que $\theta + \omega t = 0$ es una solución de la ecuación del movimiento. Calcule, en este caso, la reacción que la varilla ejerce sobre el aro en la articulación A, la que el eje O_1X_1 ejerce sobre el aro en B y el par motor τ.
4. Haga el estudio cualitativo del movimiento (use el cambio de variables $u = \theta + \omega t$).

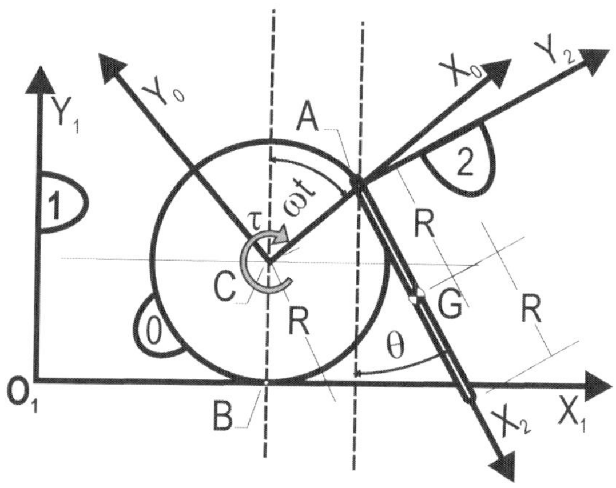

Figura 21: *Problema 9*

Solución:

Fragmentación

Fragmentamos el sistema y sustituimos vínculos por reacciones vinculares en A y B.

Sólido "0"

Dado que el sólido "0" *no tiene masa*, las ecuaciones de la dinámica se reducen a las ecuaciones de la estática:

$$\begin{cases} H_A + H_B = 0 \\ V_A + V_B = 0 \end{cases} \tag{33}$$

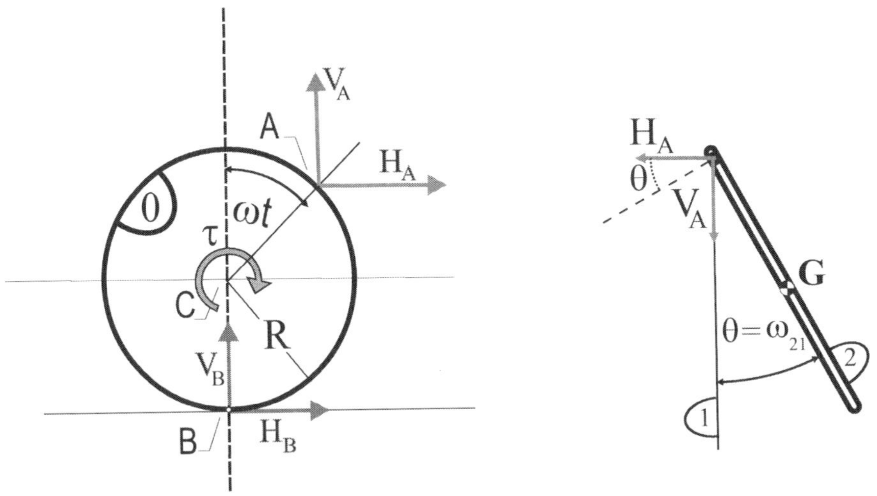

Figura 22: *Desvinculación de aro y varilla.*

$$H_B\, R + V_A\, R\ \text{sen}\,(\omega\, t) - H_A\, R\ \cos\,(\omega\, t) - \tau = 0$$

Sólido "2"

Por el principio de acción y reacción, la reacción en A es opuesta a la que ejerce la varilla sobre el aro. No actúa la gravedad y, en consecuencia, no existen acciones externas:

Teorema del centro de masas

$$\boldsymbol{a}_{21}^{A} = \overbrace{\boldsymbol{a}_{20}^{A}}^{=0} + \boldsymbol{a}_{01}^{A} + 2\,\boldsymbol{\omega}_{01} \wedge \overbrace{\boldsymbol{v}_{20}^{A}}^{=0} = \boldsymbol{a}_{01}^{A}$$

$$\boldsymbol{a}_{01}^{A} = \overbrace{\boldsymbol{a}_{01}^{C}}^{=0} + \overbrace{\boldsymbol{\alpha}_{01}}^{=0} \wedge \boldsymbol{CA} - \omega_{01}^{2}\, \boldsymbol{CA} = -\omega^{2}\, \boldsymbol{CA}$$

$$\boldsymbol{a}_{21}^{G} = \boldsymbol{a}_{21}^{A} + \boldsymbol{\alpha}_{21} \wedge \boldsymbol{AG} - \omega_{21}^{2}\, \boldsymbol{AG}$$

$$M\, \boldsymbol{a}_{21}^{G} = R\, M \begin{Bmatrix} -\omega^2\ \text{sen}\,(\omega\, t) - \dot{\theta}^2\ \text{sen}\ \theta \\ -\omega^2\ \cos\,(\omega\, t) + \dot{\theta}^2\ \cos\ \theta \end{Bmatrix} + R\, M \begin{vmatrix} \boldsymbol{\imath} & \boldsymbol{\jmath} & \boldsymbol{k} \\ 0 & 0 & \ddot{\theta} \\ \text{sen}\ \theta & -\cos\ \theta & 0 \end{vmatrix} \Longrightarrow$$

$$\left\{ \begin{array}{l} M\, R\Big(-\omega^2\ \text{sen}\,(\omega\, t) - \dot{\theta}^2\ \text{sen}\ \theta + \ddot{\theta}\ \cos\ \theta\Big) = -H_A \\ M\, R\Big(-\omega^2\ \cos\,(\omega\, t) + \dot{\theta}^2\ \cos\ \theta + \ddot{\theta}\ \text{sen}\ \theta\Big) = -V_A \end{array} \right. \qquad (34)$$

Teorema del momento cinético en G:

$$\boldsymbol{\Gamma}_G = \overset{\leftrightarrow}{I}\ (G)\, \boldsymbol{\omega}_{21}$$

$$I_{33}(G)\, \ddot{\theta} = H_A\ \cos\ \theta\, R + V_A\ \text{sen}\ \theta\, R\,, \quad \text{con } I_{33}(G) = \frac{1}{3}\, M\, R^2 \Longrightarrow$$

$$\frac{1}{3}\,M\,R^2\,\ddot{\theta} = R\,(H_A\,\cos\,\theta + V_A\,\mathrm{sen}\,\theta) \tag{35}$$

Ecuación diferencial del movimiento

El sistema tiene un único grado de libertad. Sustituyendo (34) en (35), se tiene:

$$\ddot{\theta} = \frac{3}{4}\,\omega^2\,\mathrm{sen}(\theta + \omega\,t) \tag{36}$$

Reacciones vinculares en A

$\theta = -\omega\,t$ es solución de la ecuación (36), con ω = cte. Para este caso,

$$H_A = V_A = H_B = V_B = \tau = 0$$

(Obsérvese que se corresponde con la solución en la que los sólidos "2" y "0" se mueven *"como un todo"*, con velocidad angular constante).

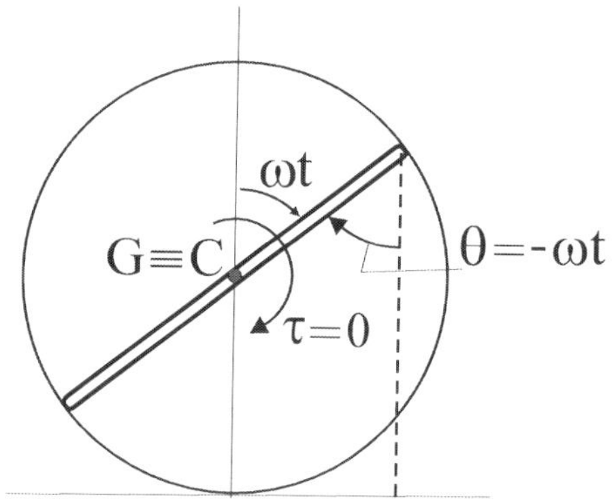

Figura 23: *Sólidos "2" y "0" moviéndose como un todo.*

Estudio cualitativo

Con el cambio de variables propuesto $u = \theta + \omega\,t$, se tiene que: $\dot{u} = \dot{\theta} + \omega$ y $\ddot{u} = \ddot{\theta}$ y la ecuación (36) se escribe:

$$\ddot{u} = \frac{3}{4}\,\omega^2\,\mathrm{sen}(u) \tag{37}$$

Multiplicando (37) por du e integrando e introduciendo las condiciones iniciales, se obtiene:

$$\int_0^{\dot{u}} \dot{u}\,d\dot{u} = \frac{3}{4}\,\omega^2 \int_{\pi}^{u} \mathrm{sen}(u)\,d\,u \quad \Longrightarrow$$

$$\boxed{\frac{1}{2}\,\dot{u}^2 = \frac{3}{4}\,\omega^2(1 - \cos(u)) \geq 0}$$

ecuación que puede entenderse como una ecuación de conservación de la energía (por unidad de masa) para un sistema con un único grado de libertad:

$$T + V = \mathrm{cte} = E$$

En el problema unidimensional equivalente,

$$V(u) = \frac{3}{4}\omega^2 \cos(u); \quad E = \frac{3}{4}\omega^2$$

donde $u = 0$ es una solución de equilibrio **inestable**.

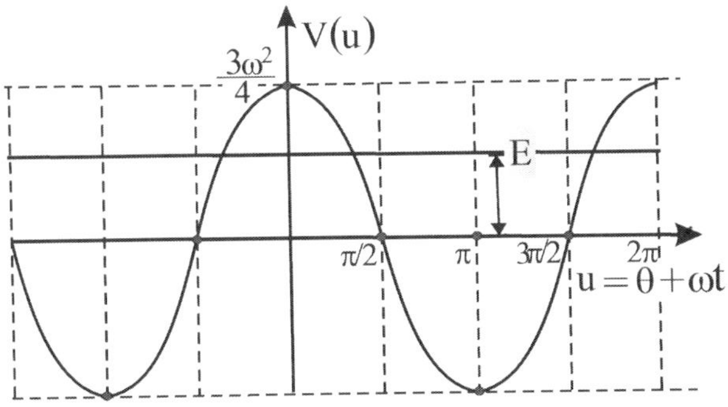

Figura 24: *Representación gráfica de $V(u)$ frente a u y recta E = cte.*

Sistema 10 (05/09/2005)

El sistema de la figura, formado por tres varillas iguales, cada una de ellas de longitud L, espesor despreciable y masa $M/3$ (unidas rígidamente entre sí en forma de T: sólido "2") puede deslizar por su extremo A sobre una recta horizontal fija: sólido "1".

1. Supuesto que existe rozamiento (por deslizamiento) en A y que en la posición inicial, $\theta = \pi/2$ el movimiento del sistema consta de dos fases: en la primera se suelta, manteniendo inmovilizada la corredera; en la segunda, cuando se alcanza la posición $\theta = \pi/4$, se permite a la corredera deslizar sobre la recta. ¿Cuál debe ser el coeficiente de rozamiento entre la corredera y la recta horizontal para que, en el instante de soltar la corredera, no se produzca deslizamiento?
2. Supuesto que no existe rozamiento en A y utilizando los métodos de la mecánica vectorial, determinar:

- *a)* Ecuaciones diferenciales del movimiento (Obtener integrales primeras).
- *b)* Calcular la reacción en A.
- *c)* Estando el sistema en reposo en la posición $(x = 0, \theta = 0)$, se le comunica una percusión horizontal $\boldsymbol{P} = P\boldsymbol{\imath}_1$, en el extremo$B$. Hallar en función de P el estado cinemático posterior a la percusión.

Solución:

Geometría de masas

1. **Centro de masas** $\quad OG = \dfrac{\frac{M}{3}\frac{L}{2}}{M}\,\jmath_2 = \dfrac{L}{6}\begin{Bmatrix} 0 \\ 1 \\ 0 \end{Bmatrix}_{"2"}$

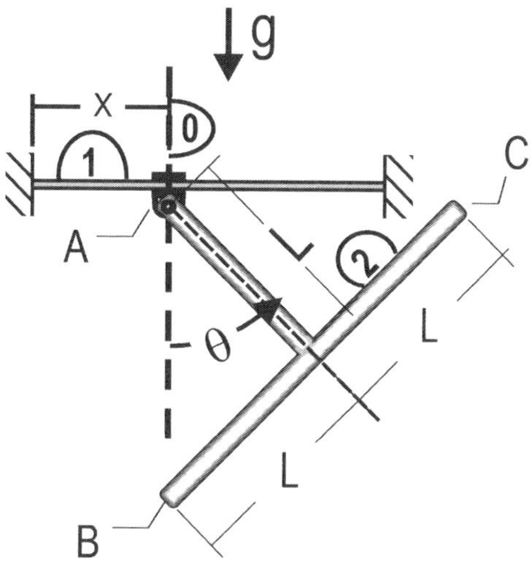

Figura 25: *Sistema 10*

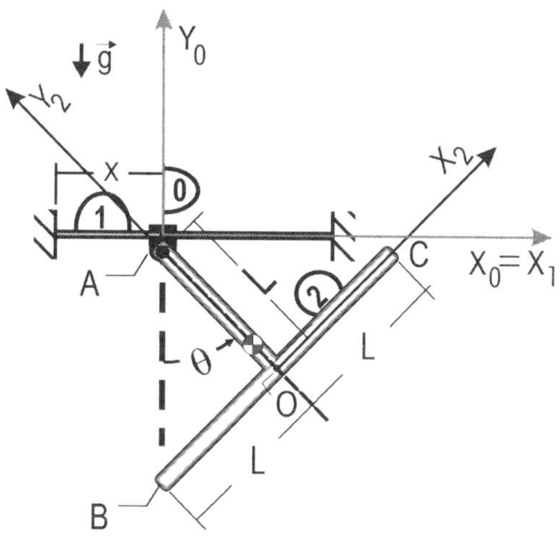

Figura 26: *Sistemas de referencia.*

2. **Tensor de inercia en** O

$$I_{11} = \frac{M}{3\,L} \int_0^L y_2^2\, dy_2 = \frac{M}{9}\, L^2$$

$$I_{22} = \frac{M}{3\,L} \int_{-L}^L x_2^2\, dx_2 = \frac{2\,M}{9}\, L^2$$

$$\overleftrightarrow{I}(O) = \frac{M\,L^2}{9} \begin{pmatrix} 1 & 0 & 0 \\ 0 & 2 & 0 \\ 0 & 0 & 3 \end{pmatrix}_{"2"}$$

$$\boxed{I_{33}(G) = I_{33}(O) - M \left(\frac{L}{6}\right)^2 = \frac{11}{36}\, M\, L^2}$$

$$\boxed{I_{33}(A) = I_{33}(G) + M\left(\frac{5\,L}{6}\right)^2 = M\,L^2}$$

Cinemática

En el caso general, existen dos grados de libertad. Calculemos velocidades lineales y angulares y aceleraciones:

$$\boldsymbol{v}_{21}^A = \overbrace{\boldsymbol{v}_{20}^A}^{=0} + \boldsymbol{v}_{01}^A = \left\{\begin{matrix} \dot{x} \\ 0 \\ 0 \end{matrix}\right\}_{"1","0"}$$

$$\boldsymbol{a}_{21}^A = \overbrace{\boldsymbol{a}_{20}^A}^{=0} + \boldsymbol{a}_{01}^A + 2\,\overbrace{\boldsymbol{\omega}_{01}}^{=0} \wedge \boldsymbol{v}_{20}^A = \begin{pmatrix} \ddot{x} \\ 0 \\ 0 \end{pmatrix}_{"1","0"}$$

$$\boldsymbol{a}_{21}^G = \boldsymbol{a}_{21}^A + \boldsymbol{\alpha}_{21} \wedge \boldsymbol{AG} + \boldsymbol{\omega}_{21} \wedge (\boldsymbol{\omega}_{21} \wedge \boldsymbol{AG})$$

$$\boldsymbol{a}_{21}^G = \left\{\begin{matrix} \ddot{x}\cos\theta \\ -\ddot{x}\,\mathrm{sen}\,\theta \\ 0 \end{matrix}\right\}_{"2"} + \frac{5\,L}{6}\begin{vmatrix} \boldsymbol{\imath}_2 & \boldsymbol{\jmath}_2 & \boldsymbol{k}_2 \\ 0 & 0 & \ddot{\theta} \\ 0 & -1 & 0 \end{vmatrix} + \dot{\theta}^2\,\frac{5\,L}{6}\left\{\begin{matrix} 0 \\ 1 \\ 0 \end{matrix}\right\}_{"2"} \Longrightarrow$$

$$\boxed{\boldsymbol{a}_{21}^G = \left\{\begin{matrix} \ddot{x}\cos\theta + \frac{5\,L}{6}\ddot{\theta} \\ -\ddot{x}\,\mathrm{sen}\,\theta + \frac{5\,L}{6}\dot{\theta}^2 \\ 0 \end{matrix}\right\}_{"2"} = \left\{\begin{matrix} \ddot{x} + \frac{5\,L}{6}(\ddot{\theta}\cos\theta - \dot{\theta}^2\,\mathrm{sen}\,\theta) \\ \frac{5\,L}{6}(\ddot{\theta}\,\mathrm{sen}\,\theta + \dot{\theta}^2\cos\theta) \\ 0 \end{matrix}\right\}_{"1","0"}}$$

Cinética

Procedamos al estudio de la geometría de masas más la cinemática.

1. **Momento cinético en** A

$$\boldsymbol{\Gamma}_A = \overleftrightarrow{I}(A)\cdot\boldsymbol{\omega}_{21} + M\,\boldsymbol{v}_{21}^A \wedge \boldsymbol{GA} = I_{33}(A)\,\dot{\theta}\,\boldsymbol{k} + M\,\frac{5\,L}{6}\begin{vmatrix} \boldsymbol{\imath}_1 & \boldsymbol{\jmath}_1 & \boldsymbol{k}_1 \\ \dot{x} & 0 & 0 \\ -\,\mathrm{sen}\,\theta & \cos\theta & 0 \end{vmatrix}_{“1”}$$

$$\boxed{\boldsymbol{\Gamma}_A = \frac{M\,L^2}{6}\left(6\,\dot{\theta} + \frac{5\,\dot{x}}{L}\cos\theta\right)\left\{\begin{matrix} 0 \\ 0 \\ 1 \end{matrix}\right\}_{“1”}}$$

2. **Energía cinética**

$$T = \frac{1}{2} M \, (v_{21}^A)^2 + M \, \boldsymbol{v}_{21}^A \cdot (\boldsymbol{\omega}_{21} \wedge \boldsymbol{AG}) + \frac{1}{2} \boldsymbol{\omega}_{21} \cdot \overleftrightarrow{I} (A) \cdot \boldsymbol{\omega}_{21}$$

$$T = \frac{1}{2} M \, \dot{x}^2 + M \begin{vmatrix} \dot{x} & 0 & 0 \\ 0 & 0 & \dot{\theta} \\ \operatorname{sen} \theta & -\cos \theta & 0 \end{vmatrix} \frac{5 \, L}{6} + \frac{1}{2} M \, L^2 \, \dot{\theta}^2 \Longrightarrow$$

$$\boxed{T = \frac{M \, L^2}{6} \left(3 \left(\frac{\dot{x}}{L} \right)^2 + 5 \left(\frac{\dot{x}}{L} \right) \dot{\theta} \cos \theta + 3 \, \dot{\theta}^2 \right)}$$

Pasemos, ahora, a resolver los apartados del problema:

Cálculo del coeficiente de rozamiento que no produce deslizamiento

Comenzamos por desvincular el sistema en el punto A: Al existir rozamiento, el movimiento consta de dos fases que aseguran que A permanece fijo. ($\boldsymbol{v}_{21}^A = \boldsymbol{a}_{21}^A = 0$).

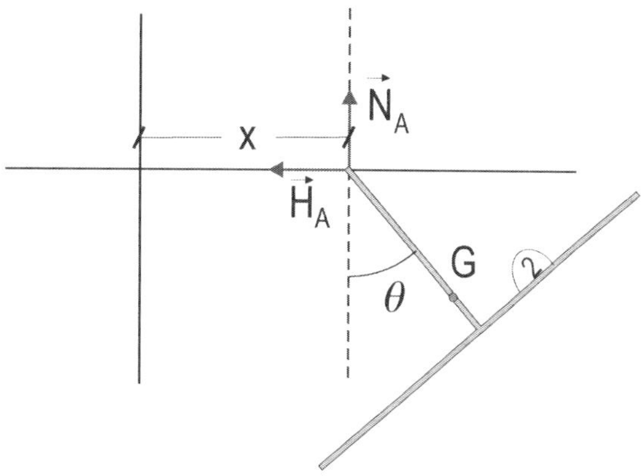

Figura 27: *Reacciones vinculares en A.*

El *teorema del centro de masas* se escribe:

$$\begin{aligned} M \frac{d}{d\,t} \left(\frac{5\,L}{6} \cos \theta \, \dot{\theta} \right) &= -H_A \\ \frac{5\,M\,L}{6} \frac{d}{d\,t} \left(\dot{\theta} \operatorname{sen} \theta \right) &= N_A - M\,g \end{aligned}$$

Suponiendo $x = \text{cte}$, se tiene que $\ddot{x} = 0$.

El teorema del centro de masas nos proporciona dos ecuaciones y tres incógnitas (θ, H_A, N_A); aplicando el *teorema del momento cinético* en el punto A, se obtiene una ecuación del movimiento independiente de las reacciones vinculares:

$$\left. \frac{d\boldsymbol{\Gamma}_A}{dt} \right)_1 = \boldsymbol{AG} \wedge M \, \boldsymbol{g} + M \, \boldsymbol{v}_{21}^G \wedge \boldsymbol{v}_{21}^A$$

con

$$\boldsymbol{\Gamma}_A = \frac{M\,L^2}{6}\,(6\,\dot\theta + \frac{5\,\dot x}{L}\,\cos\,\theta)\begin{Bmatrix} 0 \\ 0 \\ 1 \end{Bmatrix}$$

lo que lleva a la ecuación:

$$\frac{M\,L^2}{6}\left(6\,\ddot\theta + \frac{5\,\ddot x}{L}\,\cos\,\theta - \frac{5\dot x\,\dot\theta}{L}\,\operatorname{sen}\theta\right) = -\frac{5\,L}{6}\,M\,g\,\operatorname{sen}\theta + \frac{5\,L}{6}\,M\,\dot x\,\dot\theta\,\operatorname{sen}\,\theta \implies$$

$$\boxed{6\,\ddot\theta + \tfrac{5g}{L}\,\operatorname{sen}\,\theta = \tfrac{5}{L}\left(2\,\dot x\,\dot\theta\,\operatorname{sen}\,\theta - \ddot x\,\cos\,\theta\right)}$$

y si x = cte, implica que $\dot x = \ddot x = 0$, el *teorema del momento cinético* se escribe:

$$\boxed{6\,\ddot\theta + \tfrac{5g}{L}\,\operatorname{sen}\,\theta = 0}$$

ecuación diferencial de segundo orden fácilmente integrable:

$$6\int_0^{\dot\theta} \dot\theta\,d\dot\theta = -\frac{5\,g}{L}\int_{\pi/2}^{\theta} \operatorname{sen}\,\theta\,d\,\theta \implies 3\,\dot\theta^2 = \frac{5\,g}{L}\,\cos\,\theta \implies$$

$$\boxed{\dot\theta = \pm\sqrt{\frac{5\,g}{3\,L}\,\cos\,\theta}\,; \quad \ddot\theta = -\frac{5\,g}{6\,L}\,\operatorname{sen}\,\theta}$$

que, sustituidas en las ecuaciones del teorema del centro de masas permiten determinar H_A y N_A:

$$H_A = \frac{25\,M\,g}{12}\,\operatorname{sen}\,\theta\,\cos\,\theta$$
$$N_A = M\,g\left(\frac{61}{36} + \frac{25}{36}\,\cos^2\,\theta\right)$$

Se pregunta cuál debe ser el coeficiente de rozamiento en la corredera para que al soltar($\theta = \pi/4$) no se produzca deslizamiento. Para que esto ocurra, debe verificarse:

$$|H_A| \leq \mu\,|N_A| \quad \text{para } \theta = \pi/4 \implies \mu \geq \left.\frac{|H_A|}{|N_A|}\right|_{\theta=\pi/4}$$

$$\boxed{\mu \geq \tfrac{75}{147} \simeq 0,51}$$

En este segundo apartado, no existe rozamiento, el sistema no está vinculado (hay dos grados de libertad: x y θ). La desvinculación en A únicamente aporta una reacción normal: N_A.

Ecuaciones diferenciales del movimiento (integrales primeras)

El sistema es conservativo y, consecuentemente, $T + V$ = cte.
Del *teorema del centro de masas* aplicado al sistema (sólido "2"):

$$M\,\boldsymbol{a}_{21}^G = M\,\boldsymbol{g} + \boldsymbol{N}_A$$

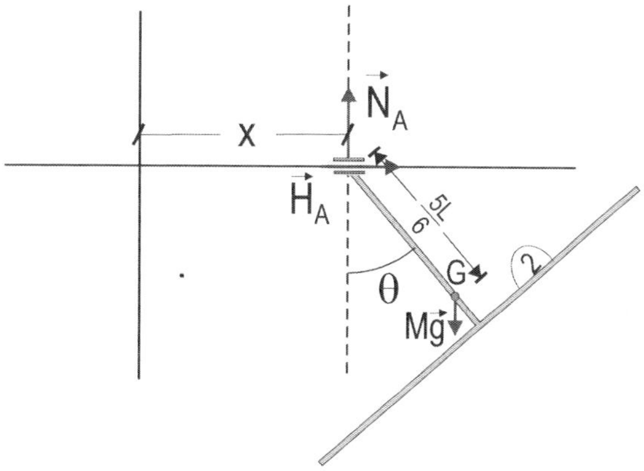

Figura 28: *Fuerzas actuantes sobre el sistema.*

Proyectando en la dirección de unitario $\boldsymbol{\imath}$, se tiene:

$$M\,\boldsymbol{a}_{21}^{G}\cdot\boldsymbol{\imath}=(M\,\boldsymbol{g}+\boldsymbol{N}_A)\cdot\boldsymbol{\imath}=0\implies$$

$$\boxed{\left.a_{21}^{G}\right)_x=0}\implies \left.v_{21}^{G}\right)_x=\text{cte.}$$

La energía potencial tiene la expresión:

$$V=-M\,g\,\frac{5\,L}{6}\,\cos\theta$$

Obtengamos, a continuación, las integrales primeras: Como $T+V=\text{cte}$, podemos escribir:

$$\frac{M\,L^2}{6}\left(3\left(\frac{\dot{x}}{L}\right)^2+5\,\frac{\dot{x}}{L}\,\dot{\theta}\,\cos\theta+3\,\dot{\theta}^2\right)-M\,g\,\frac{5\,L}{6}\,\cos\theta=\text{cte}\implies$$

$$3\left(\frac{\dot{x}}{L}\right)^2+5\left(\frac{\dot{x}}{L}\right)\dot{\theta}\,\cos\theta+3\,\dot{\theta}^2-\frac{5\,g}{L}\,\cos\theta=\text{cte}\qquad(38)$$

Como $\left.v_{21}^{G}\right)_x=\text{cte}$, se tiene:

$$\dot{x}+\frac{5\,L}{6}\,\dot{\theta}\,\cos\theta=\text{cte}\qquad(39)$$

que permiten relacionar x con θ y la integración ulterior. En efecto de la ecuación (39), se sigue:

$$\frac{d}{d\,t}\left(\frac{x}{L}+5\,\operatorname{sen}\theta\right)=\text{cte}\implies$$

$$6\,x+5\,L\,\operatorname{sen}\theta=\alpha\,t+\beta\qquad(40)$$

donde α y β son constantes de integración.

De las ecuaciones (38), (39) y (40), se obtiene:

$$\boxed{3\dot{\theta}^2-\frac{25}{12}\,\dot{\theta}^2\,\cos^2\theta-\frac{5\,g}{L}\,\cos\theta=\text{cte}}$$

Cálculo de la reacción vincular

$$N_A = \frac{5\,M\,L}{6}\left(\dot\theta^2\,\cos\,\theta + \ddot\theta\,\text{sen}\,\theta\right) + M\,g \implies$$

$$\boxed{N_A = \tfrac{M\,L}{6}\left(5\tfrac{d}{d\,t}(\dot\theta\,\text{sen}\,\theta) + \tfrac{6\,g}{L}\right)}$$

Estado cinemático tras la percusión

Aplicando las leyes de la *dinámica impulsiva* (métodos vectoriales) al sólido "2":

$$\left.\begin{array}{rcl} \Delta(M\,\boldsymbol{v}_{21}^G) & = & \boldsymbol{P} + \boldsymbol{N}_A \\ \Delta(\boldsymbol{\Gamma}_A) & = & \boldsymbol{AB}\wedge\boldsymbol{P} \end{array}\right\}$$

La aplicación del *teorema del centro de masas* lleva a:

$$\boldsymbol{v}_{21}^G = \left(\dot x + \frac{5\,L}{6}\,\dot\theta\right)\,\boldsymbol{\imath} \quad (\text{para } \theta = 0) \implies$$

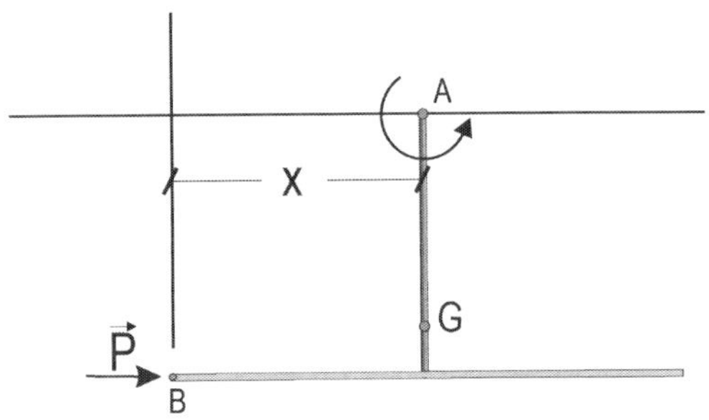

Figura 29: *Percusión en* $\theta = 0$.

$$\left.\begin{array}{rcl} \Delta(\dot x + \frac{5\,L}{6}\,\dot\theta) & = & P/M \\ 0 & = & N_A \end{array}\right\} \implies \left.\begin{array}{rcl} \dot x^+ + \frac{5\,L}{6}\,\dot\theta^+ & = & P/M \\ 0 & = & N_A \end{array}\right\}$$

y, finalmente, la aplicación del *teorema del momento cinético* en A permite escribir:

$$|\boldsymbol{\Gamma}_A| = \frac{M\,L^2}{6}\left(6\,\dot\theta + \frac{5\,\dot x}{L}\right) \quad (\text{para}\,\theta = 0) \implies$$

$$\frac{M\,L^2}{6}\,\Delta\left(6\,\dot\theta + \frac{5\,\dot x}{L}\right) = L\,P \implies$$

$$\dot\theta^+ + \frac{5}{6}\,\frac{\dot x^+}{L} = \frac{P}{M\,L}$$

$$\implies \left\{\begin{array}{rcl} \frac{5\,L}{6}\,\dot\theta^+ + \dot x^+ & = & P/M \\ L\,\dot\theta^+ + \frac{5\,\dot x^+}{6} & = & P/M \end{array}\right\} \implies \left\{\begin{array}{rcl} \dot\theta^+ & = & \frac{6\,P}{11\,L\,M} \\ \dot x^+ & = & \frac{6\,P}{11\,M} \end{array}\right\}$$

Sistema 11 (05/09/2005)

Un cuadrado homogéneo (sólido "2"), de masa M y lado $2\,a$ puede moverse sin rozamiento en el plano vertical $O_1X_1Y_1$ (O_1Y_1 es vertical ascendente). El extremo B se mueve sobre el eje O_1X_1 atraído hacia el origen O_1 por un muelle, de longitud natural nula y constante elástica k, mientras que el lado CD desliza sin rozamiento apoyándose sobre una barra horizontal fija (A) (sección despreciable y perpendicular al plano del cuadrado) situada a una distancia $2\,a$ sobre el eje O_1Y_1. Utilizando x y θ como parámetros para fijar la posición del sistema y haciendo uso de los métodos de la dinámica analítica, se pide:

- *1.-* Demostrar que:

$$2\,a\,\cos\,\theta + x\,\text{sen}\,\theta = \eta$$

  es la ecuación de ligadura entre los parámetros y donde η es una constante a determinar.

- *2.-* Demostrar que la energía cinética del sistema se escribe:

$$T = M\left(\lambda\,\dot{x}^2 - 2\,\lambda\,a\,\dot{x}\,\dot{\theta}(\cos\,\theta + \text{sen}\,\theta) + \mu\,a^2\,\dot{\theta}^2\right)$$

  donde λ y μ son constantes a determinar.

- *3.-* Haciendo uso de multiplicadores de Lagrange, escribir las ecuaciones diferenciales del movimiento.

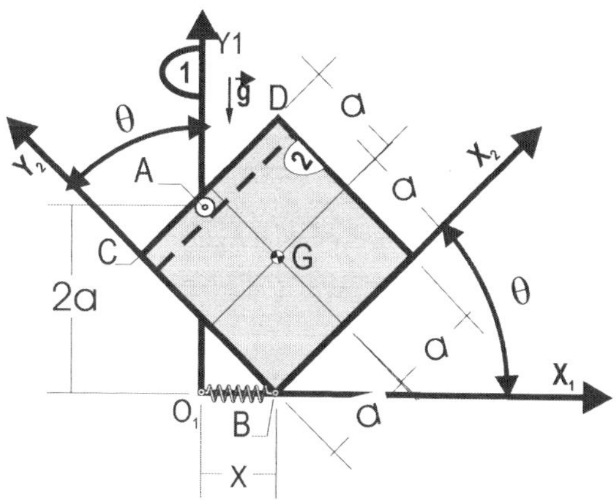

Figura 30: *Sistema 11.*

Solución:

Ecuación del vínculo

De la geometría de la figura, se infiere inmediatamente que:

$$|CB| = |CE| + |EB|$$

con $|\boldsymbol{CE}| = |\boldsymbol{AO_1}|\,\cos\,\theta$ y $|\boldsymbol{EB}| = |\boldsymbol{O_1B}|\,\text{sen}\,\theta$.

Como $|\boldsymbol{CB}| = 2\,a$; $|\boldsymbol{AO_1}| = 2\,a$; $|\boldsymbol{O_1B}| = x$, se tiene:

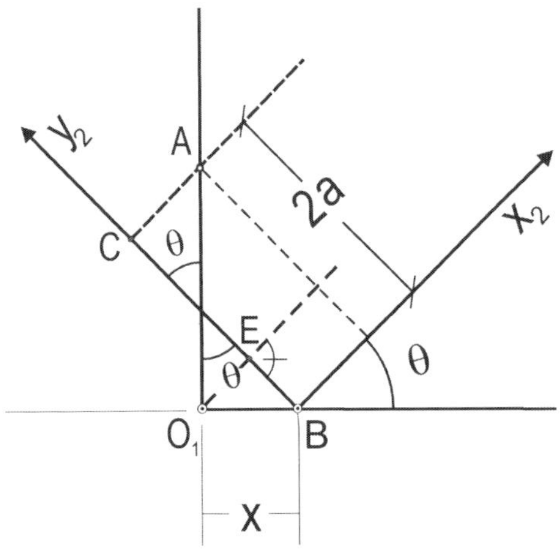

Figura 31: *Sistemas de referencia.*

$$\boxed{2\,a = 2\,a\,\cos\,\theta + x\,\operatorname{sen}\,\theta \quad \Longrightarrow \quad \eta = 2\,a}$$

Cinemática, geometría de masas y cinética

Estudiemos la cinemática y la geometría de masas, para hallar la energía cinética:

Cinemática

$$\boldsymbol{v}_B = \dot{x}\,\boldsymbol{\imath}_1; \quad \boldsymbol{\omega}_{21} = \dot{\theta}\,\boldsymbol{k}$$

Geometría de masas

$$\begin{aligned} I_{22}(B) &= \frac{M}{4\,a^2}\,2\,a\int_0^{2\,a} x^2\,dx = \frac{4}{3}\,M\,a^2 \\ -I_{12}(B) &= \frac{M}{4\,a^2}\int_0^{2\,a} x\,dx\int_0^{2\,a} y\,dy = M\,a^2 \Longrightarrow \end{aligned}$$

$$\Longrightarrow \overleftrightarrow{I}(B) = \frac{4}{3}\,M\,a^2\begin{pmatrix} 1 & -3/4 & 0 \\ -3/4 & 1 & 0 \\ 0 & 0 & 2 \end{pmatrix}_{"2"}$$

La energía cinética se expresa así:

$$T = \frac{1}{2}\,M\,v_B^2 + M\,\boldsymbol{v}_B\cdot(\boldsymbol{\omega}_{21}\wedge\boldsymbol{BG}) + \frac{1}{2}\,\boldsymbol{\omega}_{21}\,\overleftrightarrow{I}(B)\boldsymbol{\omega}_{21}$$

Evaluemos los términos de esta expresión:

$$\boldsymbol{v}_B\cdot(\boldsymbol{\omega}_{21}\wedge\boldsymbol{BG}) = \begin{vmatrix} \dot{x}\,\cos\,\theta & -\dot{x}\,\operatorname{sen}\,\theta & 0 \\ 0 & 0 & \dot{\theta} \\ a & a & 0 \end{vmatrix} = -a\,\dot{x}\,\dot{\theta}(\operatorname{sen}\,\theta + \cos\,\theta)$$

$$\frac{1}{2}\boldsymbol{\omega}_{21} \overset{\leftrightarrow}{I} (B)\boldsymbol{\omega}_{21} = \frac{1}{2}\frac{8}{3} M\, a^2\, \dot{\theta}^2 = \frac{4}{3} M\, a^2\, \dot{\theta}^2$$

Luego,

$$\boxed{T = M \left(\tfrac{1}{2}\, \dot{x}^2 - a\, \dot{x}\, \dot{\theta}(\cos\,\theta + \text{sen}\,\theta) + \tfrac{4}{3}\, a^2\, \dot{\theta}^2\right)}$$

Identificando términos con el enunciado:

$$\boxed{\lambda = 1/2\ ; \quad \mu = 4/3}$$

Ecuaciones del movimiento

Para escribir las ecuaciones diferenciales del movimiento, evaluemos la energía potencial y la lagrangiana:

Energía potencial:

$$\boxed{V = \tfrac{1}{2}\, k\, x^2 + M\, g\, a\, \sqrt{2}\, \text{sen}\left(\theta + \frac{\pi}{4}\right) = \tfrac{1}{2}\, k\, x^2 + M\, g\, a\ (\text{sen}\,\theta + \cos\,\theta)}$$

Lagrangiana:

$$L = T - V = \frac{M}{6}\left(3\,\dot{x}^2 - 6\, a\, \dot{x}\, \dot{\theta}\,(\text{sen}\,\theta + \cos\,\theta) + 8\, a^2\dot{\theta}^2\right) - \frac{1}{2} k\, x^2 -$$

$$- M\, g\, a\,(\text{sen}\,\theta + \cos\,\theta)$$

sometida a la condición de vínculo:

$$2\, a\, \cos\,\theta + x\, \text{sen}\,\theta - 2\, a = 0$$

Usando multiplicadores de Lagrange:

$$\left.\begin{aligned} &\frac{d}{dt}\left(\frac{\partial L}{\partial \dot{x}}\right) - \frac{\partial L}{\partial\, x} + \lambda\, \text{sen}\,\theta = 0 \\ &\frac{d}{dt}\left(\frac{\partial L}{\partial \dot{\theta}}\right) - \frac{\partial L}{\partial\, \theta} + \lambda(x\, \cos\,\theta - 2\, a\, \text{sen}\,\theta) = 0 \\ &x\, \text{sen}\,\theta = 2\, a(1 - \cos\,\theta) \end{aligned}\right\} \Longrightarrow$$

$$\frac{d}{dt}\left(M(\dot{x} - a\,\dot{\theta}(\text{sen}\,\theta + \cos\,\theta))\right) - k\, x + \lambda\, \text{sen}\,\theta = 0$$

$$\frac{d}{dt}\left(\frac{M}{6}(-6\, a\, \dot{x}(\text{sen}\,\theta + \cos\,\theta) + 16\, a^2\, \dot{\theta})\right) - \frac{M}{6}\left(-6\, a\, \dot{x}\, \dot{\theta}(\cos\,\theta - \text{sen}\,\theta)\right) -$$

$$- M\, g\, a(\cos\,\theta - \text{sen}\,\theta) + \lambda(x\, \cos\,\theta - 2\, a\, \text{sen}\,\theta) = 0$$

$$2\, a(1 - \cos\,\theta) = x\, \text{sen}\,\theta$$

Sistema 12
(19/01/2006)

Un disco circular homogéneo (sólido "2") de centro C, radio $2\,a$, de masa m y de espesor despreciable, descansa por un punto M de su circunferencia sobre una superficie cónica circular (sólido "3") sin masa, de vértice O y semiángulo en el vértice $45°$. El eje, sin masa, del disco OX_0 del (sólido "0") está articulado en el punto O por medio de una rótula esférica.
En el instante inicial ($t = 0$) la superficie cónica, accionada por un motor, comienza a girar con velocidad angular constante ($\omega_{31} = \omega$) alrededor del eje vertical fijo O_1Z_1 del sólido "1"; se supone además que en ese instante ($t = 0$) el disco es conducido, sin velocidad inicial, al contacto con la superficie cónica.
Si al contacto del disco (sólido "2") con el cono (sólido "3") se produce una fuerza de rozamiento por deslizamiento de coeficiente μ (los rozamientos por pivotamiento y rodadura se desprecian), se pide:

1. Aplicar, razonadamente, los teoremas generales de la Mecánica (Centro de masas y Momento cinético para el punto O).
2. En la hipótesis de deslizamiento, determinar las acciones de contacto en el punto M.
3. Calcular el trabajo realizado durante la fase de deslizamiento por el motor que proporciona el enlace ω = constante.

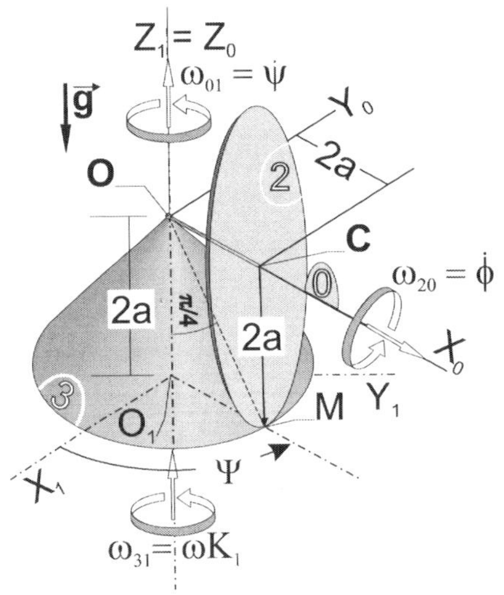

Figura 32: *Sistema 12*

Solución:

Cinemática

$$\boldsymbol{\omega}_{21} = \boldsymbol{\omega}_{20} + \boldsymbol{\omega}_{01} = \left\{ \begin{array}{c} \dot{\phi} \\ 0 \\ \dot{\psi} \end{array} \right\}_{"0"}$$

$$\boldsymbol{v}_{21}^{C} = \overbrace{\boldsymbol{v}_{20}^{C}}^{=0} + \boldsymbol{v}_{01}^{C} = 2\,a\,\dot{\psi}\left\{\begin{array}{c} 0 \\ 1 \\ 0 \end{array}\right\}_{"0"}$$

$$\boldsymbol{\alpha}_{21} = \boldsymbol{\alpha}_{20} + \boldsymbol{\alpha}_{01} + \boldsymbol{\omega}_{01} \wedge \boldsymbol{\omega}_{20} = \left\{\begin{array}{c} \ddot{\phi} \\ \dot{\phi}\,\dot{\psi} \\ \ddot{\psi} \end{array}\right\}_{"0"}$$

$$\boldsymbol{a}_{21}^{C} = \overbrace{\boldsymbol{a}_{21}^{O}}^{=0} + \boldsymbol{\alpha}_{21} \wedge \boldsymbol{OC} + \boldsymbol{\omega}_{21} \wedge (\boldsymbol{\omega}_{21} \wedge \boldsymbol{OC}) \Longrightarrow$$

$$\boldsymbol{a}_{21}^{C} = 2\,a\left\{\begin{array}{c} -\dot{\psi}^{2} \\ \ddot{\psi} \\ 0 \end{array}\right\}_{"0"}$$

$$\boldsymbol{v}_{23}^{M} = \boldsymbol{v}_{21}^{M} + \boldsymbol{v}_{13}^{M} = 2\,a\left\{\begin{array}{c} 0 \\ \dot{\phi} + \dot{\psi} - \omega \\ 0 \end{array}\right\}_{"0"}$$

Si $\boldsymbol{v}_{23}^{M} \neq 0$, *existe deslizamiento del disco sobre el cono.*

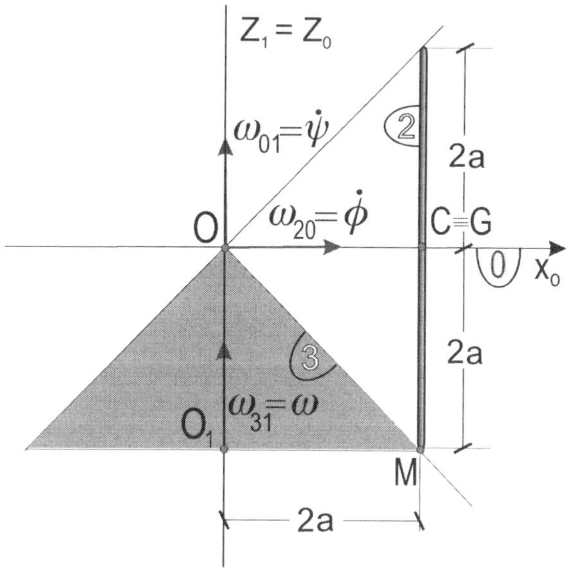

Figura 33: *Velocidades angulares.*

Geometría de masas

- *1) El centro de masas* del sistema ("2" + "0") coincide con el punto C (centro de masas del sólido "2"), dado que el sólido "0" no posee masa ($C \equiv G$).

- *1) Tensor de inercia*

$$\overset{\leftrightarrow}{I}(C) = M\,a^2 \begin{pmatrix} 2 & 0 & 0 \\ 0 & 1 & 0 \\ 0 & 0 & 1 \end{pmatrix}_{"1","2","3"} \qquad \text{con} \quad C \equiv G$$

Aplicando el Teorema de Steiner:

$$\overset{\leftrightarrow}{I}(O) = \overset{\leftrightarrow}{I}(G) + M(R^2\,\delta_{ij} - \overline{X}_i\overline{X}_j); \quad \text{con } \boldsymbol{R} = \left\{ \begin{array}{c} -2\,a \\ 0 \\ 0 \end{array} \right\}_{\text{“1”},\text{“2”},\text{“3”}}$$

$$\boxed{\overset{\leftrightarrow}{I}(0) = M\,a^2 \begin{pmatrix} 2 & 0 & 0 \\ 0 & 5 & 0 \\ 0 & 0 & 5 \end{pmatrix}_{\text{”}O\text{”}}}$$

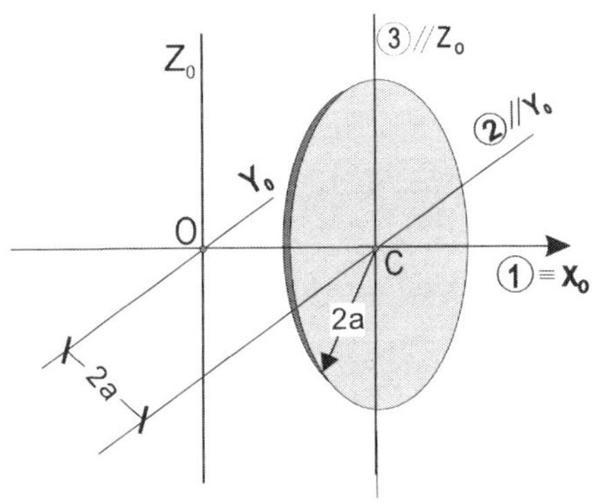

Figura 34: *Geometría para el cálculo del tensor de inercia del disco en O.*

Cinética

1. **Momento cinético en O**

$$\boldsymbol{\Gamma}_O = \overbrace{\overset{\text{“0”}}{\boldsymbol{\Gamma}_O}}^{=0} + \overset{\text{“2”}}{\boldsymbol{\Gamma}_O} = \overset{\leftrightarrow}{I}(0) \cdot \boldsymbol{\omega}_{21}$$

$$\boxed{\boldsymbol{\Gamma}_O = M\,a^2 \left\{ \begin{array}{c} 2\,\dot{\phi} \\ 0 \\ 5\,\dot{\psi} \end{array} \right\}_{\text{”}0\text{”}}}$$

2. **Energía cinética**

$$T = \overbrace{\overset{\text{“}O\text{”}}{T}}^{=0} + \overset{\text{“2”}}{T} = \overset{\text{“2”}}{T}$$

$$T = \frac{1}{2}\,M(v_{21}^C)^2 + \frac{1}{2}\,\boldsymbol{\omega}_{21} \cdot \overset{\leftrightarrow}{I}(C) \cdot \boldsymbol{\omega}_{21} = \frac{1}{2}\,\boldsymbol{\omega}_{21} \cdot \overset{\leftrightarrow}{I}(O) \cdot \boldsymbol{\omega}_{21} \implies$$

$$\boxed{T = \tfrac{1}{2}\,M\,a^2\,(2\,\dot{\phi}^2 + 5\,\dot{\psi}^2)}$$

Fuerzas

1. **Activas**

   La única fuerza activa es el peso aplicado en el punto $C \equiv G$ (centro de masas del sólido "2"):

$$M\,\boldsymbol{g} = M\,g \left\{ \begin{array}{c} 0 \\ 0 \\ -1 \end{array} \right\}_{"0"}$$

2. **Fuerzas de reacción vincular**

   Desvinculando el sistema formado por los sólidos "2" y "0" en el punto M y en la rótula esférica en O, se tiene:

   Al desvincular el sólido "2" del "3":

$$\boldsymbol{N}_{23} = N_{23}\,\frac{\sqrt{2}}{2} \left\{ \begin{array}{c} 1 \\ 0 \\ 1 \end{array} \right\}_{"O"} \quad ; \quad \boldsymbol{F}_{roz} = -\left\{ \begin{array}{c} 0 \\ H_{32} \\ 0 \end{array} \right\}_{"0"}$$

   Al desvincular el sólido "0" del "3":

$$\boldsymbol{\phi}^0 = \left\{ \begin{array}{c} \phi_1^0 \\ \phi_2^0 \\ \phi_3^0 \end{array} \right\}_{"0"}$$

Teoremas generales

1. **Teorema del Centro de masas**

$$\left.\frac{d\boldsymbol{C}}{dt}\right)_1 = M\,\boldsymbol{a}_{21}^G = \boldsymbol{N}_{23} + \boldsymbol{F}_{roz} + \boldsymbol{\phi}^0 + M\,\boldsymbol{g}$$

   que, proyectando sobre los ejes "0" permite escribir:

$$\left. \begin{array}{rcl} -2\,a\,M\dot{\psi}^2 & = & \frac{\sqrt{2}}{2}\,N_{23} + \phi_1^0 \\ -2\,a\,M\ddot{\psi} & = & H_{23} + \phi_2^0 \\ 0 & = & \frac{\sqrt{2}}{2}\,N_{23} - M\,g + \phi_3^0 \end{array} \right\} \qquad (41)$$

   donde, teniendo en cuenta la hipótesis de deslizamiento, si $\boldsymbol{v}_{23}^M \neq 0 \Longrightarrow \dot{\phi} + \dot{\psi} \neq \omega$, existe deslizamiento y, en consecuencia, rozamiento. Consecuentemente:

$$|H_{23}| = \mu\,|N_{23}|$$

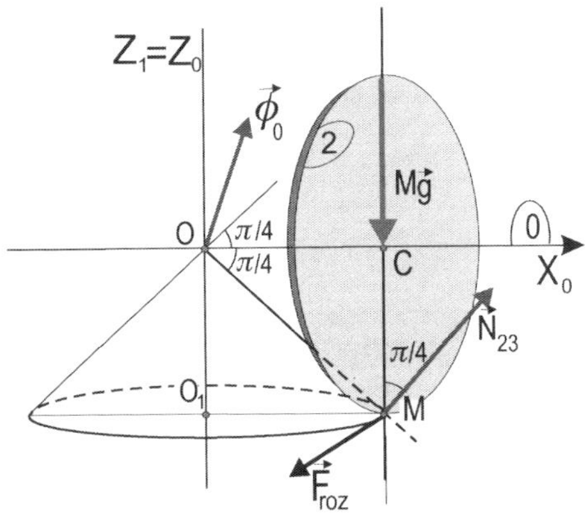

Figura 35: *Desvinculación del disco.*

2. Teorema del momento cinético en "O"

$$\left.\frac{d\mathbf{\Gamma}_0}{dt}\right|_{\text{"1"}} = \left.\frac{d\mathbf{\Gamma}_0}{dt}\right|_{\text{"0"}} + \boldsymbol{\omega}_{01} \wedge \mathbf{\Gamma}_0 = \boldsymbol{OM} \wedge (\boldsymbol{N}_{23} + \boldsymbol{F}_{roz} + M\,\boldsymbol{g}) = \overset{\hookrightarrow}{M}_O$$

donde

$$\overset{\hookrightarrow}{M}_O = \begin{vmatrix} \boldsymbol{\imath}_0 & \boldsymbol{\jmath}_0 & \boldsymbol{k}_0 \\ 2\,a & 0 & -2\,a \\ \frac{\sqrt{2}}{2}\,N_{23} & H_{23} & \frac{\sqrt{2}}{2}\,N_{23} - M\,g \end{vmatrix} = -2\,a \left\{ \begin{array}{c} -H_{23} \\ \sqrt{2}\,N_{23} - M\,g \\ -H_{23} \end{array} \right\}_{\text{"0"}} \Longrightarrow$$

$$M\,a\,\ddot{\phi} = H_{23} \tag{42}$$

$$M\,a\,\dot{\phi}\,\dot{\psi} = M\,g - \sqrt{2}\,N_{23} \tag{43}$$

$$5\,M\,a\,\ddot{\psi} = 2\,H_{23} \tag{44}$$

Restando (42) de (44), se tiene:

$$\boxed{2\,\ddot{\phi} - 5\,\ddot{\psi} = 0}$$

que conduce a:

$$2\,\dot{\phi} - 5\,\dot{\psi} = \text{cte}$$

y, como para el instante inicial $t = 0$, $\dot{\phi} = \dot{\psi} = 0$, se tiene:

$$2\,\dot{\phi} = 5\,\dot{\psi} \tag{45}$$

De la ecuación (42), se obtiene:

$$H_{23} = M\,a\,\ddot{\phi} = \mu\,N_{23} \tag{46}$$

válida si $v_{23}^M \neq 0$; es decir, si $\omega > \dot{\phi} + \dot{\psi}$ y, teniendo en cuenta la ecuación (45), se implican los siguientes resultados:

$$\omega > (\frac{5}{2} + 1)\,\dot{\psi} \Longrightarrow \omega > \frac{7}{2}\,\dot{\psi} \Longrightarrow \omega > \frac{7}{5}\,\dot{\phi}$$

De la ecuación (43), se obtiene igualmente:

$$N_{23} = \frac{M}{\sqrt{2}}(g - a\,\dot{\phi}\,\dot{\psi}) = \frac{M}{\sqrt{2}}(g - \frac{2}{5}\,a\,\dot{\phi}^2)$$

y de (46):

$$M\,a\,\ddot{\phi} = \frac{\mu\,M}{\sqrt{2}}(g - \frac{2}{5}\,a\,\dot{\phi}^2) \Longrightarrow$$

$$\frac{\ddot{\phi}}{1 - \frac{2\,a}{5\,g}\,\dot{\phi}^2} = \frac{\mu\,g}{a\,\sqrt{2}} \Longrightarrow$$

$$\int_0^{\dot{\phi}} \frac{d\,\dot{\phi}}{1 - \left(\sqrt{\frac{2\,a}{5\,g}}\,\dot{\phi}\right)^2} = \int_0^t \frac{\mu\,g}{a\,\sqrt{2}}\,d\,t \Longrightarrow$$

$$\frac{1}{2}\sqrt{\frac{5\,g}{2\,a}}\,\ln\frac{1 + \sqrt{\frac{2\,a}{5\,g}}\,\dot{\phi}}{1 - \sqrt{\frac{2\,a}{5\,g}}\,\dot{\phi}} = \frac{\mu\,g}{a\,\sqrt{2}}\,t \Longrightarrow$$

$$\frac{1 - \sqrt{\frac{2\,a}{5\,g}}\,\dot{\phi}}{1 + \sqrt{\frac{2\,a}{5\,g}}\,\dot{\phi}} = e^{2\,\mu\,\sqrt{\frac{g}{5\,a}}\,t} \Longrightarrow$$

$$\boxed{\dot{\phi} = \frac{1 - e^{2\,\mu\,\sqrt{\frac{g}{5\,a}}\,t}}{\sqrt{\frac{2\,a}{5\,g}}(1 + e^{2\,\mu\,\sqrt{\frac{g}{5\,a}}\,t})}}$$

Acciones de contacto

Llamando $\alpha = 2\,\mu\,\sqrt{\frac{g}{5\,a}}$, escribimos las expresiones de las acciones de contacto en el punto M:

$$N_{23} = \frac{M}{\sqrt{2}}\left(g - \frac{2}{5}\,a\,\frac{(1 - e^{\alpha\,t})^2}{\frac{2\,a}{5\,g}(1 + e^{\alpha\,t})^2}\right) \Longrightarrow$$

$$N_{23} = \frac{4\,M\,g}{\sqrt{2}}\,\frac{e^{\alpha\,t}}{(1 + e^{\alpha\,t})^2}$$

Por otro lado,

$$H_{23} = \mu\,N_{23}$$

expresión válida si $\omega > \frac{7}{2}\,\dot{\psi}$ ó $\omega > \frac{7}{5}\,\dot{\phi}$.

Trabajo

La aplicación del teorema de la energía cinética al sólido "3", permite calcular el trabajo del motor que proporciona el enlace ω = cte. Como la rotación del cono (sólido "3") es uniforme, *la energía cinética es constante*. Así, la suma del trabajo realizado por el motor y el trabajo de las fuerzas ($\boldsymbol{N}_{32} + \boldsymbol{F}_{\text{roz}}$) ejercida por el disco sobre el cono permanece constante en el curso del tiempo. La potencia desarrollada por la fuerza $-(\boldsymbol{N}_{23}+\boldsymbol{H}_{23})$ tiene por valor $-(\boldsymbol{N}_{23}+\boldsymbol{H}_{23})\cdot \boldsymbol{v}_{31}^{M} = -H_{23}\,2\,a\,\omega$.

El trabajo desarrollado por el motor para vencer esta fuerza durante la fase de deslizamiento: $0 \leq t \leq t_1$ (con t_1 el instante en el que $\omega = \frac{7}{5}\,\dot{\phi}$), puede calcularse de la expresión:

$$dW = H_{23}(2\,a\,\omega)\,dt = \frac{4\,M\,g}{\sqrt{2}}\,\frac{e^{\alpha\,t}}{(1+e^{\alpha\,t})^2}\,\mu\,(2\,a\,\omega)\,dt$$

$$\boxed{W = \frac{8}{\sqrt{2}}\,M\,g\,a\,\mu\,\omega\int_0^{t_1}\frac{e^{\alpha\,t}\,dt}{(1+e^{\alpha\,t})^2}}$$

Sistema 13 (19/01/2006)

Un cuadrado homogéneo (sólido "2") de masa m y lado $2a$ se mueve sin rozamiento en un plano vertical $O_1X_1Y_1$ (sólido "1"). El vértice B desliza permanentemente sobre el eje horizontal O_1X_1, mientras que:

- *A)* En una primera fase, partiendo del reposo para $\theta = 45°$, el lado BC desliza sin rozamiento apoyándose en A.
- *B)* En una segunda fase (cuando C alcanza el punto A) el vértice C se apoya, también sin rozamiento, sobre la contrahuella del escalón (vertical O_1A) y por último
- *C)* En una tercera fase el vértice C se separa de la vertical. Se pide:

1. Demostrar que la energía cinética del sistema (utilizando como parámetros x y θ) se escribe
$$T = m\left(\frac{1}{2}\dot{x}^2 - \lambda\,\dot{x}\,\dot{\theta}(\operatorname{sen}\theta + \cos\theta) + \mu\,\dot{\theta}^2\right)$$
donde λ y μ son constantes a determinar.
2. Expresar, por medio de ecuaciones de ligaduras entre los parámetros, las restricciones impuestas al movimiento libre: tanto en la primera fase (A) como en la segunda (B).
3. Hallar la velocidad angular $\dot{\theta}^{+}$, en el instante inmediatamente posterior a iniciarse la segunda fase del movimiento, en función de la velocidad angular $\dot{\theta}^{-}$ (supuesta conocida en el instante inmediatamente anterior a que el vértice C alcance el punto A).
4. Escribir, haciendo uso de los multiplicadores de Lagrange, las ecuaciones diferenciales del movimiento en la segunda fase del movimiento y deducir de aquí el valor de θ para el que se inicia la tercera fase.

Solución:

Cinemática

$$\boldsymbol{v}_{21}^{B} = \dot{x}\begin{Bmatrix}\cos\theta\\ -\operatorname{sen}\theta\\ 0\end{Bmatrix}_{\text{"2"}} \quad ; \quad \boldsymbol{\omega}_{21} = \begin{Bmatrix}0\\ 0\\ \dot{\theta}\end{Bmatrix}_{\text{"2"}}$$

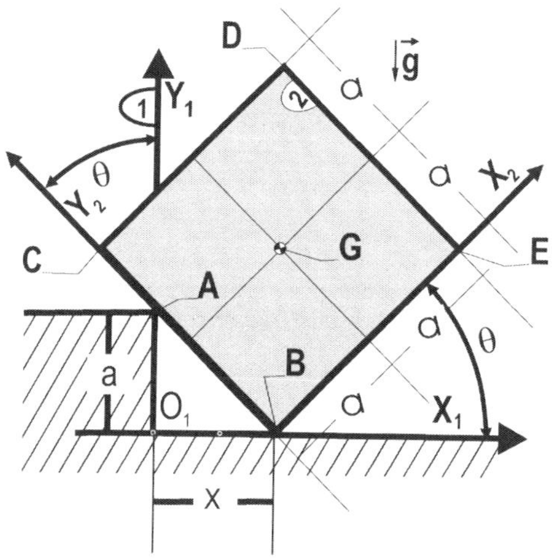

Figura 36: *Sistema 13*

Geometría de masas

$$I_{11}(B) = I_{22}(B) = \frac{M}{4\,a^2}(2\,a)\int_0^{2\,a} x^2\,dx = \frac{4}{3}\,M\,a^2$$

Por ser una figura plana:

$$I_{33} = I_{11} + I_{22}$$

$$I_{12} = -\frac{M}{4\,a^2}\int_0^{2\,a} y\,dy \int_0^{2\,a} x\,dx = -M\,a^2$$

$$\overleftrightarrow{I}(B) = \frac{4}{3}\,M\,a^2 \begin{pmatrix} 1 & -3/4 & 0 \\ -3/4 & 1 & 0 \\ 0 & 0 & 2 \end{pmatrix}_{\text{“2”}}$$

Energía Cinética

$$T = \frac{1}{2}\,M\,(\boldsymbol{v}_{21}^B)^2 + M\,\boldsymbol{v}_{21}^B\cdot(\boldsymbol{\omega}_{21}\wedge \boldsymbol{BG}) + \frac{1}{2}\,\boldsymbol{\omega}_{21}\,\overleftrightarrow{I}(B)\,\boldsymbol{\omega}_{21} \Longrightarrow$$

$$T = \frac{1}{2}\,M\,\dot{x}^2 + M \begin{vmatrix} \dot{x}\cos\theta & -\dot{x}\,\mathrm{sen}\,\theta & 0 \\ 0 & 0 & \dot{\theta} \\ a & a & 0 \end{vmatrix} + \frac{4}{3}\,M\,a^2\dot{\theta}^2$$

La energía cinética total, T:

$$\boxed{T = M\left(\tfrac{1}{2}\dot{x}^2 - a\,\dot{x}\,\dot{\theta}(\cos\theta + \mathrm{sen}\,\theta) + \tfrac{4}{3}a^2\,\dot{\theta}^2\right)}$$

Identificando términos:

$$\boxed{\lambda = a; \quad \mu = \tfrac{4}{3}\,a^2}$$

Ecuaciones vinculares

En la primera fase:

$$\tan\,\theta = \frac{x}{a} \implies a\ \text{sen}\ \theta - x\ \cos\,\theta = 0 \quad \text{para}\ 45^\circ \leq \theta \leq 60^\circ$$

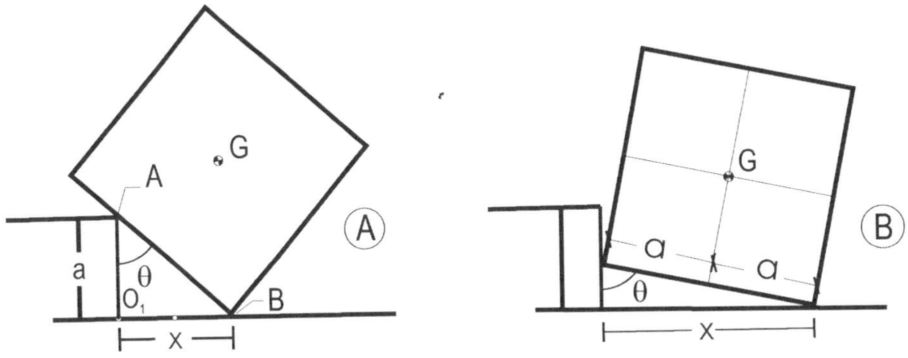

Figura 37: *A) Primera fase y B) Segunda fase.*

En la segunda fase:

$$\text{sen}\ \theta = \frac{x}{2\,a} \implies 2\,a\ \text{sen}\ \theta - x = 0 \quad \text{para}\ 60^\circ \leq \theta \leq \theta_{max}$$

Introducción de un vínculo impulsivo

Para la primera fase:

$$a\ \cos\,\theta\,\dot{\theta}^- - \dot{x}^-\ \cos\,\theta + x\ \text{sen}\ \theta\,\dot{\theta}^- = 0 \implies$$

$$\dot{x}^- = \frac{\dot{\theta}^-(x\ \text{sen}\ \theta + a\ \cos\,\theta)}{\cos\,\theta}$$

Para $\theta = 60^\circ$: $x = a\sqrt{3}$; $\text{sen}\ \theta = \sqrt{3}/2$; $\cos\,\theta = 1/2$

$$\boxed{\dot{x}^- = 4\,a\,\dot{\theta}^-}$$

Para la segunda fase:

$$2\,a\ \cos\,\theta\,\dot{\theta}^+ = \dot{x}^+$$

Luego,

$$\boxed{\dot{x}^+ = 2\,a\,\tfrac{1}{2}\,\dot{\theta}^+ = a\,\dot{\theta}^+}$$

Por el *teorema de Carnot*: $T^- - T^+ = T_{v.perdidas}$

$$T^- = M\left(\frac{1}{2}\,16\,a^2\,(\dot{\theta}^-)^2 - 4\,a^2(\dot{\theta}^-)^2\left(\frac{\sqrt{3}}{2}+\frac{1}{2}\right) + \frac{4}{3}\,a^2\,(\dot{\theta}^-)^2\right)$$

$$T^- = \frac{M\,a^2\,(\dot{\theta}^-)^2}{6}(44 - 12\sqrt{3})$$

$$T^+ = \frac{M\,a^2\,(\dot\theta^+)^2}{6}(8 - 3\sqrt{3})$$

$$T_{v.perdidas} = M\left(\frac{1}{2}(\dot x^- - \dot x^+)^2 - a(\dot x^- - \dot x^+)\,(\dot\theta^- - \dot\theta^+)\,(\frac{\sqrt{3}}{2} + \frac{1}{2}) + \frac{4}{3}a^2\,(\dot\theta^- - \dot\theta^+)^2\right)$$

y, sustituyendo las expresiones de $\dot x^-$ y $\dot x^+$, queda:

$$T_{v.perdidas} = \frac{M\,a^2}{6}\left((\dot\theta^+)^2(14 + 3\sqrt{3}) + (\dot\theta^-)^2(68 + 12\sqrt{3}) - \dot\theta^-\,\dot\theta^+(55 + 15\sqrt{3})\right)$$

Como,

$$T^- - T^+ = T_{perdida}$$

se tiene que:

$$\boxed{22\,(\dot\theta^+)^2 - \dot\theta^+\,\dot\theta^-(55 + 15\sqrt{3}) + (24 + 15\sqrt{3})(\dot\theta^-)^2 = 0}$$

Ecuaciones del movimiento en la segunda fase

Energía potencial

$$\boxed{V = M\,g\,a\,\sqrt{2}\,\mathrm{sen}(\theta + \tfrac{\pi}{4}) = M\,g\,a\,(\mathrm{sen}\;\theta + \cos\;\theta)}$$

Lagrangiana

$$L = T - V = \frac{M\,a^2}{6}\left(3\left(\frac{\dot x}{a}\right)^2 - 6\,\dot\theta\left(\frac{\dot x}{a}\right)(\mathrm{sen}\;\theta + \cos\;\theta) + \dot\theta^2 - 6\,\frac{g}{a}(\mathrm{sen}\;\theta + \cos\;\theta)\right)$$

La ecuación del vínculo:

$$x - 2\,a\;\mathrm{sen}\;\theta = 0$$

Aplicando multiplicadores de Lagrange:

$$\frac{d}{dt}\left(\frac{\partial L}{\partial \dot x}\right) - \frac{\partial L}{\partial x} = \lambda = \frac{d}{dt}\left(\frac{M\,a^2}{6}\left(\frac{6}{a^2}\,\dot x - \frac{6}{a}\,\dot\theta(\mathrm{sen}\;\theta + \cos\;\theta)\right)\right) \quad ;$$

$$\frac{d}{dt}\left(\frac{\partial L}{\partial \dot\theta}\right) - \frac{\partial L}{\partial \theta} = -2\,a\,\lambda\,\cos\;\theta =$$

$$= \frac{d}{dt}\left(\frac{M\,a^2}{6}\left(-\frac{6}{a}\,\dot x\,(\mathrm{sen}\;\theta + \cos\;\theta) + 2\,\dot\theta\right)\right) -$$

$$-\frac{M\,a^2}{6}\left(-6\,\dot\theta\,\frac{\dot x}{a}(\cos\;\theta - \mathrm{sen}\;\theta\right) + \frac{6\,g}{a}(\cos\;\theta - \mathrm{sen}\;\theta) \quad ;$$

junto con $x - 2\,a\;\mathrm{sen}\;\theta = 0$

La tercera fase se inicia cuando $\boxed{\lambda = 0}$.

Sistema 14
(22/06/2006)

El sistema material de la figura está constituido por una placa triangular homogénea ACD ($|AD| = |DC| = a; |AC| = a\sqrt{2}$) (sólido "0") de masa M y una barra homogénea (AB) de masa M y de longitud $a\sqrt{2}$ (sólido "2"). Placa y barra están articuladas (sin rozamiento) en A y la placa triangular puede deslizar (sin rozamiento) sobre el eje horizontal fijo Ox; un resorte sin masa y de longitud natural nula, ejerce entre los extremos B y C una fuerza atractiva proporcional a la distancia CB y de coeficiente $K = Mg/a$. Supuesto que el movimiento se realiza en el plano vertical y que en el instante inicial ($t = 0$): $x = 0; \theta = \pi/4; \dot{x} = \dot{\theta} = 0$, se pide:

1. Aplicar el teorema de la cantidad de movimiento al centro de masas del sistema total. ¿Se deduce alguna integral primera?
2. Aplicar el teorema de la energía al sistema completo. Simplificar (¡si ha lugar!) su expresión final utilizando para ello la(s) integral(es) primera(s) obtenida(s) previamente.
3. Aplicar el teorema del momento cinético al sistema completo en el punto A y calcular de aquí el par de reacción ejercido por el suelo sobre la placa triangular.

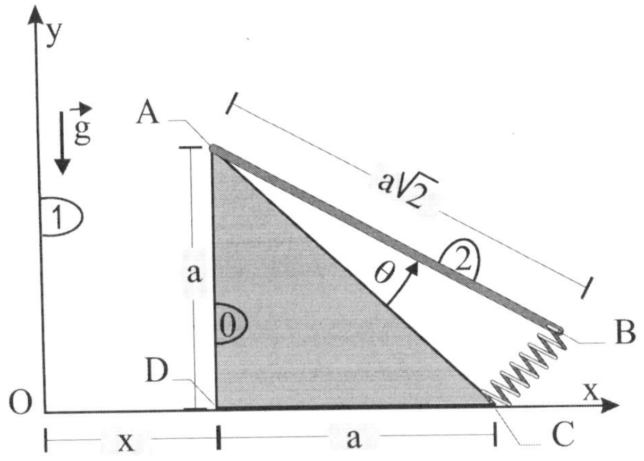

Figura 38: *Sistema 14*

Solución:

Teorema del centro de masas

Desvinculando el sistema ("2" + "0") de "1", aparecen como fuerzas externas, los pesos de cada sólido aplicados en sus centros de masas respectivos:

$$\boldsymbol{OG}_1 = \begin{Bmatrix} x + a/3 \\ a/3 \\ 0 \end{Bmatrix}_{\text{“1”}} \quad \text{y} \quad \boldsymbol{OG}_2 = \begin{Bmatrix} x + \dfrac{a\sqrt{2}}{2}\,\text{sen}(\theta + \frac{\pi}{4}) \\ a\left(1 - \dfrac{\sqrt{2}}{2}\cos(\theta + \dfrac{\pi}{4})\right) \\ 0 \end{Bmatrix}_{\text{“1”}}$$

y la acción de "1" sobre "0" se representa por una fuerza N aplicada a una distancia desconocida (b), o bien en D por N y un par τ $(N\,b)$.

Cantidad de movimiento

$$\boldsymbol{C}_1 = M\,\dot{x}\begin{Bmatrix} 1 \\ 0 \\ 0 \end{Bmatrix}_{"1"} \quad ; \quad \boldsymbol{C}_2 = M\begin{Bmatrix} \dot{x} + \dfrac{a\,\dot{\theta}}{2}(\cos\,\theta - \mathrm{sen}\,\theta) \\ \dfrac{a\,\dot{\theta}}{2}(\mathrm{sen}\,\theta + \cos\,\theta) \\ 0 \end{Bmatrix}_{"1"}$$

$$\boldsymbol{C} = \boldsymbol{C}_1 + \boldsymbol{C}_2 = M\begin{Bmatrix} 2\,\dot{x} + \dfrac{a\,\dot{\theta}}{2}(\cos\,\theta - \mathrm{sen}\,\theta) \\ \dfrac{a\,\dot{\theta}}{2}(\mathrm{sen}\,\theta + \cos\,\theta) \end{Bmatrix}_{"1"}$$

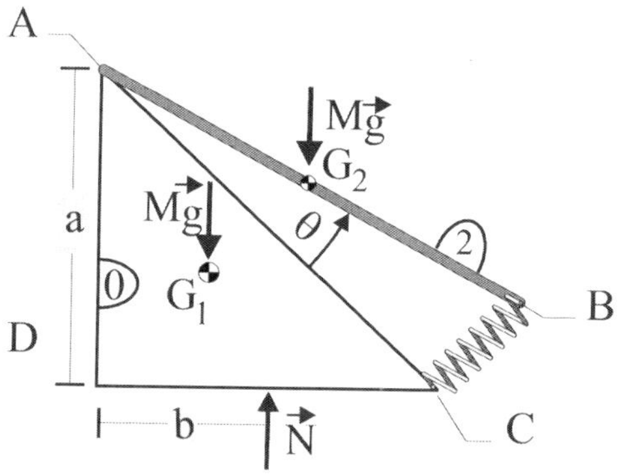

Figura 39: *Desvinculación del sistema completo.*

El teorema de la cantidad de movimiento aplicado al sistema:

$$\left.\frac{d\boldsymbol{C}}{dt}\right|_1 = \sum \boldsymbol{F} + \boldsymbol{\phi}$$

con $\sum \boldsymbol{F} = 2\,M\,\boldsymbol{g}$; $\quad \boldsymbol{\phi} = \boldsymbol{N} \quad \Longrightarrow \quad M\,\boldsymbol{a}^G = 2\,M\,\boldsymbol{g} + \boldsymbol{N}$.

Como $\sum F_x = 0, \sum \phi_x = 0$, se tiene que:

$\boxed{C_x = cte}$ en la evolución del sistema.

$$C_x = M\left(2\,\dot{X} + \frac{a\,\dot{\theta}}{2}(\cos\,\theta - \mathrm{sen}\,\theta)\right) = \text{cte}$$

y, teniendo en cuenta las condiciones iniciales:

$$\boxed{4\,\dot{x} + a\,\dot{\theta}\,(\cos\,\theta - \mathrm{sen}\,\theta) = 0} \qquad (47)$$

que es una *integral primera.*

Integrando la ecuación (47), resulta:

$$4\,x + a(\mathrm{sen}\,\theta + \cos\,\theta) = \text{cte}$$

y como para $t = 0, x = 0, \theta = \frac{\pi}{4} \implies a\left(\frac{\sqrt{2}}{2} + \frac{\sqrt{2}}{2}\right) = \text{cte} \implies \text{cte} = a\sqrt{2} \implies$

$$\boxed{x = \tfrac{a}{4}\left(\sqrt{2} - \text{sen }\theta - \cos\theta\right)}$$

ecuación que establece la relación entre x y θ.

Teorema de la energía cinética

Cinética:

$$T = \overset{\text{“0”}}{T} + \overset{\text{“2”}}{T}$$

$$\overset{\text{“0”}}{T} = \frac{1}{2} M\,\dot{x}^2$$

$$\overset{\text{“2”}}{T} = \frac{1}{2} M\,v_A^2 + M\,\boldsymbol{v}_A \cdot (\boldsymbol{\omega}_{21} \wedge \boldsymbol{AG}) + \frac{1}{2}\boldsymbol{\omega}_{21}\cdot \overset{\leftrightarrow}{I}(A)\cdot \boldsymbol{\omega}_{21}$$

Como el punto A también pertenece al sólido “0”, su velocidad será:

$$\boldsymbol{v}_A = \begin{Bmatrix} \dot{x} \\ 0 \\ 0 \end{Bmatrix}_{\text{“1”}} \quad \text{y} \quad \boldsymbol{\omega}_{21} = \begin{Bmatrix} 0 \\ 0 \\ \dot{\theta} \end{Bmatrix}_{\text{“1”}}$$

$$\boldsymbol{AG} = \frac{a}{2}\begin{Bmatrix} \text{sen }\theta + \cos\theta \\ \text{sen }\theta - \cos\theta \\ 0 \end{Bmatrix}$$

$$\overset{\text{“2”}}{I_{33}}(A) = \frac{M}{a\sqrt{2}}\int_0^{a\sqrt{2}} x^2\,dx = \frac{2}{3} M\,a^2 \implies$$

$$T = \frac{M\,a^2}{6}\left(6\left(\frac{\dot{x}}{a}\right)^2 + 3\,\frac{\dot{x}}{a}\,\dot{\theta}(\cos\theta - \text{sen }\theta) + 2\dot{\theta}^2\right) \tag{48}$$

Potencial:

Potencial:

$$V_{\text{muelle}} = \frac{1}{2}\,k\,|CB|^2 = 4\,k\,a^2\,\text{sen}^2(\theta/2)$$

que, con $k = M\,g/a$, se escribe:

$$\boxed{V_{\text{muelle}} = 4\,M\,g\,a\,\text{sen}^2(\theta/2)}$$

Por otro lado, tomando como origen de potencial gravitatorio, el centro de masas del triángulo se tiene:

$$V_{\text{peso}} = M\,g\left(\frac{2\,a}{3} + \frac{a}{2}(\text{sen }\theta - \cos\theta)\right)$$

$$\boxed{V = V_{\text{muelle}} + V_{\text{peso}} = \tfrac{M\,g\,a}{2}\left(\tfrac{16}{3} - 5\,\cos\theta + \text{sen }\theta\right)}$$

De la ecuación (47):

$$\dot{x} = \frac{a}{4}\,\dot{\theta}(\text{sen }\theta - \cos\theta)$$

que sustituida en (48) conduce a:

$$T = \frac{M\,a^2\dot{\theta}^2}{48}(13 + 6\text{ sen }\theta\cos\theta)$$

y como $\boxed{T + V = \text{cte}} \Longrightarrow$

$$\frac{M\,a^2\dot{\theta}^2}{48}(13 + 6\text{ sen }\theta\cos\theta) + \frac{M\,g\,a}{2}\left(\frac{16}{3} - 5\cos\theta + \text{sen }\theta\right) = \text{cte}$$

y aplicando las condiciones iniciales: para $t = 0,\, x = 0, \theta = \pi/4, \dot{x} = \dot{\theta} = 0 \Longrightarrow$

$$\text{cte} = \frac{M\,g\,a}{2}\left(6 - \frac{5\sqrt{2}}{2} + \frac{\sqrt{2}}{2}\right) = (3 - \sqrt{2})M\,g\,a \Longrightarrow$$

$$\boxed{(13 + 6\text{ sen }\theta\cos\theta)\dot{\theta}^2 + \tfrac{24\,g}{a}(\text{sen }\theta - 5\cos\theta + 2\sqrt{2}) = 0} \qquad (49)$$

que es otra *integral primera.*

Teorema del momento cinético en A

$$\mathbf{\Gamma}_A = \overset{\text{“0”}}{\mathbf{\Gamma}_A} + \overset{\text{“2”}}{\mathbf{\Gamma}_A} \quad \text{con} \quad \overset{\text{“2”}}{\mathbf{\Gamma}_A} = \overleftrightarrow{I}(A)\,\boldsymbol{\omega}_{21} + M\,\boldsymbol{v}_{21}^A \wedge \boldsymbol{G_2A}$$

$$\overset{\text{“0”}}{\mathbf{\Gamma}_A} = \boldsymbol{AG_1} \wedge M\,\boldsymbol{v}^{G_1} = \frac{2\,a}{3}\,M\,\dot{x}\begin{Bmatrix} 0 \\ 0 \\ 1 \end{Bmatrix}_{\text{“1”}}$$

$$\overset{\text{“2”}}{\mathbf{\Gamma}_A} = \overleftrightarrow{I}_{33}(A)\boldsymbol{\omega}_{21} + M\,\boldsymbol{v}_{21}^A \wedge \boldsymbol{G_2A} = \frac{2}{3}\,M\,a^2\,\dot{\theta}\begin{Bmatrix} 0 \\ 0 \\ 1 \end{Bmatrix}_{\text{“1”}} +$$

$$+M\begin{vmatrix} \boldsymbol{\imath}_1 & \boldsymbol{\jmath}_1 & \boldsymbol{k}_1 \\ \dot{x} & 0 & 0 \\ -\frac{a}{2}(\text{sen }\theta + \cos\theta) & \frac{a}{2}(\cos\theta - \text{sen }\theta) & 0 \end{vmatrix} \Longrightarrow$$

$$\boxed{\mathbf{\Gamma}_A = \tfrac{M\,a}{6}\left(\dot{x}(4 + 3\cos\theta - 3\text{ sen }\theta) + 4\,a\,\dot{\theta}\right)\begin{Bmatrix} 0 \\ 0 \\ 1 \end{Bmatrix}}$$

$$\left.\frac{d\mathbf{\Gamma}_A}{dt}\right|_1 = \boldsymbol{\tau} + \boldsymbol{AG_1} \wedge M\boldsymbol{g} + \boldsymbol{AG_2} \wedge M\boldsymbol{g} + \boldsymbol{C} \wedge \boldsymbol{v}_A$$

con $|\tau| = N\,b$ (par pedido).

$$\overset{\hookrightarrow}{\tau} = \left.\frac{d\mathbf{\Gamma}_A}{dt}\right|_1 + \frac{M\,a}{6}\left(g(2 + 3\,\text{sen }\theta + \cos\theta) + 3\,\dot{x}\,\dot{\theta}(\text{sen }\theta + \cos\theta)\right)\begin{Bmatrix} 0 \\ 0 \\ 1 \end{Bmatrix}_{\text{“1”}}$$

$$\boxed{\tau = \frac{M\,a}{6}\left(\ddot{x}(4 + 3\cos\,\theta - 3\,\text{sen}\,\theta) + g(2 + 3\,\text{sen}\,\theta + \cos\,\theta)\right)}$$

con $\ddot{x} = \dfrac{a}{4}\left(\ddot{\theta}(\text{sen}\,\theta - \cos\,\theta) + \dot{\theta}^2(\text{sen}\,\theta + \cos\,\theta)\right)$

Sistema 15
(22/06/2006)

El sistema material de la figura, está constituido por un disco homogéneo de masa $4M$, centro O, radio a y una barra homogénea (AB), de masa M y longitud $3\,a$. Disco y barra están articulados (sin rozamiento) en A y el disco es móvil (sin rozamiento) alrededor de su centro O, que es fijo.
Supuesto el movimiento en el plano horizontal

1. Demostrar que la energía cinética del sistema puede escribirse como:

$$T = \lambda\,M\,a^2\left(\dot{\theta}^2 + \mu\,\dot{\phi}^2 - \dot{\theta}\,\dot{\phi}\,\cos(\theta - \phi)\right)$$

donde λ y μ son valores numéricos a determinar.

2. Colocamos en la articulación A un resorte sin masa que ejerce entre AB y AD un par proporcional a $\alpha = \theta - \phi$ y de coeficiente $-3\,M\,a^2\,\omega^2$. Hallar de las ecuaciones de Lagrange del movimiento, dos integrales primeras.

3. Se suprime el resorte colocado en A y se le sustituye por un dispositivo que asegura el enlace $\dot{\alpha} + k^2\,\alpha\,\text{sen}(\theta) = 0$ con $\alpha = \theta - \phi$. Hallar las ecuaciones de Lagrange del movimiento y calcular el par que es necesario ejercer para realizar el enlace.

4. Colocamos en A el resorte del apartado 2 y se fija el centro O del disco a un motor que lo hace girar con velocidad angular constante ω. Hallar:
   (a) Ecuaciones diferenciales del movimiento
   (b) Potencia del motor que asegura la rotación ω.

Solución:

Energía cinética

$$T = \overset{\text{“0”}}{T} + \overset{\text{“2”}}{T}$$

$$\overset{\text{“0”}}{T} = \frac{1}{2}\left(\frac{1}{2}4\,M\,a^2\right)\dot{\theta}^2 = M\,a^2\,\dot{\theta}^2$$

$$\overset{\text{“2”}}{T} = \frac{1}{2}M\,v_A^2 + M\,\boldsymbol{v}_A\cdot(\boldsymbol{\omega}_{21}\wedge\boldsymbol{AG_2}) + \frac{1}{2}I_{33}(A)\omega_{21}^2$$

$$\boldsymbol{v}_{21}^A = \overbrace{\boldsymbol{v}_{20}^A}^{=0} + \boldsymbol{v}_{01}^A = a\,\dot{\theta}\left\{\begin{array}{c}\text{sen}\,\theta\\ -\cos\,\theta\\ 0\end{array}\right\} \quad \text{con} \quad \boldsymbol{AG_2} = \frac{3\,a}{2}\left\{\begin{array}{c}\cos\,\phi\\ \text{sen}\,\phi\\ 0\end{array}\right\}$$

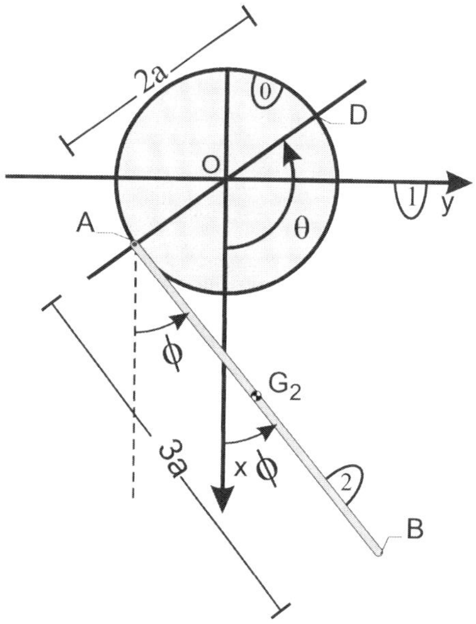

Figura 40: *Sistema 15*

$$I_{33}(A) = \frac{M}{3\,a}\int_0^{3\,a} x^2\,dx = \frac{M}{3\,a}\,\frac{(3\,a)^3}{3} = 3\,M\,a^2$$

$$\overset{\text{“2”}}{T} = \frac{1}{2}M\,a^2\,\dot{\theta}^2 + M \begin{vmatrix} \operatorname{sen}\theta & -\cos\theta & 0 \\ 0 & 0 & \dot{\phi} \\ \cos\phi & \operatorname{sen}\phi & 0 \end{vmatrix} \frac{3\,a^2}{2}\,\dot{\theta} + \frac{3}{2}M\,a^2\,\dot{\phi}^2$$

$$\overset{\text{“2”}}{T} = \frac{3}{2}M\,a^2\,\left(\dot{\theta}^2 - \dot{\theta}\,\dot{\phi}\,\cos(\theta - \phi) + \dot{\phi}^2\right) \tag{50}$$

Luego,

$$\boxed{\lambda = \frac{3}{2}; \quad \mu = 1}$$

Integrales primeras

El resorte proporciona un par de momento $\boldsymbol{\tau} = -3\,M\,a^2\,\omega^2\alpha\,\boldsymbol{k}$ donde $\alpha = \theta - \phi$ y, dado que $\boldsymbol{\omega}_{21} = \dot{\phi}\,\boldsymbol{k}$ y $\boldsymbol{\omega}_{01} = \dot{\theta}\,\boldsymbol{k}$, se tiene que:

$$\boldsymbol{\omega}_{20} = \boldsymbol{\omega}_{21} + \boldsymbol{\omega}_{10} = (\dot{\phi} - \dot{\theta})\,\boldsymbol{k} = -\dot{\alpha}\,\boldsymbol{k}$$

$$\boxed{\boldsymbol{\omega}_{20} = -\dot{\alpha}\,\boldsymbol{k}}$$

La potencia suministrada por el muelle vale:

$$\dot{W} = \overset{\hookrightarrow}{\tau} \cdot \boldsymbol{\omega}_{20} = 3\,M\,a^2\,\omega^2\,\alpha\,\dot{\alpha} = \frac{d}{dt}\left(\frac{3}{2}\,M\,a^2\,\omega^2\,\alpha^2\right)$$

lo que implica que el par del muelle deriva de un potencial

$$V_{\text{muelle}} = \frac{3}{2}M\,a^2\,\omega^2\,\alpha^2 \tag{51}$$

Tomando como variables θ y α, se tiene que $\phi = \theta - \alpha$; $\dot\phi = \dot\theta - \dot\alpha$ y, consecuentemente:

$$L = T - V = \frac{3}{2} M\, a^2 \left(\dot\theta^2 (1 - \cos\,\alpha) + \dot\theta\,\dot\alpha\,\cos\,\alpha + (\dot\theta - \dot\alpha)^2 - \omega^2\,\alpha^2\right) \quad (52)$$

a) Observando la ecuación (52), se aprecia que θ es una coordenada *cíclica*. Luego,

$$\frac{\partial L}{\partial\,\theta} = 0 \Longrightarrow \frac{\partial L}{\partial\,\dot\theta} = \frac{3}{2} M\, a^2 \left(2\,\dot\theta (1 - \cos\,\alpha) + \dot\alpha\,\cos\,\alpha + 2(\dot\theta - \dot\alpha)\right) = \text{cte}$$

$$\Longrightarrow 2\,\dot\theta(2 - \cos\,\alpha) - \dot\alpha(2 - \cos\,\alpha) = \text{cte} \Longrightarrow$$

$$(2 - \cos\,\alpha)(2\,\dot\theta - \dot\alpha) = \text{cte} \quad (53)$$

b) Como las *"fuerzas externas"* derivan de un potencial, se conserva la energía mecánica: $T + V = $ cte, luego:

$$\dot\theta^2 (1 - \cos\,\alpha) + \dot\theta\,\dot\alpha\,\cos\,\alpha + (\dot\theta - \dot\alpha)^2 + \omega^2\,\alpha^2 = \text{cte} \quad (54)$$

Vínculo no holónomo

Se suprime el resorte y se coloca en su lugar un dispositivo que introduce el vínculo **no holónomo**:

$$\dot\alpha + k^2\,\alpha\,\text{sen}\,\theta = 0 \quad (55)$$

en la articulación A.

Mediante el uso de multiplicadores en las ecuaciones de Lagrange, y la ecuación (55), se puede escribir:

$$\left\{\begin{array}{l} \frac{d}{dt}\left(\frac{\partial L}{\partial \dot\alpha}\right) - \frac{\partial\,L}{\partial\,\alpha} = \lambda \\ \frac{d}{dt}\left(\frac{\partial L}{\partial \dot\theta}\right) - \frac{\partial\,L}{\partial\,\theta} = 0 \\ \dot\alpha + k^2\,\alpha\,\text{sen}\,\theta = 0 \end{array}\right. \Longrightarrow \quad (56)$$

$$\left\{\begin{array}{c} \frac{3}{2} M\, a^2 \left(\frac{d}{dt}(\dot\theta\,\cos\,\alpha - 2(\dot\theta - \dot\alpha)\right) - \frac{3}{2} M\, a^2 (\dot\theta^2\,\text{sen}\,\alpha - \dot\theta\,\dot\alpha\,\text{sen}\,\alpha) = \lambda \\ 4\,\dot\theta + \dot\alpha(\cos\,\alpha - 2) - 2\,\dot\theta\,\cos\,\alpha = \text{cte} \quad \left(\text{pues} \frac{\partial\,L}{\partial\,\theta} = 0\right) \\ \dot\alpha + k^2\,\alpha\,\text{sen}\,\theta = 0 \end{array}\right. \Longrightarrow$$

$$\left\{\begin{array}{c} \frac{2\,\lambda}{3\,M\,a^2} = \frac{d}{dt}\left(\dot\theta(\cos\,\alpha - 2) + 2\,\dot\alpha)\right) - \dot\theta\,\text{sen}\,\alpha(\dot\theta - \dot\alpha) \\ (2\,\dot\theta - \dot\alpha)(2 - \cos\,\alpha) = \text{cte} \\ \dot\alpha + k^2\,\alpha\,\text{sen}\,\theta = 0 \end{array}\right.$$

Ecuaciones diferenciales con motor

En este caso, $V = V_{\text{muelle}} = \frac{3}{2} M\, a^2 \omega^2\,\alpha^2$, lo que lleva a:

$$L = \frac{3}{2} M\, a^2 \left(\dot\theta^2 (1 - \cos\,\alpha) + \dot\theta\,\dot\alpha\,\cos\,\alpha + (\dot\theta - \dot\alpha)^2 - \omega^2\,\alpha^2\right)$$

y el sistema se somete al vínculo **no holónomo** $\dot{\theta} = \text{cte} = \omega$, proporcionado por un motor de par τ.

Las ecuaciones de Lagrange con multiplicadores exigen:

$$\left\{ \begin{array}{c} \frac{d}{dt}\left(\frac{\partial L}{\partial \dot{\theta}}\right) - \frac{\partial L}{\partial \theta} = \tau \\ \frac{d}{dt}\left(\frac{\partial L}{\partial \dot{\alpha}}\right) - \frac{\partial L}{\partial \alpha} = 0 \\ \dot{\theta} = \omega \end{array} \right. \tag{57}$$

$$\left\{ \begin{array}{c} \frac{3}{2} M\, a^2 \frac{d}{dt}\Big(2\,\dot{\theta}\,(1 - \cos\,\alpha) + \dot{\alpha}\,\cos\,\alpha + 2(\dot{\theta} - \dot{\alpha})\Big) = \tau \\ \frac{3}{2} M\, a^2 \frac{d}{dt}\Big(\dot{\theta}\,\cos\,\alpha - 2(\dot{\theta} - \dot{\alpha})\Big) - \frac{3}{2} M\, a^2 (\text{sen}\,\alpha\,\dot{\theta}^2 - \dot{\theta}\,\dot{\alpha}\,\text{sen}\,\alpha - 2\,\omega^2\,\alpha) = 0 \\ \dot{\theta} = \omega \end{array} \right. \Longrightarrow \tag{58}$$

$$\frac{2\,\tau}{3\,M\,a^2} = \frac{d}{dt}\Big((2\,\dot{\theta} - \dot{\alpha})(2 - \cos\,\alpha)\Big) = (2\,\ddot{\theta} - \ddot{\alpha})(2 - \cos\,\alpha) + (2\,\dot{\theta} - \dot{\alpha})\dot{\alpha}\,\text{sen}\,\alpha \tag{59}$$

con $\dot{\theta} = \omega(\text{cte}) \Longrightarrow \ddot{\theta} = 0 \Longrightarrow$

$$\tau = \frac{3}{2} M\, a^2\,((2\,\omega - \dot{\alpha})(\dot{\alpha}\,\text{sen}\,\alpha) - \ddot{\alpha}(2 - \cos\,\alpha))$$

La potencia del motor viene determinada por:

$$\boxed{\dot{W} = \tau\,\omega = \frac{3}{2} M\, a^2\,\omega\,((2\,\omega - \dot{\alpha})(\dot{\alpha}\,\text{sen}\,\alpha) - \ddot{\alpha}(2 - \cos\,\alpha))}$$

con la ecuación adicional ($\dot{\theta} = \omega = \text{cte}$). Así,

$$\frac{d}{dt}\,(\omega\,\cos\,\alpha - 2(\omega - \dot{\alpha})) = \Big(\omega^2\,\text{sen}\,\alpha - \omega\,\dot{\alpha}\,\text{sen}\,\alpha - 2\,\omega^2\,\alpha\Big) \Longrightarrow$$

$$\frac{d}{dt}\,(\omega\,\cos\,\alpha + 2(\dot{\alpha} - \omega)) = \omega^2\,\text{sen}\,\alpha - 2\,\omega^2\,\alpha + \frac{d}{dt}(\omega\,\cos\,\alpha) \Longrightarrow$$

$$2\,\ddot{\alpha} = \omega^2(\text{sen}\,\alpha - 2\,\alpha) \Longrightarrow \ddot{\alpha} = \frac{\omega^2}{2}(\text{sen}\,\alpha - 2\,\alpha) \Longrightarrow$$

$$\int \dot{\alpha}\,d\,\dot{\alpha} = \int \frac{\omega^2}{2}(\text{sen}\,\alpha - 2\,\alpha)d\,\alpha \Longrightarrow \frac{1}{2}\,\dot{\alpha}^2 = \frac{\omega^2}{2}(-\cos\,\alpha - \alpha^2) + \text{cte} \Longrightarrow$$

$$\boxed{\Longrightarrow \dot{\alpha}^2 = \text{cte} - \omega^2(\alpha^2 + \cos\,\alpha)}$$

y, en consecuencia:

$$\dot{W} = \tau\,\omega = \frac{3}{2} M\, a^2\,\omega \Big\{ \Big(2\,\omega\,\text{sen}\,\alpha\,\sqrt{\text{cte} - \omega^2(\alpha^2 + \cos\,\alpha)}\Big) - (\text{cte}-$$

$$-\omega^2(\alpha^2 + \cos\,\alpha))\,\text{sen}\,\alpha - \frac{\omega^2}{2}(\text{sen}\,\alpha - 2\,\alpha)(2 - \cos\,\alpha)\Big\}$$

Sistema 16
(04/09/2006)

Un disco circular homogéneo (sólido "2") de centro O, radio a, masa M y espesor despreciable, se mueve respecto a un sistema de referencia fijo (sólido "1") de modo que, en todo instante, su centro de masas, de coordenadas: $(0, 0, a \text{ sen } \theta)_{\text{"1"}}$ recorre el eje vertical O_1Z_1 y su circunferencia permanece tangente al plano horizontal $O_1X_1Y_1$ (los rozamientos, entre sólidos en contacto se desprecian).
Se define el sistema de referencia intermedio (sólido "0") de origen en O y tal que: OX_0 es el eje horizontal del plano del disco; OY_0 máxima pendiente del disco ; OZ_0 normal al plano del disco y positivo en el semiespacio que no contiene a O_1 y la posición del sólido se fija por medio de los ángulos de Euler (ver figura).
Sabiendo que en el instante inicial ($t = 0$), su posición y velocidades vienen dados por:

$$\phi = \psi = 0; \ \theta = 60°; \ \dot{\theta} = \dot{\psi} = 0; \ \dot{\phi} = r_0$$

tal que $r_0^2 = \dfrac{(1+\sqrt{3})\, g}{2\, a}$.
Se pide:

1. Desvincular el sistema en el punto O.
2. Aplicar el teorema del momento cinético en el punto O.
3. Encontrar tres integrales primeras del movimiento.
4. Estudiar cualitativamente por medio del cambio de variables $u = \cos\theta$, el movimiento del sistema, demostrando su periodicidad.

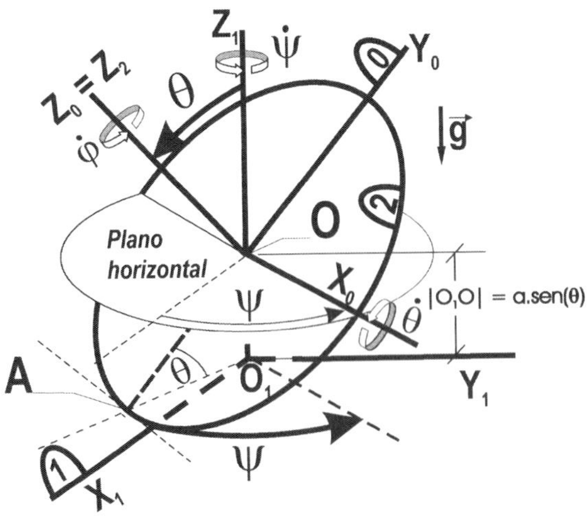

Figura 41: *Sistema 16*

Solución:

Desvincular en O

Para desvincular el sistema en el punto O, evaluemos las fuerzas activas y las reacciones vinculares.

1. **Fuerzas activas:**

$$\boldsymbol{P} = M\,\boldsymbol{g} = -M\,g \begin{Bmatrix} 0 \\ \operatorname{sen}\theta \\ \cos\theta \end{Bmatrix}_{\text{“0”}}$$

2. **Reacciones vinculares:**

$$\boldsymbol{\phi}^0 = \begin{Bmatrix} \phi_1 \\ \phi_2 \\ \phi_3 \end{Bmatrix}_{\text{“0”}} \quad ; \quad \text{y} \quad \overset{\hookrightarrow 0}{\tau} = \begin{Bmatrix} \tau_1 \\ \tau_2 \\ \tau_3 \end{Bmatrix}_{\text{“0”}}$$

que, al tratarse de vínculos lisos y esclerónomos no trabajan. Luego,

$$\boldsymbol{\phi}^0 \cdot \boldsymbol{v}_{21}^0 + \overset{\hookrightarrow 0}{\tau} \cdot \boldsymbol{\omega}_{21} = 0 \tag{60}$$

con

$$\boldsymbol{v}_{21}^0 = a\,\cos\theta\,\dot{\theta} \begin{Bmatrix} 0 \\ \operatorname{sen}\theta \\ \cos\theta \end{Bmatrix}_{\text{“0”}} \quad ; \quad \boldsymbol{\omega}_{21} = \begin{Bmatrix} \dot{\theta} \\ \dot{\psi}\,\operatorname{sen}\theta \\ \dot{\phi} + \dot{\psi}\,\cos\theta \end{Bmatrix}_{\text{“0”}}$$

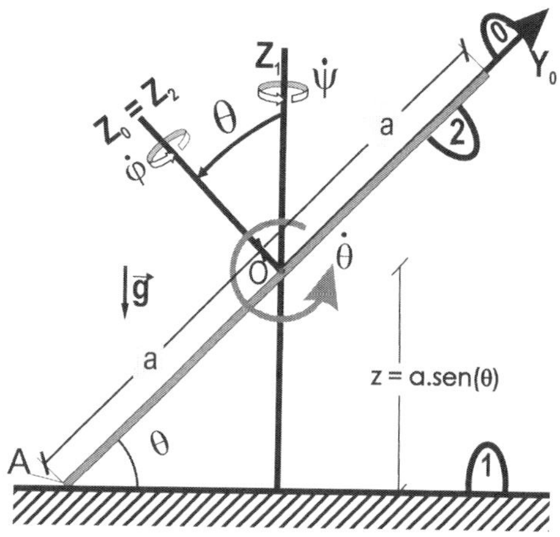

Figura 42: *Sección por el plano de simetría que pasa por A.*

De la ecuación (60), se tiene:

$$a\,\cos\theta\,\dot{\theta}\,(\phi_1 \cdot 0 + \phi_2\,\operatorname{sen}\theta + \phi_3\,\cos\theta) + \tau_1\,\dot{\theta} + \tau_2\,\dot{\psi}\,\operatorname{sen}\theta + \tau_3\,(\dot{\phi} + \dot{\psi}\,\cos\theta) = 0$$

ecuación válida para cualquier valor de $\dot{\theta}$, $\dot{\psi}$, $\dot{\phi}$. Consecuentemente:

$$\phi_1 \cdot 0 + \dot{\theta}\left(\tau_1 + \phi_2\, a \text{ sen } \theta \cos\theta + \phi_3\, a \cos^2\theta\right) + \dot{\psi}\,(\tau_2 \text{ sen } \theta + \tau_3 \cos\theta) + \tau_3\,\dot{\phi} = 0$$

lo que exige que: $\boxed{\tau_3 = 0}$; $\boxed{\tau_2 = 0}$; $\boxed{\tau_1 = -\,a \cos\theta\,(\phi_2 \text{ sen } \theta + \phi_3 \cos\theta)}$.

En conclusión, al desvincular en O, aparece un torsor de reacción vincular caracterizado por:

$$\boldsymbol{\phi}^0 = \begin{Bmatrix} \phi_1 \\ \phi_2 \\ \phi_3 \end{Bmatrix}_{\text{“0”}} \quad ; \quad \text{y} \quad \overset{\hookrightarrow 0}{\tau} = \begin{Bmatrix} \tau_1 \\ 0 \\ 0 \end{Bmatrix}_{\text{“0”}}$$

con $\tau_1 = -\,a \cos\theta\,(\phi_2 \text{ sen } \theta + \phi_3 \cos\theta)$ y con *tres* incógnitas de reacción vincular independientes.

Teorema del momento cinético en O

Se pide aplicar el *Teorema del momento cinético en el punto O*. Aunque O es un punto móvil, en nuestro caso: $\boxed{O \equiv G}$ y, en consecuencia,

$$\boldsymbol{\Gamma}_0 = \boldsymbol{\Gamma}_G = \overset{\leftrightarrow}{I}(G)\,\boldsymbol{\omega}_{21}$$

donde

$$\overset{\leftrightarrow}{I}(G) = \frac{M\,a^2}{4}\begin{Bmatrix} 1 & 0 & 0 \\ 0 & 1 & 0 \\ 0 & 0 & 2 \end{Bmatrix}_{\text{“0”}} \Longrightarrow \boldsymbol{\Gamma}_0 = \frac{M\,a^2}{4}\begin{Bmatrix} \dot{\theta} \\ \dot{\psi} \text{ sen } \theta \\ 2(\dot{\phi} + \dot{\psi}\cos\theta) \end{Bmatrix}_{\text{“0”}}$$

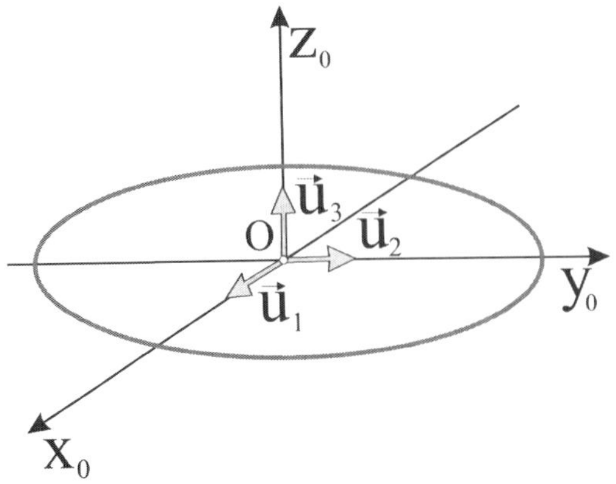

Figura 43: *Sistema de referencia para cálculos.*

que nos permite escribir:

$$\boldsymbol{\omega}_{21} \wedge \boldsymbol{\Gamma}_0 = \begin{vmatrix} \boldsymbol{u}_1 & \boldsymbol{u}_2 & \boldsymbol{u}_3 \\ \dot{\theta} & \dot{\psi} \text{ sen } \theta & \dot{\phi} + \dot{\psi}\cos\theta \\ \Gamma_1 & \Gamma_2 & \Gamma_3 \end{vmatrix} = \begin{Bmatrix} \dot{\psi}(\Gamma_3 \text{ sen } \theta - \Gamma_2 \cos\theta) - \Gamma_2\,\dot{\phi} \\ \dot{\phi}\,\Gamma_1 + \dot{\psi}\,\Gamma_1 \cos\theta - \dot{\theta}\,\Gamma_3 \\ \dot{\theta}\,\Gamma_2 - \dot{\psi}\,\Gamma_1 \text{ sen } \theta \end{Bmatrix}_{\text{“0”}} \Longrightarrow$$

$$\Longrightarrow \boldsymbol{\omega}_{21} \wedge \boldsymbol{\Gamma}_0 = \frac{M\,a^2}{4} \left\{ \begin{array}{c} \dot\phi\,\dot\psi\,\text{sen}\ \theta + \dot\psi^2\ \text{sen}\ \theta\ \cos\ \theta \\ -\dot\theta(\dot\phi + \dot\psi\ \cos\ \theta) \\ 0 \end{array} \right\}_{\text{“0”}}$$

La aplicación del *Teorema del Momento cinético* en el punto O, conduce a:

$$\left.\frac{d\,\boldsymbol{\Gamma}_0}{d\,t}\right|_{\text{“1”}} = \left.\frac{d\,\boldsymbol{\Gamma}_0}{d\,t}\right|_{\text{“2”}} + \boldsymbol{\omega}_{21} \wedge \boldsymbol{\Gamma}_O = \boldsymbol{\tau}^O$$

que permite obtener las tres componentes de la *Ecuación de Euler del movimiento*:

$$\frac{M\,a^2}{4}\left(\ddot\theta + \dot\phi\,\dot\psi\ \text{sen}\ \theta + \dot\psi^2\ \text{sen}\ \theta\ \cos\ \theta\right) = \tau_1 \tag{61}$$

$$\frac{M\,a^2}{4}\left(\frac{d}{d\,t}(\dot\psi\ \text{sen}\ \theta) - \dot\theta(\dot\phi + \dot\psi\ \cos\ \theta)\right) = 0 \tag{62}$$

$$\frac{M\,a^2}{4}\left(\frac{d}{d\,t}(2(\dot\phi + \dot\psi\cos\ \theta))\right) = 0 \tag{63}$$

con $\tau_1 = -a\ \cos\ \theta(\phi_2\ \text{sen}\ \theta + \phi_3\ \cos\ \theta)$.

Integrales primeras del movimiento

Hay que encontrar *tres integrales primeras*.

En primer lugar, de la ecuación de Euler (63), se tiene que:

$$\boldsymbol{\Gamma}_O \cdot \boldsymbol{u}_3 = \text{cte} \Longrightarrow \dot\phi + \dot\psi\ \cos\ \theta = r_0 \tag{64}$$

y es una consecuencia de la simetría de revolución del sólido: $I_{11} = I_{22}$ $(\Gamma_2\,\omega_1 = \Gamma_1\,\omega_2)$.

Dado que $\overset{\hookrightarrow}{\tau}_O$ sólo tiene componentes en la dirección del eje OX_0 (es decir, en un *plano horizontal*), se demuestra que $\boxed{\boldsymbol{\Gamma}_O \cdot \boldsymbol{k}_1 = \text{cte}}$.

En efecto,

$$\overset{\hookrightarrow}{\tau}_O \cdot \boldsymbol{k}_1 = 0 \Longrightarrow \left.\frac{d\,\boldsymbol{\Gamma}_0}{d\,t}\right|_{\text{“1”}} \cdot \boldsymbol{k}_1 = 0 \Longrightarrow \left.\frac{d\,(\boldsymbol{\Gamma}_0 \cdot \boldsymbol{k}_1)}{d\,t}\right|_{\text{“1”}} = 0 \Longrightarrow \boldsymbol{\Gamma}_O \cdot \boldsymbol{k}_1 = \text{cte}$$

y, como

$$\boldsymbol{\Gamma}_0 = \frac{M\,a^2}{4} \left\{ \begin{array}{c} \dot\theta \\ \dot\psi\ \text{sen}\ \theta \\ 2\,r_0 \end{array} \right\}_{\text{“0”}} \quad \text{y } \boldsymbol{\Gamma}_O \cdot \boldsymbol{k}_1 = \text{cte}$$

$$\boldsymbol{\Gamma}_O \cdot \boldsymbol{k}_1 = \frac{M\,a^2}{4}(\dot\psi\ \text{sen}^2\ \theta + 2\,r_0\ \cos\ \theta) = \text{cte} \Longrightarrow$$

$$\Longrightarrow \dot\psi\ \text{sen}^2\ \theta + 2\,r_0\ \cos\ \theta = \beta \tag{65}$$

La única fuerza externa es el peso y deriva de un potencial, luego, de la conservación de la energía mecánica, se deriva que: $T + V$ = cte, con:

$$T = \frac{1}{2}\,M\,v_G^2 + \frac{1}{2}\,\boldsymbol{\omega}_{21}\ \overset{\leftrightarrow}{I}\,(G)\,\boldsymbol{\omega}_{23}; \quad \text{y } V = M\,g\,a\ \text{sen}\ \theta$$

Luego,

$$T = \frac{1}{2} M a^2 \dot{\theta}^2 \cos^2 \theta + \frac{M a^2}{8} (\dot{\theta}^2 + \dot{\psi}^2 \operatorname{sen}^2 \theta + 2 r_0^2) \Longrightarrow$$

$$\Longrightarrow \dot{\theta}^2 (1 + 4 \cos^2 \theta) + \dot{\psi}^2 \operatorname{sen}^2 \theta + \frac{8 g}{a} \operatorname{sen} \theta = \alpha \qquad (66)$$

Para determinar las constantes de integración, aplicamos las condiciones iniciales:

$$\beta = 2 r_0 \cos \theta_0 = r_0; \quad \alpha = \frac{8 g}{a} \operatorname{sen} \theta_0 = \frac{8 g \sqrt{3}}{2 a} = \frac{4 g}{a} \sqrt{3}$$

De las ecuaciones (64), (65) y (66), se obtiene:

$$\dot{\psi} = \frac{r_0 (1 - 2 \cos \theta)}{\operatorname{sen}^2 \theta}; \quad \dot{\phi} = r_0 \left(1 - \frac{(1 - 2 \cos \theta) \cos \theta}{\operatorname{sen} \theta} \right)$$

$$\dot{\theta}^2 (1 + 4 \cos^2 \theta) + \frac{r_0^2 (1 - 2 \cos \theta)^2}{\operatorname{sen}^2 \theta} + \frac{8 g}{a} \operatorname{sen} \theta = \frac{4 g}{a} \sqrt{3}$$

con

$$r_0^2 = \frac{(1 + \sqrt{3}) g}{2 a}$$

y, finalmente,

$$\dot{\theta}^2 (1 + 4 \cos^2 \theta) = \frac{g}{a} \left(4 \sqrt{3} - 8 \operatorname{sen} \theta - \frac{(1 + \sqrt{3})(1 - 2 \cos \theta)^2}{2 \operatorname{sen}^2 \theta} \right) \qquad (67)$$

Estudio cualitativo del movimiento

Para realizar un estudio cualitativo del movimiento del sistema, hagamos el cambio de variables: $u = \cos \theta$, con lo que:

$$\dot{u} = - \operatorname{sen} \theta \, \dot{\theta} \Longrightarrow \dot{\theta} = - \frac{\dot{u}}{\operatorname{sen} \theta} = - \frac{\dot{u}}{\sqrt{1 - u^2}}$$

Con este cambio, la ecuación (67) se reduce a:

$$\frac{\dot{u}^2}{(1 - u^2)} (1 + 4 u^2) = \frac{4 g}{a} \left(\sqrt{3} - 2 \sqrt{1 - u^2} - \frac{(1 + \sqrt{3})(1 - 2u)^2}{8 (1 - u^2)} \right)$$

Supuesto $|u| \leq 1$, y como $\dot{u}$ tiene que ser un número real y

$$(1 - u^2) \geq 0 \quad (1 + 4 u^2) \geq 0$$

para que el problema tenga solución, es necesario que:

$$f(u) = \sqrt{3} - 2 \sqrt{1 - u^2} - \frac{(1 + \sqrt{3})(1 - 2u)^2}{8 (1 - u^2)} \geq 0$$

Llamando:

$$y_1 = \sqrt{3} - 2 \sqrt{1 - u^2} \quad \text{e} \quad y_2 = \frac{(1 + \sqrt{3})(1 - 2u)^2}{8 (1 - u^2)}$$

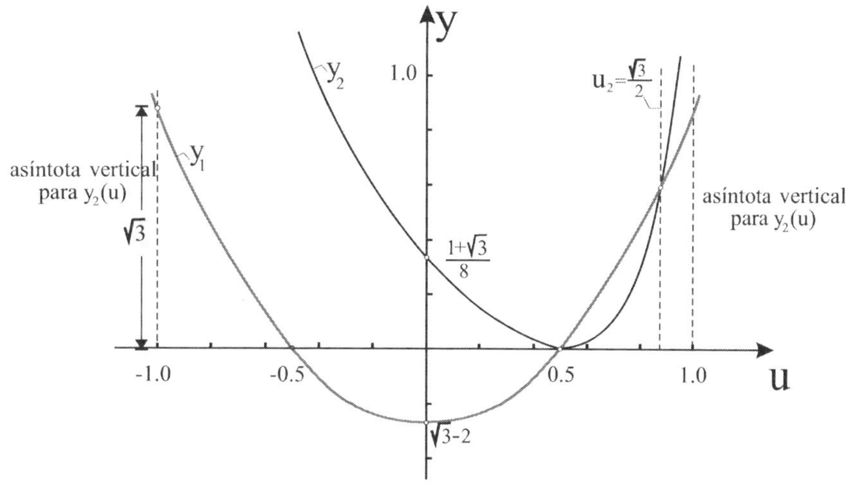

Figura 44: *Representación gráfica de* $y_1(u)$ e $y_2(u)$.

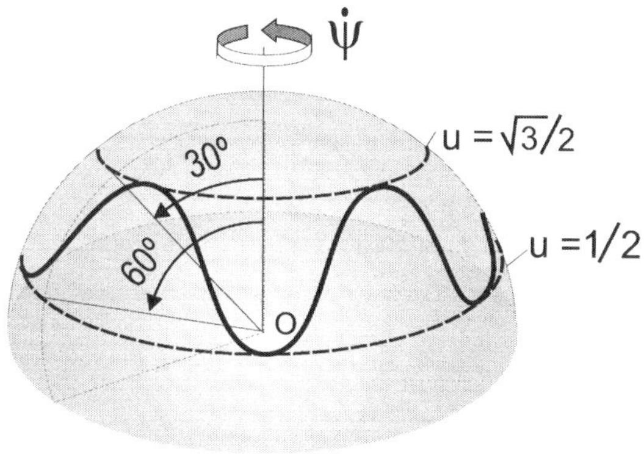

Figura 45: *Límites de oscilación.*

la condición anterior exige que: $\boxed{y_1 \geq y_2}$. Dibujemos $y_1 = y_1(u)$ e $y_2 = y_2(u)$ para determinar los ceros $(y_1 = y_2)$.

Para $\frac{1}{2} \leq u \leq \frac{\sqrt{3}}{2}$ se cumple que $y_1 \geq y_2$ y, en consecuencia, la única zona permitida en el movimiento oscilará entre $30° \leq \theta \leq 60°$

Sistema 17
(04/09/2006)

El sistema material de la figura, está constituido por una varilla homogénea (AC) de masa M, longitud $3a$ (sólido "3") y una placa pesada (sólido "2"), formada por *medio aro de masa* M y un semidisco de masa $3M/2$ (ambos de radio a). La mencionada placa es móvil (sin rozamiento) alrededor de su centro (O_1), que es fijo. La varilla está obligada a pasar por el punto B del sólido "2" y su extremo A recorre (sin rozamiento) la circunferencia de centro O_1 y radio a (contorno de la placa).
Supuesto el movimiento en el plano horizontal:

- 1. Demostrar que la energía cinética del sistema puede escribirse como

$$T = \frac{M\,a^2}{2}\left((\lambda - 3\,\cos\,\phi)\,\dot{\theta}^2 + (\mu - 6\,\cos\,\phi)\dot{\phi}^2 + (\eta - 9\,\cos\,\phi)\dot{\theta}\,\dot{\phi}\right)$$

  donde λ , μ y η son valores numéricos a determinar.

- Inicialmente, $\theta(0^-) = \phi(0^-) = 0$ y el sistema está en reposo. En el instante $t = 0$, se aplica una percusión $\boldsymbol{P} = (0, P, 0)_{\text{"3"}}$ en el punto C del sólido "3" (extremo de la varilla) con $P = 10M\,a\,\omega$. Calcular utilizando los métodos de la Mecánica Analítica el estado cinemático del sistema en el instante inmediatamente posterior a la percusión.

- Cuando el extremo A de la varilla ocupa una posición tal que $\phi = \pi/2$, se activa un mecanismo interno que bloquea el movimiento relativo entre la varilla y la placa. Determine el estado cinemático inmediatamente después de activarse el dispositivo.

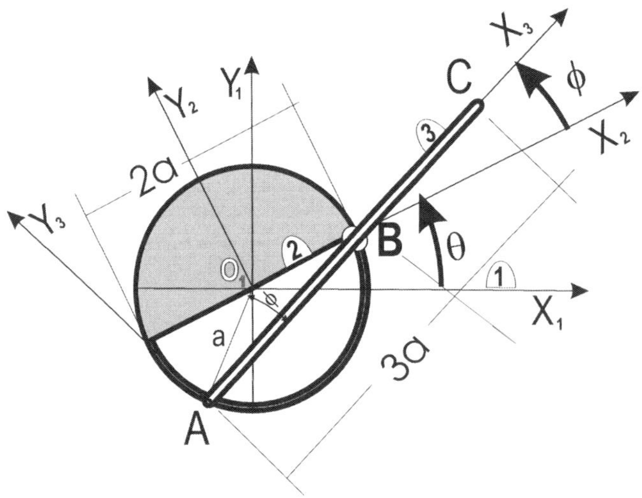

Figura 46: *Sistema 17*

Solución:

Energía cinética

Empezaremos por estudiar la *geometría de masas*. Aplicaremos el Teorema

de Papus-Guldin para hallar la posición del centro de masas de la *placa circular*.

Para el *semidisco*:

$$\frac{4}{3}\pi a^3 = 2\pi \overline{y}_2 \frac{\pi a^2}{2} \Longrightarrow \overline{y}_2 = \frac{4a}{3\pi}$$

Para el *semiaro*:

$$4\pi a^2 = 2\pi \overline{y}_2 \pi a \Longrightarrow \overline{y}_2 = -\frac{2a}{\pi}$$

$$\overline{y}_{placa} = \frac{\frac{4a}{3\pi}\frac{3M}{2} - \frac{2a}{\pi}M}{\frac{3M}{2} + M} = 0 \Longrightarrow$$

$$\boxed{G_2 = O}$$

Momentos de inercia I_{33}:

$$I_{33}(O) = I_{33}^{aro}(O) + I_{33}^{disco}(O) = M a^2 + \frac{1}{2}\left(\frac{3M}{2}\right) a^2 = \frac{7}{4} M a^2$$

Cinemática del sistema

$$\boldsymbol{v}_{21}^{A} = \overbrace{\boldsymbol{v}_{21}^{O_1}}^{=0} + \boldsymbol{\omega}_{21} \wedge \boldsymbol{O_1A} = -\begin{vmatrix} \boldsymbol{\imath}_3 & \boldsymbol{\jmath}_3 & \boldsymbol{k}_3 \\ 0 & 0 & \dot{\theta} \\ \cos\phi & \operatorname{sen}\phi & 0 \end{vmatrix} a = a\,\dot{\theta}\begin{Bmatrix} \operatorname{sen}\phi \\ -\cos\phi \\ 0 \end{Bmatrix}_{"3"}$$

Similarmente,

$$\boldsymbol{v}_{32}^{A} = \overbrace{\boldsymbol{v}_{32}^{I_{32}}}^{=0} + \boldsymbol{\omega}_{32} \wedge \boldsymbol{I_{32}A} = 2a\,\dot{\phi}\begin{Bmatrix} \operatorname{sen}\phi \\ -\cos\phi \\ 0 \end{Bmatrix}_{"3"} \quad ; \boldsymbol{\omega}_{21} = \begin{Bmatrix} 0 \\ 0 \\ \dot{\theta} \end{Bmatrix}_{"3"} \quad ; \boldsymbol{\omega}_{32} = \begin{Bmatrix} 0 \\ 0 \\ \dot{\phi} \end{Bmatrix}_{"3"}$$

Aplicando la ley de composición de velocidades lineales y angulares:

$$\boldsymbol{v}_{31}^{A} = \boldsymbol{v}_{32}^{A} + \boldsymbol{v}_{21}^{A} = a\begin{Bmatrix} \operatorname{sen}\phi(\dot{\theta} + 2\dot{\phi}) \\ -\cos\phi(\dot{\theta} + 2\dot{\phi}) \\ 0 \end{Bmatrix}_{"3"} \quad ;$$

$$\boldsymbol{\omega}_{31} = \boldsymbol{\omega}_{32} + \boldsymbol{\omega}_{21} = \begin{Bmatrix} 0 \\ 0 \\ (\dot{\theta} + \dot{\phi}) \end{Bmatrix}_{"3"}$$

Así,

$$\boldsymbol{v}_{31}^{C} = \boldsymbol{v}_{31}^{A} + \boldsymbol{\omega}_{31} \wedge \boldsymbol{AC} = \boldsymbol{v}_{31}^{A} + \begin{vmatrix} \boldsymbol{\imath}_3 & \boldsymbol{\jmath}_3 & \boldsymbol{k}_3 \\ 0 & 0 & (\dot{\theta} + \dot{\phi}) \\ 3a & 0 & 0 \end{vmatrix} =$$

$$= \boldsymbol{v}_{31}^{A} + \begin{Bmatrix} 0 \\ 3a(\dot{\theta} + \dot{\phi}) \\ 0 \end{Bmatrix}_{"3"}$$

Luego,

$$\boldsymbol{v}_{31}^{C} = \left\{ \begin{array}{c} a(\text{sen}\,\phi\,\dot{\theta} + 2\,\text{sen}\,\phi\,\dot{\phi}) \\ a\left(\dot{\theta}(3 - \cos\phi) + \dot{\phi}(3 - 2\cos\phi)\right) \\ 0 \end{array} \right\}_{"3"}$$

Energía cinética

Vamos a calcular los distintos términos de la energía cinética:

$$T = \overset{``2"}{T} + \overset{``3"}{T}$$

donde

$$\overset{``2"}{T} = \frac{1}{2}\omega_{21}\, I_{33}(O)\,\omega_{21} = \frac{7}{8} M\, a^2\, \dot{\theta}^2 \quad \text{y}$$

$$\overset{``3"}{T} = \frac{1}{2} M\, v_A^2 + M\, \boldsymbol{v}_A \cdot (\boldsymbol{\omega}_{31} \wedge \boldsymbol{AG}_3) + \frac{1}{2}\omega_{31}\, I_{33}(A)\omega_{31} \qquad \text{con } I_{33}(A) = 3\, M\, a^2$$

Analicemos el término: $M\, \boldsymbol{v}_A \cdot (\boldsymbol{\omega}_{31} \wedge \boldsymbol{AG}_3)$:

$$M\, \boldsymbol{v}_A \cdot (\boldsymbol{\omega}_{31} \wedge \boldsymbol{AG}_3) = -\frac{3\, M\, a^2}{2}(\dot{\theta} + \dot{\phi})(\dot{\theta} + 2\,\dot{\phi})\cos\phi$$

Luego, el sumando $\overset{``3"}{T}$ queda:

$$\overset{``3"}{T} = \frac{M\, a^2}{2}\left(\dot{\theta}^2(4 - 3\cos\phi) + \dot{\phi}^2(7 - 6\cos\phi) + \dot{\theta}\,\dot{\phi}(10 - 9\cos\phi)\right)$$

y la energía cinética total, T, igual a:

$$T = \overset{``2"}{T} + \overset{``3"}{T} = \frac{M\, a^2}{2}\left(\dot{\theta}^2(\frac{23}{4} - 3\cos\phi) + \dot{\phi}^2(7 - 6\cos\phi) + \theta\,\phi(10 - 9\cos\phi)\right) \tag{68}$$

y, en consecuencia:

$$\boxed{\lambda = \tfrac{23}{4}; \quad \mu = 7; \quad \eta = 10}$$

Procedimiento alternativo para determinar la energía cinética $\overset{``3"}{T}$:

$$\overset{``3"}{T} = \frac{M}{6}\left((\boldsymbol{v}_{31}^{A})^2 + (\boldsymbol{v}_{31}^{C})^2 + \boldsymbol{v}_{31}^{A} \cdot \boldsymbol{v}_{31}^{C}\right) \tag{69}$$

$$(\boldsymbol{v}_{31}^{C})^2 = (\boldsymbol{v}_{31}^{A})^2 + 9\, a^2(\dot{\theta} + \dot{\phi})^2 - 6\, a^2(\dot{\theta} + \dot{\phi})(\dot{\theta} + 2\,\dot{\phi})\cos\phi$$

$$\boldsymbol{v}_{31}^{A} \cdot \boldsymbol{v}_{31}^{C} = (\boldsymbol{v}_{31}^{A})^2 - 3\, a^2(\dot{\theta} + \dot{\phi})(\dot{\theta} + 2\,\dot{\phi})\cos\phi \quad \text{y}$$

$$(\boldsymbol{v}_{31}^{A})^2 = a^2(\dot{\theta} + 2\,\dot{\phi})^2$$

La suma de estos términos permite calcular $T^{``3"}$:

$$\overset{``3"}{T} = \frac{M\, a^2}{2}\left(\dot{\theta}^2(4 - 3\cos\phi) + \dot{\phi}^2(7 - 6\cos\phi) + \dot{\theta}\,\dot{\psi}\,(10 - 9\cos\phi)\right)$$

y, consecuentemente:

$$T = \overset{\text{“2”}}{T} + \overset{\text{“3”}}{T} = \frac{M\,a^2}{2}\left(\dot\theta^2(\frac{23}{4} - 3\,\cos\,\phi) + \dot\phi^2(7 - 6\,\cos\,\phi) + \dot\theta\,\dot\phi(10 - 9\,\cos\,\phi)\right)$$

que coincide con el cálculo directo (ver ec. 68).

Estado cinemático posterior a la percusión

De las ecuaciones de Lagrange para la Dinámica Impulsiva:

$$\Delta\left(\frac{\partial T}{\partial \dot q_i}\right)\Big|_{t=0} = \boldsymbol{P}\cdot\frac{\partial \boldsymbol{v}_{31}^C}{\partial \dot q_i}\Big|_{t=0} \tag{70}$$

con $\theta = \phi = 0,\;\; \dot\theta^- = \dot\phi^- = 0$, para $t = 0^-$ y

$$\boldsymbol{P} = \left\{\begin{array}{c} 0 \\ P \\ 0 \end{array}\right\}_{\text{"3"}} \quad ; \quad \boldsymbol{v}_{31}^C = \left\{\begin{array}{c} a(\dot\theta + 2\,\dot\phi)\;\text{sen}\;\phi \\ 3\,a(\dot\theta + \dot\phi) - a(\dot\theta + 2\,\dot\phi)\;\cos\;\phi \\ 0 \end{array}\right\}_{\text{"3"}} \Longrightarrow$$

$$\Longrightarrow \boldsymbol{P}\cdot\frac{\partial \boldsymbol{v}_{31}^C}{\partial \dot\theta}\Big|_{t=0} = 2\,P\,a; \quad \boldsymbol{P}\cdot\frac{\partial \boldsymbol{v}_{31}^C}{\partial \dot\phi}\Big|_{t=0} = P\,a$$

Particularizando la energía cinética para $t = 0$:

$$T(t=0) = \frac{M\,a^2}{2}\left(\frac{11}{4}\,\dot\theta^2 + \dot\phi^2 + \dot\theta\,\dot\phi\right) \Longrightarrow$$

$$\Delta\left(\frac{\partial T}{\partial \dot\theta}\right)\Big|_{t=0} = \frac{M\,a^2}{2}\left(\frac{11}{2}\,\dot\theta^+ + \dot\phi^+\right); \quad \Delta\left(\frac{\partial T}{\partial \dot\phi}\right)\Big|_{t=0} = \frac{M\,a^2}{2}\left(2\,\dot\phi^+ + \dot\theta^+\right)$$

expresiones que, sustituidas en (70) conducen a:

$$\left.\begin{array}{r} 11\,\dot\theta^+ + 2\,\dot\phi^+ = \frac{8\,P}{M\,a} \\ \dot\theta^+ + 2\,\dot\phi^+ = \frac{2\,P}{M\,a} \end{array}\right\} \tag{71}$$

Resolviendo la ecuación (71), se obtiene:

$$\boxed{\dot\theta^+ = \frac{6\,P}{10\,M\,a}\;;\quad \dot\phi^+ = \frac{7\,P}{10\,M\,a}}$$

Eligiendo $P = 10\,M\,a\,\omega$ con el fin de simplificar las expresiones anteriores, resulta:

$$\boxed{\dot\theta^+ = 6\,\omega;\quad \dot\phi^+ = 7\,\omega}$$

Introducción de vínculo impulsivo

Después de la percusión, el sistema evoluciona a partir de estas condiciones iniciales ($t = 0, \theta = \phi = 0, \dot\theta = 6\,\omega, \dot\phi = 7\,\omega$), cumpliéndose, en todo momento, las dos integrales primeras: T = cte; $\partial T/\partial\dot\theta$ = cte, pues θ es una coordenada cíclica:

$$4T = \frac{M\,a^2}{2}\Big((23-12\cos\phi)\dot\theta^2 + 4\,\dot\phi^2(7-6\cos\phi) + 4\,\dot\theta\,\dot\phi(10-9\cos\phi)\Big) =$$

$$= \frac{M\,a^2}{2}(760\,\omega^2)$$

$$\frac{\partial T}{\partial\dot\theta} = \frac{M\,a^2}{2}\Big((\frac{23}{2}-3\cos\phi)\dot\theta + \dot\phi(10-9\cos\phi)\Big) = \frac{M\,a^2}{2}(\frac{47}{2}\,\omega)$$

y, consecuentemente,

$$\boxed{(23-12\cos\phi)\,\dot\theta^2 + 4\,\dot\phi^2\,(7-6\cos\phi) + 4\,\dot\theta\,\dot\phi(10-9\cos\phi) = 760\,\omega^2}$$

$$\boxed{(23-6\cos\phi)\,\dot\theta + 2\,\dot\phi\,(10-9\cos\phi) = 47\,\omega}$$

que permiten determinar $\dot\theta^+$ y $\dot\phi^+$ para $\phi=\pi/2$:

$$\left.\begin{array}{r} 23\,(\dot\theta^-)^2 + 28\,(\dot\phi^-)^2 + 40\,\dot\theta^-\,\dot\phi^- = 760\,\omega^2 \\ 23\,\dot\theta^- + 20\,\dot\phi^- = 47\,\omega \end{array}\right\} \Longrightarrow \dot\theta^-,\,\dot\phi^-$$

Al activar el mecanismo interno, se activa un mecanismo ($\phi=\pi/2, \dot\phi^+=0$) y el sistema queda con un único grado de libertad (θ). Su determinación en el instante posterior a la activación del dispositivo, se realiza aplicando el *Teorema de Carnot*: $\Delta T = R$, donde $\Delta T = T^- - T^+$ y R es la energía de las velocidades perdidas.

$$T^- = \frac{M\,a^2}{2}\left(\frac{23}{4}\,(\dot\theta^-)^2 + 7\,(\dot\phi^-)^2 + 10\,\dot\theta^-\,\dot\phi^-\right);\ \text{y}\ T^+ = \frac{M\,a^2}{2}\left(\frac{23}{4}\,(\dot\theta^+)^2\right)$$

$$R = \frac{M\,a^2}{2}\left(\frac{23}{4}\,(\dot\theta^- - \dot\theta^+)^2 + 7\,(\dot\phi^-)^2 + 10\,(\dot\theta^- - \dot\theta^+)\,\dot\phi^-\right)$$

Aplicando $\Delta T = R$, resulta la ecuación :

$$\dot\theta^+\left(\frac{23}{2}\,\dot\theta^- - \frac{23}{2}\,\dot\theta^+ + 10\,\dot\phi^-\right) = 0$$

cuyas soluciones son:

$$\left.\begin{array}{c} \dot\theta^+ = 0 \\ \\ \dot\theta^+ = \dot\theta^- + \frac{20}{23}\dot\phi^- \end{array}\right\}$$

Sistema 18
(20/01/2007)

El sistema material de la figura, está formado por un vástago vertical fijo (OP) sobre el que se apoya y desliza (sin rozamiento) una cáscara semiesférica (sólido "2") homogénea de radio a y masa M. El punto A del borde de la cáscara, puede deslizar libremente sobre el eje vertical y el vínculo existente en A obliga a que el plano que contiene los puntos A, G_2 y C (plano de simetría) coincida en todo momento con OX_0Z_0. Un resorte sin masa, de longitud natural $2\,a$ y constante elástica $k = \frac{\sqrt{5}}{4}\frac{M\,g}{a}$, ejerce entre sus extremos (A y O) una fuerza repulsiva proporcional a la distancia $|AP|$; admitiendo además que el sistema está sometido a la acción gravitatoria:

1. Demuestre que la energía cinética del sistema (utilizando como parámetros ψ y θ) se escribe:

$$T = \frac{M\,a^2}{12}\left(\dot{\psi}^2(\lambda - 3\,\mathrm{sen}(2\,\theta) + 3\,\cos(2\,\theta)) + \dot{\theta}^2(\mu + 6\,\mathrm{sen}(2\,\theta))\right)$$

   donde λ y μ son constantes a determinar.

2. Determine, utilizando los métodos de la Dinámica Analítica, las ecuaciones del movimiento de la cáscara en forma de integrales primeras sabiendo que el sistema parte del reposo en el instante inicial $(t = 0)$ desde la posición $\psi = 0, \mathrm{sen}\,\theta = 2/\sqrt{5}$.

3. Calcule el par ejercido por un motor que obligase al sistema a girar de manera que $\dot{\psi} = \omega$ (constante).

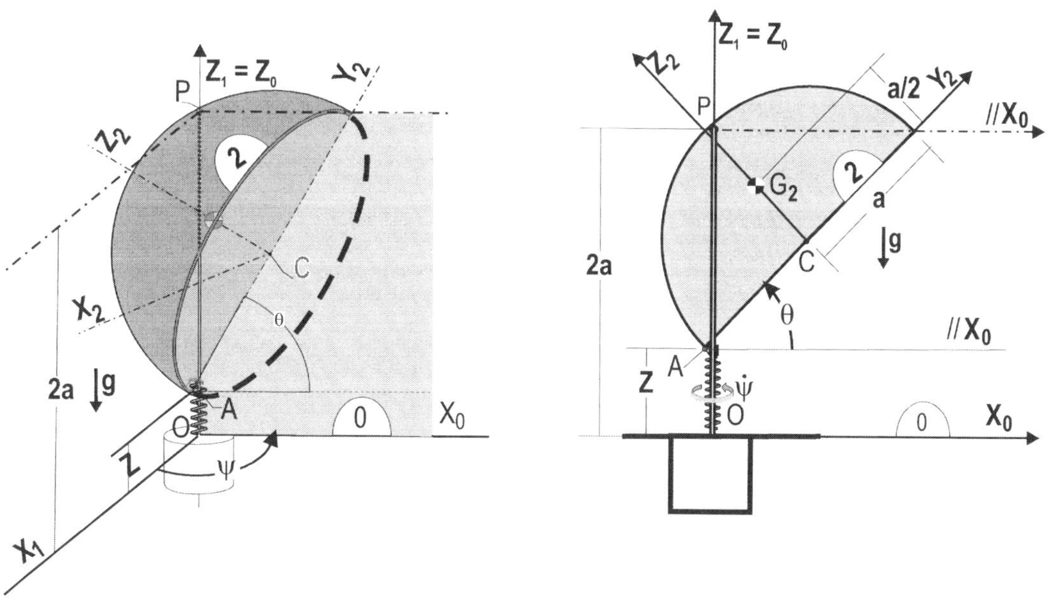

Figura 47: *Sistema 18*

Solución:

Cinemática

$$\boldsymbol{\omega}_{21} = \boldsymbol{\omega}_{20} + \boldsymbol{\omega}_{01} \implies$$

$$\boldsymbol{\omega}_{21} = \left\{ \begin{array}{c} \dot{\theta} \\ 0 \\ 0 \end{array} \right\}_{"2"} + \left\{ \begin{array}{c} 0 \\ \dot{\psi} \text{ sen } \theta \\ \dot{\psi} \cos \theta \end{array} \right\}_{"2"} = \left\{ \begin{array}{c} \dot{\theta} \\ \dot{\psi} \text{ sen } \theta \\ \dot{\psi} \cos \theta \end{array} \right\}_{"2"}$$

$$\boldsymbol{OA} = 2\,a(1 - \text{sen } \theta)\,\boldsymbol{k}_1 \implies \boldsymbol{v}_{21}^{A} = -2\,a\,\dot{\theta} \cos \theta \boldsymbol{k}_1 \implies$$

$$\boxed{\boldsymbol{v}_{21}^{A} = -2\,a\,\dot{\theta} \cos \theta \left\{ \begin{array}{c} 0 \\ \text{sen } \theta \\ \cos \theta \end{array} \right\}_{"2"}}$$

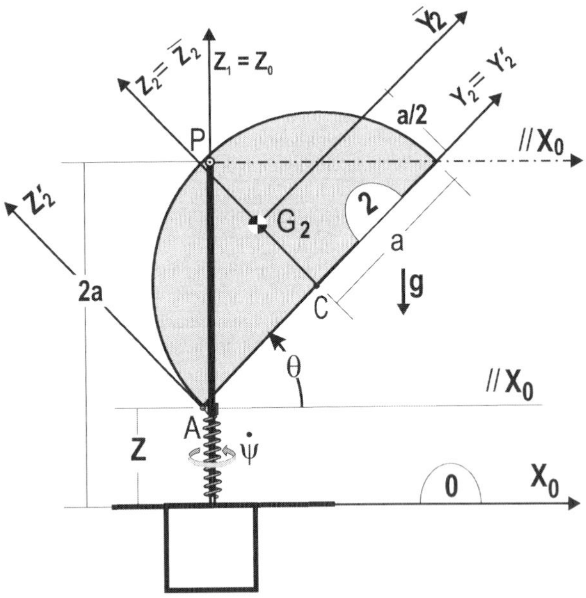

Figura 48: *Sistemas de referencia.*

Geometría de masas

$$\overleftrightarrow{I}(C) = \frac{2}{3} M\,a^2 \begin{pmatrix} 1 & 0 & 0 \\ 0 & 1 & 0 \\ 0 & 0 & 1 \end{pmatrix}_{CX_2Y_2Z_2}$$

Aplicando el Teorema de Steiner:

$$\overset{\leftrightarrow}{I}(G) = \overset{\leftrightarrow}{I}(C) - M\,a^2 \begin{pmatrix} 1/4 & 0 & 0 \\ 0 & 1/4 & 0 \\ 0 & 0 & 0 \end{pmatrix} = \frac{M\,a^2}{12} \begin{pmatrix} 5 & 0 & 0 \\ 0 & 5 & 0 \\ 0 & 0 & 8 \end{pmatrix}_{G\overline{x}_2\overline{y}_2\overline{z}_2}$$

$$\overset{\leftrightarrow}{I}(A) = \overset{\leftrightarrow}{I}(G) + \frac{M\,a^2}{4} \begin{pmatrix} 5 & 0 & 0 \\ 0 & 1 & -2 \\ 0 & -2 & 4 \end{pmatrix} =$$

$$= \overset{\leftrightarrow}{I}(G) + \frac{M\,a^2}{12} \begin{pmatrix} 15 & 0 & 0 \\ 0 & 3 & -6 \\ 0 & -6 & 12 \end{pmatrix}$$

$$\overset{\leftrightarrow}{I}(A) = \frac{M\,a^2}{12} \begin{pmatrix} 20 & 0 & 0 \\ 0 & 8 & -6 \\ 0 & -6 & 20 \end{pmatrix}_{Ax_2'y_2'z_2'} \tag{72}$$

Energía Cinética

$$T = \frac{1}{2} M\,v_A^2 + M\boldsymbol{v}^A \cdot (\boldsymbol{\omega}_{21} \wedge \boldsymbol{AG}) + \frac{1}{2} \boldsymbol{\omega}_{21}\,\overset{\leftrightarrow}{I}(A)\,\boldsymbol{\omega}_{21} \implies$$

Evaluando los términos:

$$\frac{1}{2} M\,v_A^2 = \frac{1}{2} M\,(4\,a^2\,\cos^2\theta)\dot{\theta}^2 = 2\,M\,a^2\,\cos^2\theta\,\dot{\theta}^2$$

$$M\,\boldsymbol{v}^A \cdot (\boldsymbol{\omega}_{21} \wedge \boldsymbol{AG}) = M(-2\,a\,\cos\theta\,\dot{\theta}) \begin{vmatrix} 0 & \text{sen}\,\theta & \cos\theta \\ \dot{\theta} & \dot{\psi}\,\text{sen}\,\theta & \dot{\psi}\,\cos\theta \\ 0 & a & a/2 \end{vmatrix} =$$

$$= M\,a^2\,\dot{\theta}^2(\text{sen}\,\theta\,\cos\theta - 2\,\cos^2\theta)$$

$$\frac{1}{2}\boldsymbol{\omega}_{21}\,\overset{\leftrightarrow}{I}(A)\,\boldsymbol{\omega}_{21} = \frac{1}{2}(\dot{\theta}, \dot{\psi}\,\text{sen}\,\theta, \dot{\psi}\,\cos\theta) \begin{pmatrix} 20\,\dot{\theta} \\ 8\,\dot{\psi}\,\text{sen}\,\theta - 6\,\dot{\psi}\,\cos\theta \\ -6\dot{\psi}\,\text{sen}\,\theta + 20\,\dot{\psi}\,\cos\theta \end{pmatrix} \frac{M\,a^2}{12} =$$

$$= \frac{M\,a^2}{24}\Big(20\,\dot{\theta}^2 + 4\,\dot{\psi}^2(2 - 3\,\text{sen}\,\theta\,\cos\theta + 3\,\cos^2\theta)\Big)$$

La energía cinética total, T:

$$\boxed{T = \frac{M\,a^2}{12}\Big(\dot{\theta}^2(10 + 6\,\text{sen}(2\,\theta)) + \dot{\psi}^2(7 - 3\,\text{sen}(2\,\theta) + 3\,\cos(2\,\theta)\Big)}$$

Identificando términos:

$$\lambda = 7; \quad \mu = 10$$

Integrales primeras

Energía potencial

$$V = V_{peso} + V_{muelle}$$

donde

$$V_{peso} = M\,g\,h = M\,g\left(|\boldsymbol{OA}| + a \text{ sen } \theta + \frac{a}{2}\cos\theta\right) =$$

$$= M\,g\left(2\,a(1 - \text{sen } \theta) + a(\text{sen } \theta + \frac{1}{2}\cos\theta)\right) \Longrightarrow$$

$$V_{peso} = M\,g\,a\left(2 - \text{sen } \theta + \frac{1}{2}\cos\theta\right)$$

$$V_{muelle} = \frac{1}{2}\,k\,|AP|^2 = \frac{1}{2}\,k(2\,a \text{ sen } \theta)^2 = 2\,k\,a^2 \text{ sen}^2\,\theta$$

con $k = \sqrt{5}\,M\,g/4\,a$. Luego,

$$\boxed{V = \tfrac{M\,g\,a}{2}\left(4 - 2 \text{ sen } \theta + \cos\theta + \sqrt{5} \text{ sen}^2\,\theta\right)}$$

Comencemos a hallar integrales primeras:

a) Sistema conservativo

Si el sistema es conservativo, $T + V$ = cte, luego:

$$\text{cte} = \frac{M\,g\,a}{2}\left(4 - \frac{4}{\sqrt{5}} + \frac{1}{\sqrt{5}} + \frac{4}{\sqrt{5}}\right)$$

$$\frac{M\,a^2}{12}\left(\dot\theta^2(10 + 6 \text{ sen}(2\,\theta)) + \dot\psi^2(7 - 3 \text{ sen}(2\,\theta) + 3\cos(2\,\theta))\right) +$$

$$\frac{M\,g\,a}{2}\left(\cos\theta - 2 \text{ sen } \theta + \sqrt{5}\text{sen}^2\,\theta\right) = \frac{M\,g\,a}{2}\,\frac{1}{\sqrt{5}} \Longrightarrow$$

$$\dot\theta^2(10 + 6 \text{ sen}(2\,\theta)) + \dot\psi^2(7 - 3 \text{ sen}(2\,\theta) + 3\cos(2\,\theta)) =$$

$$= \frac{6\,g}{a}\left(\frac{1}{\sqrt{5}} + 2 \text{ sen } \theta - \cos\theta - \sqrt{5} \text{ sen}^2\,\theta\right)$$

b) ψ es una coordenada cíclica

En efecto,

$$L = T - V; \quad \frac{\partial L}{\partial\psi} = 0 \Longrightarrow \boxed{\frac{\partial L}{\partial\dot\psi} = \text{cte}}$$

Consecuentemente:

$$\frac{\partial L}{\partial\dot\psi} = \frac{M\,a^2}{6}\left(\dot\psi(7 - 3 \text{ sen}(2\,\theta) + 3\cos(2\,\theta)\right) = \text{cte} \Longrightarrow \text{cte} = 0 \Longrightarrow$$

$$\boxed{\dot\psi = 0}$$

Par motor

Se pide hallar el par motor para que $\dot{\psi} = \omega(\text{cte})$. Al imponer el vínculo cinemático $\dot{\psi} - \omega = 0$, podemos utilizar multiplicadores de Lagrange para determinar el par motor necesario:

$$\begin{aligned} \frac{d}{dt}\left(\frac{\partial L}{\partial \dot{\theta}}\right) - \frac{\partial L}{\partial \theta} &= 0 \\ \frac{d}{dt}\left(\frac{\partial L}{\partial \dot{\psi}}\right) - \frac{\partial L}{\partial \psi} &= \tau \\ \dot{\psi} &= \omega \end{aligned}$$

Como $\partial L/\partial \psi = 0$, se tiene que:

$$\tau = \frac{d}{dt}\left(\frac{\partial L}{\partial \dot{\psi}}\right)$$

Luego,

$$\tau = \frac{d}{dt}\Big(\dot{\psi}(7 - 3\,\text{sen}(2\,\theta) + 3\,\cos(2\,\theta)\Big) \quad \text{con} \quad \dot{\psi} = \omega \Longrightarrow$$

$$\boxed{\tau = -6\,\omega\,\dot{\theta}\,(\text{sen}(2\,\theta) + \cos(2\,\theta))}$$

y, similarmente:

$$\frac{\partial L}{\partial \dot{\theta}} = \frac{M\,a^2}{3}\Big(\dot{\theta}(5 + 3\,\text{sen}(2\,\theta))\Big)$$

$$\begin{aligned} \frac{\partial L}{\partial \theta} = \frac{M\,a^2}{12}\Big(12\,\dot{\theta}^2\,\cos(2\,\theta) - 6\,\omega^2(\text{sen}(2\,\theta) + \cos(2\,\theta))\Big) - \\ -\frac{M\,g\,a}{2}\Big(2\,\sqrt{5}\,\text{sen}\,\theta\,\cos\,\theta - \text{sen}\,\theta - 2\,\cos\,\theta\Big) \Longrightarrow \end{aligned}$$

$$\begin{aligned} \frac{M\,a^2}{3}\frac{d}{dt}\Big(\dot{\theta}(5 + 3\,\text{sen}(2\,\theta))\Big) - \frac{M\,a^2}{2}\Big(2\,\dot{\theta}^2\,\cos(2\,\theta) - \omega^2(\text{sen}(2\,\theta) + \cos(2\,\theta))\Big) + \\ + \frac{M\,g\,a}{2}\Big(2\,\sqrt{5}\,\text{sen}\,\theta\,\cos\,\theta - \text{sen}\,\theta - 2\,\cos\,\theta\Big) = 0 \end{aligned}$$

Sistema 19
(20/01/2007)

El sistema material de la figura está constituido por una varilla homogénea AB (sólido "3"), de masa m, longitud $3\,a$, articulada por su extremo A, a un cuadrado homogéneo (sólido "2") de masa m y lado $2\,a$ que se mueve sin rozamiento en un plano vertical $O_1X_1Y_1$ (sólido "1"). El vértice C desliza permanentemente sobre el eje horizontal OX_1.
En un instante cualquiera, la posición del sistema se determina por las coordenadas x, θ y ϕ propuestas en la figura. En el instante $t = 0$, estando el sistema en reposo y siendo $x^- = \phi^- = \theta^- = 0$, se da una percusión $(\mathcal{P}, 0)$ en el punto B de la varilla.
Utilizando los métodos de la Dinámica vectorial, determine el estado cinemático posterior a la percusión.

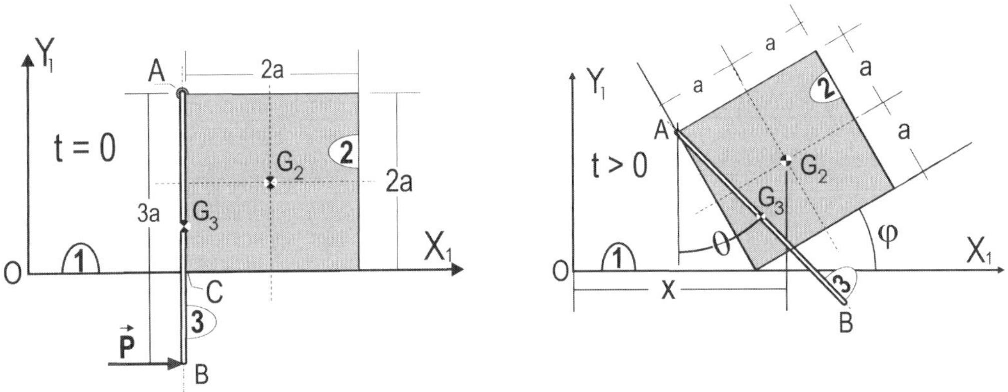

Figura 49: *Sistema 19*

Solución:

Como cálculos previos, analicemos la cinemática y geometría de masas del sistema:

Cinemática

$$\boldsymbol{v}_{21}^{C} = \left\{ \begin{array}{c} \dot{x}\cos\phi \\ -\dot{x}\operatorname{sen}\phi \\ 0 \end{array} \right\}_{"2"}$$

Particularizando en el instante $t = 0$:

$$\boldsymbol{v}_{21}^{C} = \left\{ \begin{array}{c} \dot{x} \\ 0 \\ 0 \end{array} \right\}_{"1","2"}$$

$$\boldsymbol{v}_{21}^{G_2} = \boldsymbol{v}_{21}^{C} + \boldsymbol{\omega}_{21} \wedge \boldsymbol{CG_2} = \boldsymbol{v}_{21}^{C} + \begin{vmatrix} \boldsymbol{\imath}_2 & \boldsymbol{\jmath}_2 & \boldsymbol{k}_2 \\ 0 & 0 & \dot{\phi} \\ a & a & 0 \end{vmatrix}$$

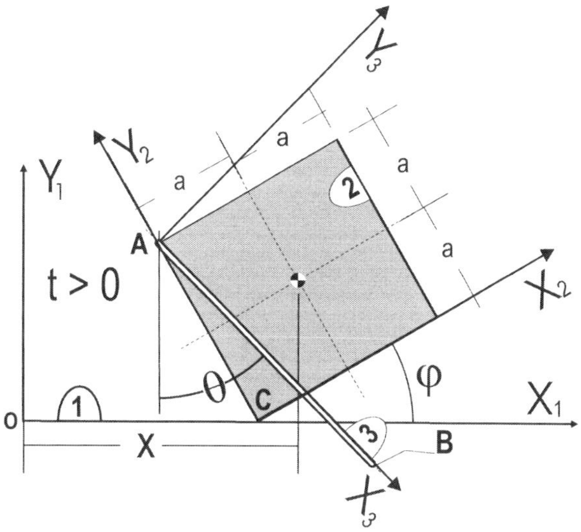

Figura 50: *Sistemas de referencia.*

$$\boldsymbol{v}_{21}^{G_2} = \left\{ \begin{array}{c} \dot{x}\cos\phi - a\,\dot{\phi} \\ -\dot{x}\,\mathrm{sen}\,\phi + a\,\dot{\phi} \\ 0 \end{array} \right\}_{"2"}$$

De nuevo, particularizando para el instante $t = 0$, la expresión de $\boldsymbol{v}_{21}^{G_2}$ en todos los ejes se escribe:

$$\boldsymbol{v}_{21}^{G_2} = \left\{ \begin{array}{c} \dot{x} - a\,\dot{\phi} \\ a\,\dot{\phi} \\ 0 \end{array} \right\}_{t=0}$$

Por otro lado,

$$\boldsymbol{v}_{21}^{A} = \boldsymbol{v}_{21}^{C} + \boldsymbol{\omega}_{21} \wedge \boldsymbol{CA} = \left\{ \begin{array}{c} \dot{x} - 2a\,\dot{\phi} \\ 0 \\ 0 \end{array} \right\}_{t=0} = \boldsymbol{v}_{31}^{A}(t=0)$$

$$\boldsymbol{v}_{31}^{G_3} = \boldsymbol{v}_{31}^{A} + \boldsymbol{\omega}_{31} \wedge \boldsymbol{AG_3} = \boldsymbol{v}_{31}^{A} + \left\{ \begin{array}{c} 0 \\ \frac{3}{2}\,a\,\dot{\theta} \\ 0 \end{array} \right\}_{"3"}$$

Aunque sólo interesa en $t = 0$ y, en ese instante, los ejes "1" coinciden con los ejes "2", conviene pasar $\boldsymbol{v}_{31}^{A}$ a los ejes "1".

$$\boldsymbol{v}_{31}^{A} = \boldsymbol{v}_{21}^{A} = \left\{ \begin{array}{c} \dot{x} - 2\,a\,\cos\phi\,\dot{\phi} \\ -2\,a\,\mathrm{sen}\,\phi\,\dot{\phi} \\ 0 \end{array} \right\}_{"1"} \Longrightarrow$$

$$\boldsymbol{v}_{31}^{G_3} = \left\{ \begin{array}{c} \dot{x} - 2\,a\,\cos\phi\,\dot{\phi} + \frac{3}{2}\,a\,\dot{\theta}\,\cos\theta \\ \\ -2\,a\,\mathrm{sen}\,\phi\,\dot{\phi} + \frac{3}{2}\,a\,\dot{\theta}\,\mathrm{sen}\,\theta \\ 0 \end{array} \right\}_{"1"}$$

Para $t = 0$, queda la expresión:

$$\boldsymbol{v}_{31}^{G_3} = \left\{ \begin{array}{c} \dot{x} - 2\,a\,\dot{\phi} + \dfrac{3}{2}\,a\,\dot{\theta} \\ 0 \\ 0 \end{array} \right\}_{"1"\equiv"2"}$$

$$\boldsymbol{v}_{31}^{B} = \boldsymbol{v}_{31}^{A} + \boldsymbol{\omega}_{31} \wedge \boldsymbol{AB} = \boldsymbol{v}_{31}^{A} + \left| \begin{array}{ccc} \boldsymbol{\imath}_1 & \boldsymbol{\jmath}_1 & \boldsymbol{k}_1 \\ 0 & 0 & \dot{\theta} \\ \operatorname{sen}\theta & -\cos\theta & 0 \end{array} \right| 3\,a \Longrightarrow$$

$$\boldsymbol{v}_{31}^{B} = \left\{ \begin{array}{c} \dot{x} - 2\,a\,\cos\,\phi\,\dot{\phi} + 3\,a\,\cos\,\theta\,\dot{\theta} \\ -2\,a\,\operatorname{sen}\,\phi\,\dot{\phi} + 3\,a\,\operatorname{sen}\,\theta\,\dot{\theta} \\ 0 \end{array} \right\}_{"1"}$$

y, para $t = 0$:

$$\boldsymbol{v}_{31}^{B} = \left\{ \begin{array}{c} \dot{x} - 2\,a\,\dot{\phi} + 3\,a\,\dot{\theta} \\ 0 \\ 0 \end{array} \right\}_{"1","2"}$$

Geometría de masas

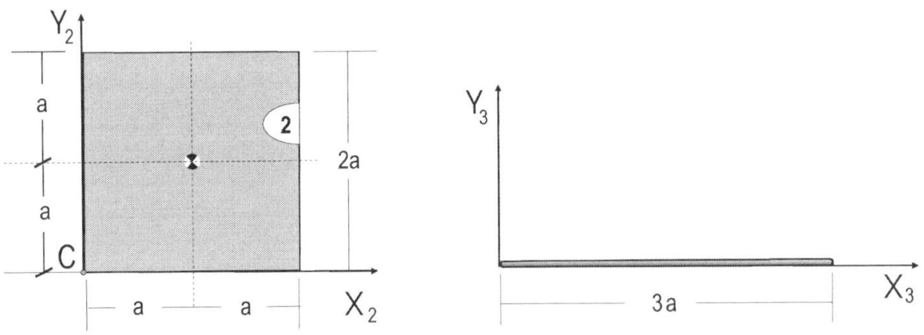

Figura 51: *Ejes para el cálculo de momentos de inercia.*

$$\overset{"2"}{I}_{11}(C) = \overset{"2"}{I}_{22}(C) = \frac{m}{4\,a^2} \int_0^{2a} y^2\,(2\,a\,dy) = \frac{4}{3}\,m\,a^2$$

$$\overset{"2"}{I}_{33}(C) = \overset{"2"}{I}_{11}(C) + \overset{"2"}{I}_{22}(C) = \frac{8}{3}\,M\,a^2 \qquad (73)$$

$$\overset{"3"}{I}_{33}(A) = \frac{m}{3\,a} \int_0^{3a} x^2\,dx = \frac{m}{3\,a}\,\frac{(3\,a)^3}{3} = 3\,m\,a^2 \qquad (74)$$

Desvinculación y aplicación de teoremas (en el instante $t = 0$)

Al desvincular "2" de "3" y de "1", aparecen las percusiones vinculares señaladas en la figura adjunta.

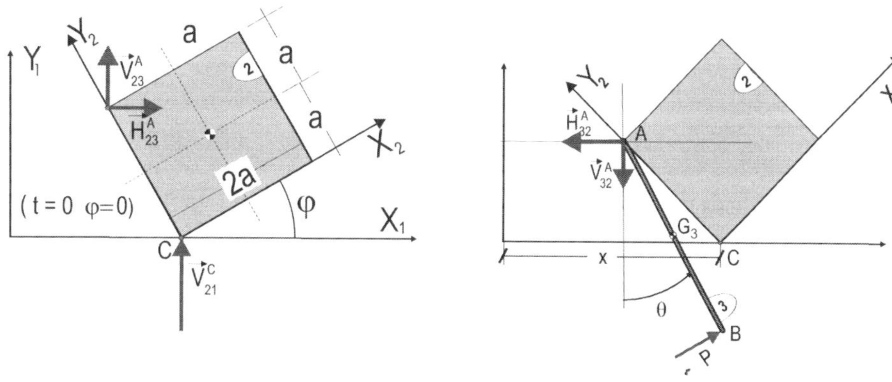

Figura 52: *Desvinculación de sólidos*

Llamando $\boldsymbol{C}$ a la cantidad de movimiento:

$$\boldsymbol{C_2} = m\,\boldsymbol{V}_{21}^{G_2}$$

1. **Teorema del centro de masas**

$$\Delta\,\boldsymbol{C_2} = \sum \boldsymbol{P}^{ext} + \sum \boldsymbol{P}^{vinc}$$

$$\Delta\,\boldsymbol{C_2} = \left\{ \begin{array}{c} \dot{x}^{+} - a\,\dot{\phi}^{+} \\ a\,\dot{\phi}^{+} \\ 0 \end{array} \right\} m \Longrightarrow$$

$$\begin{array}{c} m(\dot{x}^{+} - a\,\dot{\phi}^{+}) = H_{23}^{A} \\ m\,a\,\dot{\phi}^{+} = V_{21}^{C} + V_{23}^{A} \end{array} \tag{75}$$

2. **Aplicación del teorema del momento cinético en el punto C en el instante $t = 0$)**

$$\overset{\text{“2”}}{\boldsymbol{\Gamma}}_{C} = \overset{\text{“2”}}{I}(C)\,\boldsymbol{\omega}_{21} + m\,\boldsymbol{v}_{21}^{C} \wedge \boldsymbol{GC}$$

$$\overset{\text{“2”}}{\boldsymbol{\Gamma}}_{C} = I_{33}(C)\,\dot{\phi}\,\boldsymbol{k} + m \left| \begin{array}{ccc} \boldsymbol{\imath}_2 & \boldsymbol{\jmath}_2 & \boldsymbol{k}_2 \\ \dot{x}\cos\phi & -\dot{x}\,\mathrm{sen}\,\phi & 0 \\ -a & -a & 0 \end{array} \right| =$$

$$= \Big(I_{33}\,\dot{\phi} - m\,a\,\dot{x}\,\cos\phi + m\,a\,\dot{x}\,\mathrm{sen}\,\phi \Big)\,\boldsymbol{k}$$

Particularizando para $t = 0$:

$$\overset{\text{“2”}}{\boldsymbol{\Gamma}}_{C}(t=0) = \Big(I_{33}\,\dot{\phi} - m\,a\,\dot{x} \Big)\,\boldsymbol{k}$$

$$\Delta\,\overset{\text{“2”}}{\boldsymbol{\Gamma}}_{C} = \Big(I_{33}\,\dot{\phi}^{+} - m\,a\,\dot{x}^{+} \Big)\,\boldsymbol{k} = \boldsymbol{CA} \wedge (\boldsymbol{H}_{23}^{A} + \boldsymbol{V}_{23}^{A}) \Longrightarrow$$

$$m\left(\frac{8}{3}\,a^2\,\dot{\phi}^{+} - a\,\dot{x}^{+} \right) = -2\,a\,H_{23}^{A} \Longrightarrow$$

$$\boxed{m\left(8\,a\,\dot{\phi}^{+} - 3\,\dot{x}^{+} \right) = -6\,H_{23}^{A}}$$

Desvinculando "3" de "2" aparecen (principio de acción y reacción) las percusiones vinculares: $H_{32}^A = -H_{23}^A$; $V_{32}^A = -V_{23}^A$.

3. **Aplicación del teorema del centro de masas al sólido "3" en el instante $t = 0$.**

$$\Delta \boldsymbol{C_3} = \boldsymbol{H}_{32}^A + \boldsymbol{V}_{32}^A + \boldsymbol{\mathcal{P}}; \quad \boldsymbol{C_3} = m\, \boldsymbol{v}_{31}^{G_3}$$

$$\Delta \boldsymbol{C_3} = \left\{ \begin{array}{c} \dot{x}^+ - 2\,a\,\dot{\phi}^+ + \frac{3}{2}\,a\,\dot{\theta}^+ \\ 0 \\ 0 \end{array} \right\} m \implies$$

$$\begin{array}{c} m(\dot{x}^+ - 2\,a\,\dot{\phi}^+ + \frac{3}{2}\,a\,\dot{\theta}^+) = \mathcal{P} - H_{32}^A \\ 0 = V_{32}^A \end{array} \tag{76}$$

4. **Aplicación del teorema del momento cinético al sólido "3" en el punto A, en el instante $t = 0$.**

$$\overset{\text{“3”}}{\boldsymbol{\Gamma}}_A = \overset{\text{“3”}}{I}_{33}(A)\,\boldsymbol{\omega}_{31} + m\,\boldsymbol{v}_{31}^A \wedge \boldsymbol{G_3 A}$$

$$\overset{\text{“3”}}{\boldsymbol{\Gamma}}_A = (3\,m\,a^2\,\dot{\theta})\,\boldsymbol{k} + \left| \begin{array}{ccc} \boldsymbol{\imath}_1 & \boldsymbol{\jmath}_1 & \boldsymbol{k}_1 \\ \dot{x} - 2\,a\,\dot{\phi} & 0 & 0 \\ 0 & 3a/2 & 0 \end{array} \right| m \implies$$

$$\overset{\text{“3”}}{\boldsymbol{\Gamma}}_A = m\,a\left(3\,a\,\dot{\theta} + \frac{3}{2}\,\dot{x} - 3\,a\,\dot{\phi}\right)\boldsymbol{k}$$

$$\Delta \overset{\text{“3”}}{\boldsymbol{\Gamma}}_A = \boldsymbol{AB} \wedge \boldsymbol{\mathcal{P}} \implies m\,a\left(3\,a\,\dot{\theta}^+ + \frac{3}{2}\,\dot{x}^+ - 3\,a\,\dot{\phi}^+\right) = 3\,a\,\mathcal{P}$$

$$2\,a\,\dot{\theta}^+ + \dot{x}^+ - 2\,a\,\dot{\phi}^+ = \frac{2\,\mathcal{P}}{m} \tag{77}$$

En resumen:

$$\dot{x}^+ - a\,\dot{\phi}^+ = \frac{H_{23}^A}{m} \tag{78}$$

$$a\,\dot{\phi}^+ = \frac{V_{23}^A}{m} + \frac{V_{21}^C}{m} \tag{79}$$

$$-3\,\dot{x}^+ + 8\,a\,\dot{\phi}^+ = -6\frac{H_{23}^A}{m} \tag{80}$$

$$0 = V_{32}^A \tag{81}$$

$$2\,\dot{x}^+ - 4\,a\,\dot{\phi}^+ + 3\,a\,\dot{\theta}^+ = \frac{2\,\mathcal{P}}{m} - \frac{2\,H_{23}^A}{m} \tag{82}$$

$$\dot{x}^+ - 2\,a\,\dot{\phi}^+ + 2\,a\,\dot{\theta}^+ = \frac{2\,\mathcal{P}}{m} \tag{83}$$

De las ecuaciones (78) y (80), se obtiene:

$$\boxed{3\,\dot{x}^+ + 2\,a\,\dot{\phi}^+ = 0}$$

De las ecuaciones (78), (82) y (83), podemos escribir:

$$\boxed{5\,\dot{x}^{+} - 6\,a\,\dot{\phi}^{+} = -\frac{2\,\mathcal{P}}{m}}$$

Finalmente, llegamos a las expresiones:

$$\boxed{\dot{x}^{+} = -\frac{\mathcal{P}}{7\,m};\quad \dot{\theta}^{+} = \frac{9\mathcal{P}}{7\,m\,a};\quad \dot{\phi}^{+} = \frac{3\,\mathcal{P}}{14\,m\,a}}$$

Sistema 20
(21/06/2007)

El sistema material de la figura, está formado por un volante de inercia, modelable por un aro homogéneo de centro C, radio a (sólido "2") y masa M situado perpendicularmente al eje COA de longitud $2\,a$ y masa despreciable (sólido "0") en cuyo extremo A existe una partícula material pesada de masa M, mientras que su punto medio O puede girar libremente alrededor de un punto fijo.

1. Usando como coordenadas los ángulos de Euler, determine:
   a) Momento cinético del sistema en el punto O.
   b) Energía cinética.
2. Se sabe que el volante gira alrededor del eje AOC con velocidad angular ω constante ($\dot{\phi} = \omega$) al tiempo que el eje describe un plano horizontal $(\theta = 90^\circ)$ girando alrededor de la vertical que pasa por el punto medio O con una velocidad angular Ω constante ($\dot{\psi} = \Omega$). Para que este movimiento sea posible, es necesario que además de las fuerzas gravitatorias y vinculares, actúe en el punto O un par; determine el par $\boldsymbol{M}_0$ aplicando:
   - El teorema del momento cinético en O.
   - Los métodos de la Dinámica Analítica.

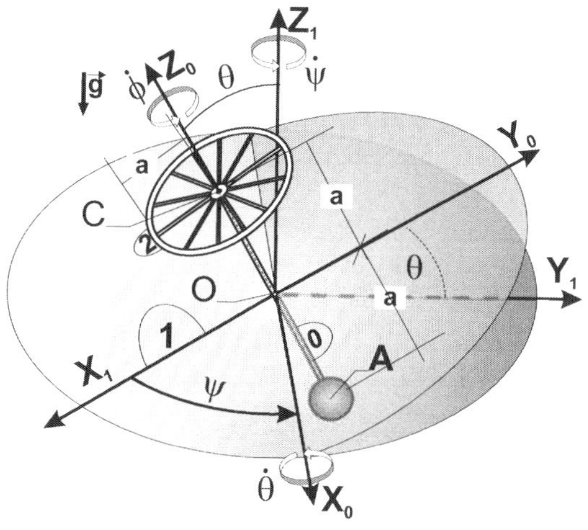

Figura 53: *Sistema 20*

Solución:

Cinética

Estudiemos, en primer lugar, la geometría de masas y la cinemática del sistema.

Geometría de masas

$$\overleftrightarrow{I}(C) = \frac{M\,a^2}{2}\begin{pmatrix} 1 & 0 & 0 \\ 0 & 1 & 0 \\ 0 & 0 & 2 \end{pmatrix}_{"0"}$$

y aplicando el teorema de Steiner, pasamos al punto O.

$$\overleftrightarrow{I}(O) = \overleftrightarrow{I}(C) + M\begin{pmatrix} a^2 & 0 & 0 \\ 0 & a^2 & 0 \\ 0 & 0 & 0 \end{pmatrix}_{"0"} \Longrightarrow$$

$$\overleftrightarrow{I}(O) = \frac{M\,a^2}{2}\begin{pmatrix} 3 & 0 & 0 \\ 0 & 3 & 0 \\ 0 & 0 & 2 \end{pmatrix}_{"0"}$$

Cinemática

$$\boldsymbol{\omega}_{01} = \begin{Bmatrix} \dot\theta \\ \dot\psi \text{ sen } \theta \\ \dot\psi \cos\theta \end{Bmatrix}_{"0"}$$

$$\boldsymbol{v}_{01}^{A} = \overbrace{\boldsymbol{v}_{01}^{O}}^{=0} + \boldsymbol{\omega}_{01} \wedge \boldsymbol{OA} = \begin{Bmatrix} -a\,\dot\psi \text{ sen } \theta \\ a\,\dot\theta \\ 0 \end{Bmatrix}_{"0"}$$

Procedamos al cálculo del momento cinético:

$$\boldsymbol{\Gamma}_0 = \overset{"0"}{\boldsymbol{\Gamma}_0} + \overset{"2"}{\boldsymbol{\Gamma}_0}$$

$$\overset{"0"}{\boldsymbol{\Gamma}_0} = \boldsymbol{OA} \wedge M\,\boldsymbol{v}_{01}^{A} = M\,a^2 \begin{Bmatrix} \dot\theta \\ \dot\psi \text{ sen } \theta \\ 0 \end{Bmatrix}_{"0"}$$

$$\overset{"2"}{\boldsymbol{\Gamma}_0} = \overleftrightarrow{I}(O)\cdot\boldsymbol{\omega}_{21} = \frac{M\,a^2}{2}\begin{pmatrix} 3 & 0 & 0 \\ 0 & 3 & 0 \\ 0 & 0 & 2 \end{pmatrix}\begin{Bmatrix} \dot\theta \\ \dot\psi \text{ sen } \theta \\ \dot\phi + \dot\psi\cos\theta \end{Bmatrix} \Longrightarrow$$

$$\overset{"2"}{\boldsymbol{\Gamma}_0} = \frac{M\,a^2}{2}\begin{Bmatrix} 3\,\dot\theta \\ 3\,\dot\psi \text{ sen } \theta \\ 2(\dot\phi + \dot\psi\cos\theta) \end{Bmatrix}_{"0"}$$

Luego,

$$\boxed{\boldsymbol{\Gamma}_0 = \frac{M\,a^2}{2}\left\{\begin{array}{c} 5\,\dot{\theta} \\ 5\,\dot{\psi}\ \text{sen}\ \theta \\ 2(\dot{\phi} + \dot{\psi}\ \cos\,\theta) \end{array}\right\}_{"0"}}$$

Procedamos al cálculo de la *energía cinética*:

$$T = \frac{1}{2}\boldsymbol{\omega}_{21}\ \overleftrightarrow{I}\,(0)\,\boldsymbol{\omega}_{21} + \frac{1}{2}M\,(v_{01}^{A})^2 \implies$$

$$T = \frac{M\,a^2}{4}\Big(3(\dot{\theta}^2 + \dot{\psi}^2\ \text{sen}^2\ \theta) + 2(\dot{\phi} + \dot{\psi}\ \cos\,\theta)^2\Big) + \frac{M\,a^2}{2}(\dot{\theta}^2 + \dot{\psi}^2\ \text{sen}^2\ \theta) \implies$$

$$\boxed{T = \frac{M\,a^2}{4}\Big(5\,\dot{\theta}^2 + 5\,\dot{\psi}^2\ \text{sen}^2\ \theta + 2(\dot{\phi} + \dot{\psi}\ \cos\,\theta)^2\Big)}$$

Par motor

a) Aplicando el *teorema del momento cinético en O*:

$$\left.\frac{d\,\boldsymbol{\Gamma}_0}{d\,t}\right|_1 = \left.\frac{d\,\boldsymbol{\Gamma}_0}{d\,t}\right|_2 + \boldsymbol{\omega}_{21} \wedge \boldsymbol{\Gamma}_0 = \overleftrightarrow{M}_0 + \boldsymbol{C} \wedge \boldsymbol{v}_0 \tag{84}$$

y al imponer las ecuaciones de vínculos ($\theta = \pi/2$; $\dot{\psi} = \Omega$; $\dot{\phi} = \omega$), se obtiene:

$$\boldsymbol{\Gamma}_0 = \frac{M\,a^2}{2}\begin{pmatrix} 0 \\ 5\,\Omega \\ 2\,\omega \end{pmatrix}_{"0"} \implies \left.\frac{d\,\boldsymbol{\Gamma}_0}{d\,t}\right|_2 = 0; \quad \boldsymbol{\omega}_{21} \wedge \boldsymbol{\Gamma}_0 = \omega\,\Omega\,M\,a^2\left\{\begin{array}{c} 1 \\ 0 \\ 0 \end{array}\right\}_{"0"}$$

y, como $\boldsymbol{v}_0 = 0$, de (84), sigue inmediatamente:

$$\boxed{\overleftrightarrow{M}_0 = \boldsymbol{\omega}_{21} \wedge \boldsymbol{\Gamma}_0 = \omega\,\Omega\,M\,a^2\left\{\begin{array}{c} 1 \\ 0 \\ 0 \end{array}\right\}_{"0"}}$$

Este es el par que hay que aplicar en O, para mantener los vínculos.

b) Aplicando los *métodos de la dinámica analítica*:

Aplicamos las ecuaciones de Lagrange con multiplicadores de Lagrange para vínculos cinemáticos: $\dot{\theta} = 0$; $\quad \dot{\psi} - \Omega = 0; \dot{\phi} - \omega = 0$.

$$\frac{d}{dt}\left(\frac{\partial L}{\partial \dot{q}_i}\right) - \frac{\partial L}{\partial\,q_i} = \sum_{r=1}^{3}\lambda_r\frac{\partial \phi}{\partial\,\dot{q}_i}$$

con $L = T$, (dado que $V = 0$, pues la única fuerza externa es el peso que actúa en O) y

$$\left\{\begin{array}{l} \phi_1 = \dot{\theta} = 0 \\ \phi_2 = \dot{\psi} - \Omega = 0 \\ \phi_3 = \dot{\phi} - \omega = 0 \end{array}\right\}$$

En consecuencia,

$$\frac{5}{2}\,M\,a^2\,\ddot{\theta} - \frac{M\,a^2}{2}\,\dot{\psi}\ \text{sen}\ \theta(3\,\dot{\psi}\ \cos\,\theta - 2\,\dot{\phi}) = \lambda_1 \tag{85}$$

$$\frac{M\,a^2}{4}\,\frac{d}{d\,t}\Big(3\,\dot{\psi}\ \text{sen}^2\ \theta + 2\,\dot{\psi} + 2\,\dot{\phi}\ \cos\,\theta\Big) = \lambda_2 \tag{86}$$

$$\frac{M\,a^2}{2}\ddot{\phi} = \lambda_3 \tag{87}$$

Ecuaciones que particularizadas para $\dot{\theta} = 0$; $\dot{\psi} = \Omega$; $\dot{\phi} = \omega$; $\theta = \pi/2$, quedan finalmente

$$\lambda_1 = M\, a^2\, \Omega\, \omega \tag{88}$$
$$\lambda_2 = 0 \tag{89}$$
$$\lambda_3 = 0 \tag{90}$$

donde la primera ecuación ($\lambda_1 = M\, a^2\, \Omega\, \omega$), representa el par asociado a la variable θ y que coincide con el cálculo anterior.

Sistema 21 (21/06/2007)

El sistema material de la figura está constituido por:
- Un disco circular homogéneo (sólido "0"), pesado de masa m y radio a, que se mueve en un plano vertical OXY manteniéndose siempre en contacto sin rozamiento con un suelo horizontal (sólido "1"). El centro C desliza permanentemente sobre el eje horizontal OY.
- Una varilla CD (sólido "2"), rectilínea homogénea y pesada , de masa m, longitud $3a$, uno de cuyos extremos C está articulado en el centro del disco, mientras que el otro extremo (D) desliza sin rozamiento sobre una guía vertical (OX).

En un instante cualquiera, la posición del sistema se determina por las coordenadas θ y ϕ propuestas en la figura. En el instante inicial $(t = 0)$, estando el sistema en reposo y siendo $\phi^- = 0$; $\theta^- = 90°$, se aplica una percusión horizontal $(0, \mathcal{P})$ con $\mathcal{P} = 2\, m \sqrt{a\, g}$ en el punto I (más bajo del disco). Se pide:
Utilizando los métodos de la dinámica analítica determinar el estado cinemático posterior a la percusión.

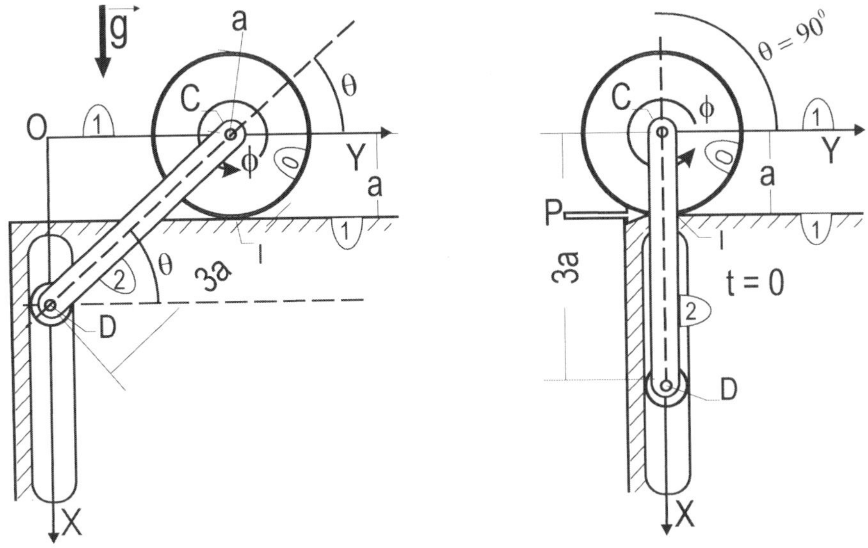

Figura 54: *Sistema 21*

Solución:

Empezaremos por estudiar la cinemática del sistema:

Cinemática

$$\boldsymbol{v}_{21}^{C} = \boldsymbol{v}_{01}^{C} = \overbrace{\boldsymbol{v}_{21}^{I_{21}}}^{=0} + \boldsymbol{\omega}_{21} \wedge \boldsymbol{I_{21}\, C} = 3\, a\, \dot{\theta} \text{ sen } \theta \begin{pmatrix} 0 \\ -1 \\ 0 \end{pmatrix}_{"1"}$$

$$\boldsymbol{v}_{21}^{D} = \boldsymbol{\omega}_{21} \wedge \boldsymbol{I_{21}\, D} = 3\, a\, \dot{\theta} \cos \theta \begin{pmatrix} 1 \\ 0 \\ 0 \end{pmatrix}_{"1"}$$

El movimiento "$0/1$" queda definido por:

$$\boldsymbol{v}_{01}^{C} = \boldsymbol{v}_{21}^{C} \quad \text{y} \quad \boldsymbol{\omega}_{01} = \begin{pmatrix} 0 \\ 0 \\ \dot{\phi} \end{pmatrix}_{"1"}$$

y, en consecuencia,

$$\boldsymbol{v}_{01}^{I} = \boldsymbol{v}_{01}^{C} + \boldsymbol{\omega}_{01} \wedge \boldsymbol{CI} = 3\, a\, \dot{\theta} \text{ sen } \theta \begin{pmatrix} 0 \\ -1 \\ 0 \end{pmatrix}_{"1"} + \begin{vmatrix} \boldsymbol{\imath} & \boldsymbol{\jmath} & \boldsymbol{k} \\ 0 & 0 & \dot{\phi} \\ a & 0 & 0 \end{vmatrix} \Longrightarrow$$

$$\boldsymbol{v}_{01}^{I} = \begin{pmatrix} 0 \\ a(\dot{\phi} - 3 \text{ sen } \theta\, \dot{\theta}) \\ 0 \end{pmatrix}_{"1"} \tag{91}$$

Energía cinética

$$T = \overset{"0"}{T} + \overset{"2"}{T}$$

donde el sólido "0" es el aro y el "2", la varilla. Para la varilla:

$$\overset{"2"}{T} = \frac{m}{6} \left((v_{21}^{C})^2 + (v_{21}^{D})^2 + \boldsymbol{v}_{21}^{C} \cdot \boldsymbol{v}_{21}^{D} \right) \Longrightarrow$$

$$\overset{"2"}{T} = \frac{m}{6} \left(9\, a^2 \dot{\theta}^2 (\text{sen}^2\, \theta + \cos^2\, \theta) \right) = \frac{3}{2}\, m\, a^2\, \dot{\theta}^2 \tag{92}$$

Para el aro:

$$\overset{"0"}{T} = \frac{1}{2} m (v_{01}^{C})^2 + \frac{1}{2} \boldsymbol{\omega}_{01} \cdot \overset{\leftrightarrow}{I}(C) \cdot \boldsymbol{\omega}_{01} \Longrightarrow$$

$$\overset{"0"}{T} = \frac{m\, a^2}{4} \left(\dot{\phi}^2 + 18 \text{ sen}^2\, \theta\, \dot{\theta}^2 \right) \tag{93}$$

Luego, la energía cinética del sistema tiene la expresión:

$$\boxed{T = \frac{m\, a^2}{4} \left(6(1 + 3 \text{ sen}^2\, \theta)\, \dot{\theta}^2 + \dot{\phi}^2 \right)}$$

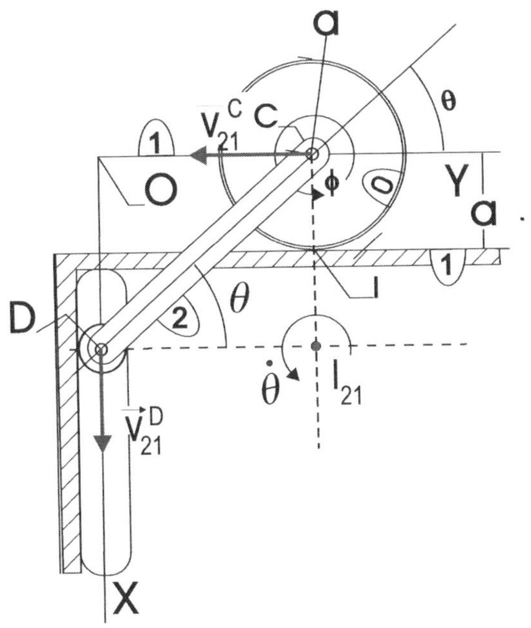

Figura 55: *C.I.R. del movimiento* { *2/1* }

Percusión en el instante $t = 0$

$$\mathcal{P} = 2\,m\sqrt{a\,g}\begin{pmatrix}0\\1\\0\end{pmatrix}_{"1"}$$

en el punto I, tal que:

$$\boldsymbol{v}_{01}^{I} = \begin{pmatrix}0\\ a(\dot\phi - 3\text{ sen }\theta\,\dot\theta)\\ 0\end{pmatrix}_{"1"}$$

que hay que particularizar para $t = 0$, instante en el que

$$\dot\phi^- = \dot\theta^- = 0;\ \phi = 0;\ \theta = 90^\circ$$

Las ecuaciones de Lagrange para la dinámica impulsiva se escriben:

$$\Delta\left(\frac{\partial T}{\partial \dot q_i}\right)_{t=0} = \boldsymbol{\mathcal{P}}\cdot\left.\frac{\partial \boldsymbol{v}_{01}^{I}}{\partial \dot q_i}\right|_{t=0}$$

con T y $\boldsymbol{v}_{21}^{G_2}$ particularizados para $t = 0$

$$T(t=0) = \frac{m\,a^2}{4}\left(24\,\dot\theta^2 + \dot\phi^2\right);\quad \boldsymbol{v}_{01}^{I}(t=0) = \left\{\begin{matrix}0\\ a(\dot\phi - 3\,\dot\theta)\\ 0\end{matrix}\right\}_{"1"} \Longrightarrow$$

$$\boldsymbol{\mathcal{P}}\cdot\left.\frac{\partial \boldsymbol{v}_{01}^{I}}{\partial \dot q_i}\right|_{t=0} = 2\,m\sqrt{a\,g}\,a\,\frac{\partial}{\partial \dot q_i}\left(\dot\phi - 3\,\dot\theta\right) \quad\Longrightarrow$$

$$\left.\begin{array}{rcl} 2\,m\,a^2\dot{\theta}^+ & = & -m\,a\sqrt{a\,g} \\ \frac{m\,a^2}{4}\,\dot{\phi}^+ & = & m\,a\sqrt{a\,g} \end{array}\right\} \Longrightarrow \tag{94}$$

$$\left.\begin{array}{rcl} \dot{\theta}^+ & = & -\frac{1}{2}\sqrt{\frac{g}{a}} \\ \dot{\phi}^+ & = & 4\sqrt{\frac{g}{a}} \end{array}\right\} \tag{95}$$

que representa el estado cinemático posterior a la percusión.

Observemos que $\boldsymbol{v}_{01}^I|_{t=0} = a(\dot{\phi}^+ - 3\,\dot{\theta}^+) = \sqrt{a\,g}\,5/2 \neq 0$, por lo que el sólido "0" en el instante inicial rueda y desliza.

El sistema evoluciona a partir del instante inicial; existen dos integrales primeras:

a) Sistema conservativo $T + V =$ cte

b) ϕ es una coordenada cíclica $\dfrac{\partial\,L}{\partial\,\dot{\phi}} =$ cte

Es decir,

- *a)* $T + V =$ cte, con $V = -\dfrac{3}{2}\,m\,g\,a$ sen $\theta \Longrightarrow$

$$\frac{m\,a^2}{4}\left(6(1 + 3\,\text{sen}^2\,\theta)\dot{\theta}^2 + \dot{\phi}^2\right) - \frac{3}{2}\,m\,g\,a\,\text{sen}\,\theta = \text{cte}$$

y teniendo en cuenta la ecuación (95), se obtiene:

$$3(1 + 3\,\text{sen}^2\,\theta)\dot{\theta}^2 + \frac{1}{2}\,\dot{\phi}^2 = \frac{g}{a}(8 + 3\,\text{sen}\,\theta) \tag{96}$$

- *b)* Como $\dfrac{\partial L}{\partial\dot{\phi}} = \dfrac{m\,a^2}{2}\,\dot{\phi} =$ cte $\Longrightarrow$

$$\dot{\phi} = 4\sqrt{\frac{g}{a}}$$

expresión que, sustituida en (96), conduce a:

$$(1 + 3\,\text{sen}^2\,\theta)\dot{\theta}^2 = \frac{g}{a}\,\text{sen}\,\theta$$

Luego, las ecuaciones de evolución que determinan el movimiento en los instantes posteriores a la percusión vienen dadas por:

$$\boxed{(1 + 3\,\text{sen}^2\,\theta)\dot{\theta}^2 = \frac{g}{a}\,\text{sen}\,\theta; \qquad \dot{\phi} = 4\sqrt{\frac{g}{a}}}$$

Sistema 22
(04/09/2007)

El sistema material de la figura, representa una bóveda homogénea de masa M (sólido "2") formado por la intersección de un cilindro macizo circular de radio R y altura R con una semiesfera hueca de radio R y centro el de la base del cilindro C; el sólido rígido descrito se apoya y desliza (sin rozamiento) sobre una cascara esférica fija (sólido "1") de radio R.
Un resorte sin masa, de longitud natural nula y constante elástica $k = \frac{M\,g}{4\,R}$ ejerce entre sus extremos A y B (distantes $2\,R$ de C) una fuerza atractiva proporcional a la distancia $|AB|$; admitimos además que el sistema está sometido a la acción gravitatoria. Calcule:

1. El tensor de inercia del cuerpo respecto al punto C (referir a direcciones principales).
2. Usando como coordenadas los ángulos de Euler, determine:
   - Momento cinético del sistema en el punto C.
   - Energía cinética.
3. Utilizando los métodos de la Mecánica Vectorial encuentre tres integrales primeras del movimiento.

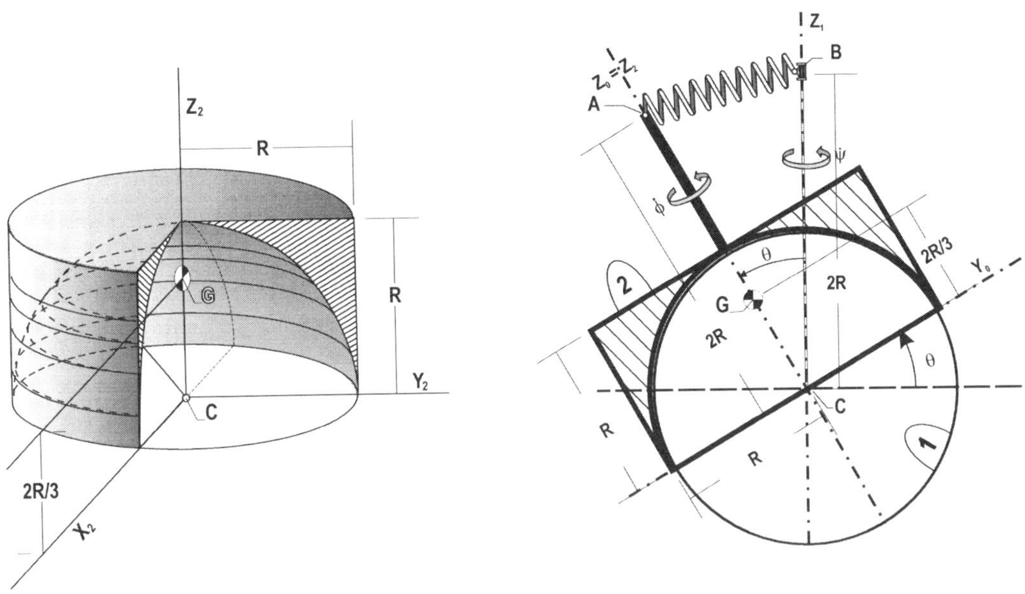

Figura 56: *Sistema 22*

Solución:

Tensor de inercia en C

Aplicando la propiedad distributiva del tensor de inercia:

$$\overset{bv}{I}_{ij} + \overset{se}{I}_{ij} = \overset{cl}{I}_{ij}$$

donde los superíndices bv se y cl denotan la bóveda, la semiesfera y el cilindro, respectivamente. Así:

$$\overset{bv}{I}_{ij} = \overset{cl}{I}_{ij} - \overset{se}{I}_{ij} \tag{97}$$

En los cálculos posteriores, admitiremos la homogeneidad:

- La densidad de masa (λ) la supondremos constante.

- Existe simetría de revolución alrededor del eje $C\,Z_2$ de ambas figuras; consecuentemente $I_{11}(C) = I_{22}(C)$, tanto para el cilindro como para la semiesfera y, en consecuencia, los resultados se expresarán en los ejes "2" ($C\,X_2\,Y_2\,Z_2$).

Para el cilindro, el momento de inercia respecto al plano coordenado $x_2 = 0$ puede escribirse como:

$$I_1(C) = \int_\tau \lambda\, x_2^2\, d\tau = I_2(C); \quad I_3(C) = \int_\tau \lambda\, z_2^2\, d\tau$$

Utilizando coordenadas cilíndricas y teniendo en cuenta que el elemento de volumen $d\tau = \varrho\, d\varrho\, d\theta\, dz$:

$$x_2 = \varrho \cos\theta; \quad d\tau = \varrho\, d\theta\, d\varrho\, dz$$

$$I_2(C) = \lambda \int_0^R \varrho^3\, d\varrho \int_0^{2\pi} \cos^2\theta\, d\theta \int_0^R dz = \frac{\lambda R^5}{4}\pi$$

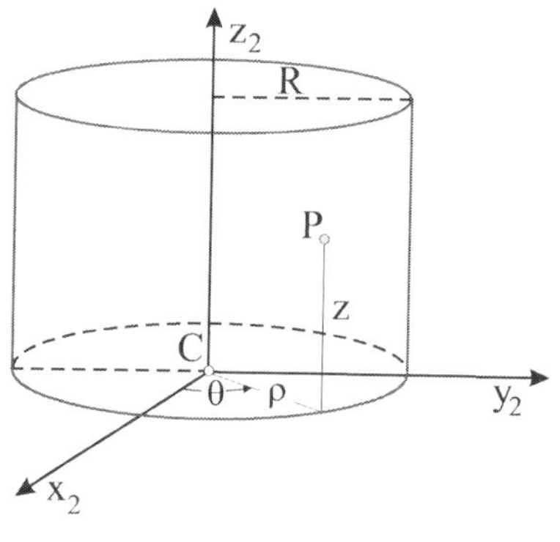

Figura 57: *Ejes principales de inercia para el cilindro en C.*

$$I_3(C) = \lambda \int_0^R \varrho\, d\varrho \int_0^{2\pi} d\theta \int_0^R z^2\, dz = \frac{\pi\lambda R^5}{3}$$

y, en consecuencia, como $I_{11} = I_{22} = I_2 + I_3$, se tiene:

$$I_{11} = I_{22} = \frac{7\pi\lambda R^5}{12}$$

Asimismo, como $I_{33} = I_1 + I_2$, resulta:

$$I_{33} = \frac{\pi\lambda R^5}{2}$$

El tensor de inercia del cilindro en el punto C:

$$\overset{cl}{I}(C) = \frac{\pi\lambda R^5}{12}\begin{pmatrix} 7 & 0 & 0 \\ 0 & 7 & 0 \\ 0 & 0 & 6 \end{pmatrix}_{\text{“2”}}$$

Para obtener el tensor de inercia de la semiesfera, vamos a empezar calculando el de una esfera. Así, consideremos una esfera de centro C y radio R. El momento de inercia respecto a su centro "C" es igual a:

$$I_O(C) = \frac{1}{2}\,(I_{11} + I_{22} + I_{33})$$

Como, por simetría: $I_{11} = I_{22} = I_{33}$, se tiene que: $I_O(C) = \frac{3}{2}\,I_{11}$. Luego,

$$I_{11} = I_{22} = I_{33} = \frac{2}{3}\,I_O(C)$$

De la definición de momento de inercia respecto a un punto:

$$I_O(C) = \lambda \int_\tau r^2\,d\tau = 4\,\pi\,\lambda \int_0^R r^4\,dr = 4\,\pi\,\lambda\,\frac{R^5}{5}$$

y, en consecuencia,

$$\overset{esf}{I}(C) = \frac{8}{15}\,\pi\,\lambda\,R^5 \begin{pmatrix} 1 & 0 & 0 \\ 0 & 1 & 0 \\ 0 & 0 & 1 \end{pmatrix}_{\text{“2”}}$$

y, por la propiedad distributiva.

$$\overset{se}{I}(C) = \frac{4}{15}\,\pi\,\lambda\,R^5 \begin{pmatrix} 1 & 0 & 0 \\ 0 & 1 & 0 \\ 0 & 0 & 1 \end{pmatrix}_{\text{“2”}}$$

Como la bóveda es la intersección del cilindro con la semiesfera, de la expresión (97), resulta:

$$\overset{bv}{I}(C) = \frac{\pi\,\lambda\,R^5}{60} \begin{pmatrix} 19 & 0 & 0 \\ 0 & 19 & 0 \\ 0 & 0 & 14 \end{pmatrix}_{\text{“2”}}$$

y teniendo en cuenta que:

$$\lambda = \frac{M}{\tau} = \frac{M}{\pi\,R^3 - \frac{2}{3}\,\pi\,R^3} = \frac{3\,M}{\pi\,R^3}$$

En consecuencia,

$$\overset{bv}{I}(C) = \frac{M\,R^2}{20} \begin{pmatrix} 19 & 0 & 0 \\ 0 & 19 & 0 \\ 0 & 0 & 14 \end{pmatrix}_{\text{“2”}}$$

Para calcular el tensor de la bóveda en G, aplicamos el Teorema de Steiner:

$$I_{ij}(G) = I_{ij}(C) - M\left(|CG|^2\,\delta_{ij} - (\overline{CG})_i\,(\overline{CG})_j\right)$$

Como en el problema se indica que el centro de masas dista $2\,R/3$ del centro de la semiesfera, podemos escribir:

$$\boldsymbol{CG} = \begin{pmatrix} 0 \\ 0 \\ 2\,R/3 \end{pmatrix}_{\text{“2”}}$$

y, por tanto:

$$I_{ij}(G) = I_{ij}(C) - M \begin{pmatrix} 4\,R^2/9 & 0 & 0 \\ 0 & 4\,R^2/9 & 0 \\ 0 & 0 & 0 \end{pmatrix}_{\text{“2”}} = \frac{M\,R^2}{20} \begin{pmatrix} 91/9 & 0 & 0 \\ 0 & 91/9 & 0 \\ 0 & 0 & 0 \end{pmatrix}_{\text{“2”}}$$

A) Cinemática

La velocidad absoluta del punto C es nula: $\boldsymbol{v}_{21}^{C} = 0$ y

$$\boldsymbol{\omega}_{21} = \left\{ \begin{array}{c} \dot{\theta} \\ \dot{\psi}\ \mathrm{sen}\ \theta \\ \dot{\phi} + \dot{\psi}\ \cos\theta \end{array} \right\}_{\text{“}O\text{”}} \quad ;$$

es decir, se trata del movimiento de un sólido rígido con un punto fijo (C).

B) Geometría de masas

La distancia $\overline{CG}$ es un dato del problema, lo que permite escribir:

$$\boldsymbol{CG} = \frac{2\,R}{3} \left\{ \begin{array}{c} 0 \\ 0 \\ 1 \end{array} \right\}_{\text{“}O\text{”}}$$

El tensor de inercia en C:

$$\overleftrightarrow{I}(C) = M\,R^2 \begin{pmatrix} a & 0 & 0 \\ 0 & a & 0 \\ 0 & 0 & b \end{pmatrix}_{\text{“}O\text{”}}$$

Como consecuencia de la simetría de revolución alrededor de $OZ_2 \equiv OZ_0$, el tensor de inercia tiene la misma expresión en los ejes “0” y “2”.

C) Reacciones vinculares

El sólido “2” está obligado a moverse en contacto con una superficie esférica de radio R y, como no existen rozamientos, las acciones de contacto son normales a la superficie esférica en cada punto y, en consecuencia reducibles a una resultante única $\boldsymbol{\Phi}$ aplicada en el punto C (Teorema de Varignon). En resumen,

$$\boldsymbol{\Phi}^{\text{vinc}} = \boldsymbol{\Phi} = \left\{ \begin{array}{c} \phi_1 \\ \phi_2 \\ \phi_3 \end{array} \right\}_{\text{“}O\text{”}}$$

D) Cinética

D.1. Momento cinético

$$\boldsymbol{\Gamma}_C = \overleftrightarrow{I}(C) \cdot \boldsymbol{\omega}_{21} = M\,R^2 \left\{ \begin{array}{c} a\,\dot{\theta} \\ a\,\dot{\psi}\ \mathrm{sen}\ \theta \\ b\,(\dot{\phi} + \dot{\psi}\ \cos\theta) \end{array} \right\}_{\text{“0”}}$$

con $a = 19/20$ y $b = 14/20$.

D.2. Energía cinética

Corresponde a la de un sólido con $\boldsymbol{v}_{21}^C = 0$:

$$T = \frac{1}{2}\boldsymbol{\omega}_{21}\cdot\boldsymbol{\Gamma}_C = \frac{1}{2}\left(a(\dot{\theta}^2 + \dot{\psi}^2\ \mathrm{sen}^2\ \theta) + b(\dot{\phi} + \dot{\psi}\ \cos\ \theta)^2\right)$$

Integrales primeras

A) Fuerzas Activas

Las fuerzas activas que intervienen son:

- Peso $M\boldsymbol{g}$ aplicado en C:

$$M\,\boldsymbol{g} = -M\,g\left\{\begin{array}{c} 0 \\ \mathrm{sen}\ \theta \\ \cos\ \theta \end{array}\right\}_{\text{“0”}} \quad ; \quad \boldsymbol{CG} = \left\{\begin{array}{c} 0 \\ 0 \\ \frac{2R}{3} \end{array}\right\}_{\text{“0”}}$$

- Muelle

$$\boldsymbol{F}_{AB} = k\,\boldsymbol{AB} = k(\boldsymbol{AC} + \boldsymbol{CB})$$

donde

$$\boldsymbol{AC} = \left\{\begin{array}{c} 0 \\ 0 \\ -2\,R \end{array}\right\}_{\text{“0”}} \quad \text{y} \quad \boldsymbol{CB} = \left\{\begin{array}{c} 0 \\ 2\,R\ \mathrm{sen}\ \theta \\ 2\,R\ \cos\ \theta \end{array}\right\}_{\text{“0”}}$$

Luego,

$$\boldsymbol{F}_{AB} = 2\,k\,R\left\{\begin{array}{c} 0 \\ \mathrm{sen}\ \theta \\ \cos\ \theta - 1 \end{array}\right\}_{\text{“0”}} = \frac{M\,g}{2}\left\{\begin{array}{c} 0 \\ \mathrm{sen}\ \theta \\ \cos\ \theta - 1 \end{array}\right\}_{\text{“0”}}$$

aplicada en el punto A.

B) Teorema del Momento cinético aplicado en C

$$\left.\frac{d\boldsymbol{\Gamma}_C}{d\,t}\right|_{\text{“1”}} = \left.\frac{d\boldsymbol{\Gamma}_C}{d\,t}\right|_{\text{“2”}} + \boldsymbol{\omega}_{21}\wedge\boldsymbol{\Gamma}_C = \boldsymbol{CG}\wedge M\boldsymbol{g} + \boldsymbol{CA}\wedge\boldsymbol{F}_{AB} + \overbrace{\boldsymbol{CC}\wedge\boldsymbol{\Phi}_C}^{=0} + \boldsymbol{C}\overbrace{\wedge\boldsymbol{v}_{21}^C}^{=0} \tag{98}$$

donde

$$\boldsymbol{\omega}_{21}\wedge\boldsymbol{\Gamma}_C = \left|\begin{array}{ccc} \boldsymbol{\imath}_0 & \boldsymbol{\jmath}_0 & \boldsymbol{k}_0 \\ \omega_1 & \omega_2 & \omega_3 \\ a\,\omega_1 & a\,\omega_2 & b\,\omega_3 \end{array}\right| = (a-b)\left\{\begin{array}{c} -\omega_2\,\omega_3 \\ \omega_1\omega_3 \\ 0 \end{array}\right\}_{\text{“0”}}$$

Proyectando la ecuación (98) en la dirección $\boldsymbol{k}_0$, se tiene:

$$\left.\frac{d\boldsymbol{\Gamma}_C}{d\,t}\right|_{\text{“2”}}\cdot\boldsymbol{k}_0 = \left.\frac{d\boldsymbol{\Gamma}_C}{d\,t}\right|_{\text{“0”}}\cdot\boldsymbol{k}_0 = \left.\frac{d}{d\,t}\left(\boldsymbol{\Gamma}_C\cdot\boldsymbol{k}_0\right)\right|_{\text{“0”}} = 0$$

dado que $\boldsymbol{CG}$ y $\boldsymbol{CA}$ son colineales con $\boldsymbol{k}_0$. Consecuentemente,

$$\frac{d}{d\,t}\left(b(\dot{\phi} + \dot{\psi}\ \cos\ \theta)\right) = 0 \quad \Longrightarrow$$

$$\boxed{\dot{\phi} + \dot{\psi}\ \cos\ \theta = r_0 = \text{cte}}$$

que es una *integral primera*.

Proyectamos la ecuación (98) en la dirección

$$\boldsymbol{k}_1 = \left\{ \begin{array}{c} 0 \\ \text{sen } \theta \\ \cos \theta \end{array} \right\}_{\text{“0”}}$$

y teniendo en cuenta que el peso $M\boldsymbol{g}$ es colineal con $\boldsymbol{k}_1$, que:

$$\boldsymbol{CA} \wedge \boldsymbol{F}_{AB} = k\,\boldsymbol{CA} \wedge (\boldsymbol{AC} + \boldsymbol{CB}) \quad \Longrightarrow \quad \boldsymbol{CA} \wedge \boldsymbol{F}_{AB} = k\,\boldsymbol{CA} \wedge \boldsymbol{CB}$$

y que $\boldsymbol{CB}$ es paralelo a $\boldsymbol{k}_1$, podemos escribir que:

$$\left.\frac{d\boldsymbol{\Gamma}_C}{dt}\right|_{\text{“1”}} \cdot \boldsymbol{k}_1 = 0 \quad \Longrightarrow \boldsymbol{\Gamma}_C \cdot \boldsymbol{k}_1 = \text{cte}$$

y obtenemos otra *integral primera*:

$$\boxed{\dot{\psi} \text{ sen}^2 \theta + \tfrac{b\,r_0}{a} \cos \theta = \beta} \tag{99}$$

donde β es una constante.

Las fuerzas activas: peso ($M\boldsymbol{g}$) y fuerza elástica del muelle ($k\boldsymbol{AB}$) derivan de un potencial y, en consecuencia, el sistema es conservativo, luego $T+V$ = cte, con $V = V_{\text{peso}} + V_{\text{muelle}}$, donde

$$V_{\text{peso}} = M\,g\,\frac{2\,R}{3} \cos \theta; \quad V_{\text{muelle}} = \frac{1}{2}\,k\,|\boldsymbol{AB}|^2 = M\,g\,R(1 - \cos \theta) \quad \Longrightarrow$$

$$V = M\,g\,R\left(1 + \frac{2}{3} \cos \theta - \cos \theta\right) = \frac{M\,g\,R}{3}(3 - \cos \theta)$$

La energía $T + V$ permanece constante, luego:

$$T + V = \frac{1}{2}\left(a(\dot{\theta}^2 + \dot{\psi}^2 \text{ sen}^2 \theta) + b\,r_0^2\right) + \frac{M\,g\,R}{3}(3 - \cos \theta) = \text{cte} \quad \Longrightarrow$$

$$\boxed{\dot{\theta}^2 + \dot{\psi}^2 \text{ sen}^2 \theta - \tfrac{2\,M\,g\,R}{3\,a} \cos \theta = \alpha} \tag{100}$$

donde α es una constante y la expresión constituye una integral primera del movimiento, con lo que ya hemos obtenido las tres integrales primeras.

Si hacemos el cambio $\cos \theta = u$, se tiene que:

$$-\dot{\theta} \text{ sen } \theta = \dot{u} \quad \Longrightarrow \dot{\theta} = -\frac{\dot{u}}{\sqrt{1 - u^2}}$$

De la ecuación (99), se obtiene el valor de $\dot{\psi}$:

$$\dot{\psi} = \frac{\beta - \frac{b\,r_0}{a}\,u}{1 - u^2}$$

que sustituido en (100), nos proporciona la ecuación:

$$\dot{u}^2 = \left(\alpha + \frac{2\,M\,g\,R}{3\,a}\,u\right)(1 - u^2) - \left(\beta - \frac{b\,r_0}{a}\,u\right)^2 \tag{101}$$

que es idéntica a la estudiada en el movimiento de Lagrange- Poisson en el tema teórico.

Sistema 23
(04/09/2007)

El sistema material de la figura está formado por dos varillas delgadas y homogéneas de masa m y lado $2\,a$ (cada una) soldadas entre sí formando ángulo recto en A (sólido "2") y que se mueve sin rozamiento en un plano horizontal OX_1Y_1 (sólido "1"). El vértice A desliza permanentemente (sin rozamiento) sobre el eje horizontal OX_1 a la misma vez que el vértice B permanece unido al origen O por medio de un hilo inextensible de longitud $2\,a$. En un instante cualquiera, la posición del sistema se determina por las coordenadas x y ϕ, propuestas en la figura.
Utilizando los métodos de la dinámica analítica y conociendo posición y velocidad del sistema en el instante inicial $t = 0$; $x = 0$; $\phi = \pi/2$; $dx/dt = a\,\omega/2$; $d\phi/dt = 0$, se pide:

1. Ecuaciones del movimiento hasta que se tensa el hilo.
2. Estado cinemático del sistema inmediatamente después de tensarse el hilo (exprese los resultados en función de los valores inmediatamente después de tensarse el hilo)
3. Ecuaciones del movimiento con el hilo tenso.

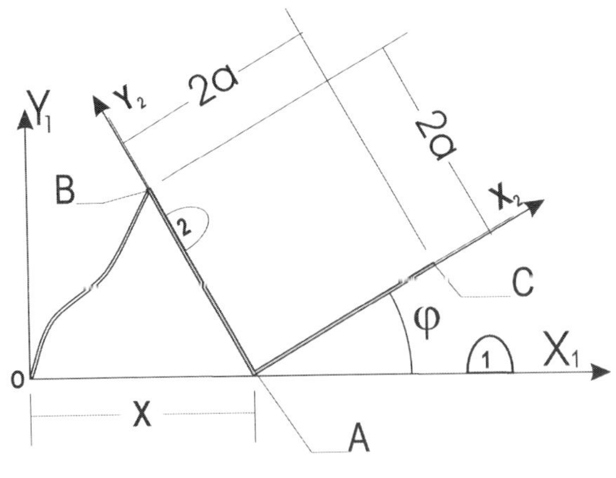

Figura 58: *Sistema 23*

Solución:

Ecuaciones del movimiento

1. **Cinemática**

Para hallar la energía cinética del sólido "2", comenzaremos por hallar las velocidades de los puntos extremos de las dos varillas. La velocidad absoluta de A es igual a:

$$\boldsymbol{v}_{21}^{A} = \begin{pmatrix} \dot{x} \\ 0 \\ 0 \end{pmatrix}_{\text{“1”}} \quad ; \quad \boldsymbol{\omega}_{21} = \begin{pmatrix} 0 \\ 0 \\ \dot{\phi} \end{pmatrix}_{\text{“1”,“2”}}$$

Las velocidades absolutas de B y C son inmediatas:

$$\boldsymbol{v}_{21}^{B} = \boldsymbol{v}_{21}^{A} + \boldsymbol{\omega}_{21} \wedge \boldsymbol{AB} = \boldsymbol{v}_{21}^{A} + 2\,a \begin{vmatrix} \boldsymbol{\imath} & \boldsymbol{\jmath} & \boldsymbol{k} \\ 0 & 0 & \dot{\phi} \\ -\operatorname{sen}\phi & \cos\phi & 0 \end{vmatrix} = \begin{pmatrix} \dot{x} - 2\,a\cos\phi\,\dot{\phi} \\ -2\,a\operatorname{sen}\phi\,\dot{\phi} \\ 0 \end{pmatrix}_{\text{“1”}}$$

$$\boldsymbol{v}_{21}^{C} = \boldsymbol{v}_{21}^{A} + \boldsymbol{\omega}_{21} \wedge \boldsymbol{AC} = \boldsymbol{v}_{21}^{A} + 2\,a \begin{vmatrix} \boldsymbol{\imath} & \boldsymbol{\jmath} & \boldsymbol{k} \\ 0 & 0 & \dot{\phi} \\ \cos\phi & \operatorname{sen}\phi & 0 \end{vmatrix} = \begin{pmatrix} \dot{x} - 2\,a\operatorname{sen}\phi\,\dot{\phi} \\ 2\,a\cos\phi\,\dot{\phi} \\ 0 \end{pmatrix}_{\text{“1”}}$$

2. **Energía cinética**

   Teniendo en cuenta la expresión de la energía cinética de una varilla en función de las velocidades de sus extremos, podemos escribir:

$$T = \overset{AB}{T} + \overset{AC}{T} = \frac{m}{6}\left(2\,v_A^2 + v_B^2 + v_C^2 + \boldsymbol{v}_A\cdot\boldsymbol{v}_B + \boldsymbol{v}_A\cdot\boldsymbol{v}_c\right) =$$

$$= \frac{m}{3}\left(3\,\dot{x}^2 + 4\,a^2\,\dot{\phi}^2 - 3\,a\,\dot{x}\,\dot{\phi}(\operatorname{sen}\phi + \cos\phi)\right)$$

3. **Energía potencial**

   No existen fuerzas activas en el plano del movimiento, luego $V = 0$ y $L = T$.

4. **Integrales primeras**

   De la conservación de la energía ($T =$ cte) y de la existencia de una coordenada cíclica (x), surgen dos integrales primeras.

   Como la lagrangiana, en este caso coincidente con la energía cinética, no depende de la coordenada x, tendremos que $\partial T/\partial\,\dot{x} =$ cte, luego:

$$m\left(2\,\dot{x} - a\,\dot{\phi}(\operatorname{sen}\phi + \cos\phi)\right) = c_1$$

   donde c_1 es una constante de integración.

   Por otro lado, como $T =$ cte:

$$\frac{m}{3}\left(3\,\dot{x}^2 + 4\,a^2\,\dot{\phi}^2 - 3\,a\,\dot{x}\,\dot{\phi}(\operatorname{sen}\phi + \cos\phi)\right) = c_2$$

   donde c_2 es otra constante. Estas constantes se determinan aplicando las condiciones iniciales. Tras cálculos sencillos, obtenemos estas dos integrales primeras:

$$\dot{x} = \frac{a}{2}\left(\omega + (\operatorname{sen}\phi + \cos\phi)\dot{\phi}\right) \tag{102}$$

$$\dot{\phi} = \pm\frac{\sqrt{3}}{2}\left(\frac{\dot{x}}{a} - \frac{\omega}{2}\right) \tag{103}$$

Eliminando $\dot{x}$ entre (102) y (103), obtenemos:

$$\pm\frac{4}{\sqrt{3}}\,\dot{\phi} = (\text{sen}\ \phi + \cos\ \phi)\dot{\phi}$$

expresión que sólo es válida si

$$\boxed{\dot{\phi}(t) = 0 \quad \forall t}$$

Llevando este resultado a la ecuación (103), se tiene:

$$\boxed{\dot{x}(t) = \tfrac{a\,\omega}{2} \quad \forall t}$$

Luego, hemos encontrado que, antes de tensarse el hilo, el movimiento es una *traslación* con el eje AX_2 paralelo a OY_1 y con velocidad constante $\dot{x} = \frac{a\,\omega}{2}$. Una integración inmediata nos lleva a:

$$x(t) = \frac{a\,\omega}{2}\,t + x_0; \qquad \text{como para } t = 0,\ x = 0 \Longrightarrow\ x(t) = \frac{a\,\omega}{2}\,t$$

El hilo se tensa en el instante $t_1 = 4\,a/(a\,\omega/2) = 8/\omega$, en el que:

$$\boxed{\dot{x}^- = \frac{a\,\omega}{2}; \quad \dot{\phi}^- = 0}$$

Vínculo impulsivo

Al tensarse el hilo, se introduce un vínculo al sistema:

$$x = 4\,a\ \text{sen}\ \phi \tag{104}$$

De acuerdo con el Teorema de Carnot, la introducción brusca de nuevos vínculos que permanecen, hace que el sistema sufra por estas percusiones vinculares una disminución de su energía cinética cuyo valor es la energía que poseería el sistema si sus puntos estuviesen animados con las velocidades perdidas:

$$T^- - T^+ = T_{\text{v.perd}} \tag{105}$$

Como la expresión de la energía cinética era:

$$T = \frac{m}{3}\left(3\,\dot{x}^2 + 4\,a^2\,\dot{\phi}^2 - 3\,a\,\dot{x}\,\dot{\phi}(\text{sen}\ \phi + \cos\ \phi)\right)$$

y como $\dot{x}^- = a\,\omega/2$ y $\dot{\phi}^- = 0$, se tiene que:

$$T^- = \frac{m\,a^2\,\omega^2}{4}$$

Por otro lado, al haber impuesto el vínculo: $x = 4\,a\ \text{sen}\ \phi$, implica que:

$$\dot{x} = 4\,a\ \cos\ \phi\,\dot{\phi} \tag{106}$$

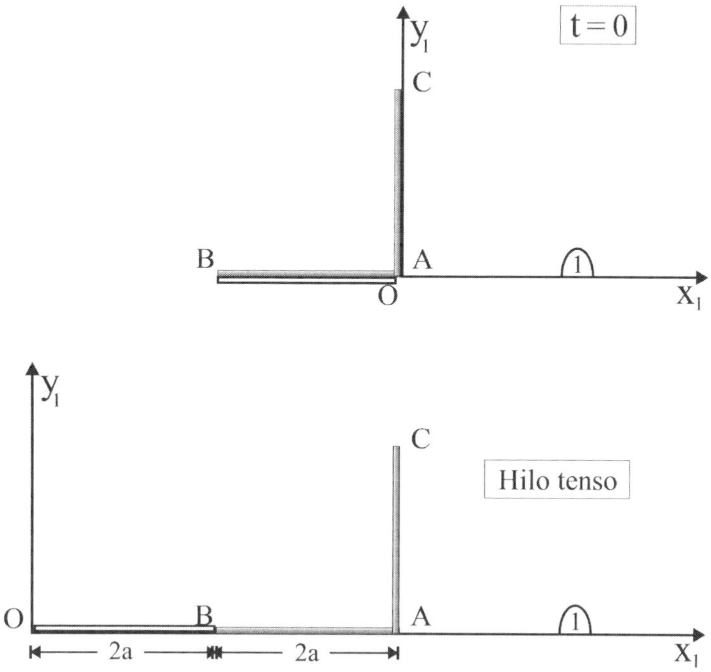

Figura 59: *Introducción de un vínculo impulsivo, al tensarse el hilo.*

Al particularizar en el instante de la percusión ($\cos \pi/2 = 0$):

$$\dot{x}^+ = 4\,a\,\cos\phi\,\dot{\phi}^+; \quad \dot{x}^+\Big|_{t=t_1} = 0 \Longrightarrow \dot{x}^+ = 0$$

Después de la percusión:

$$T^+ = \frac{m}{3}\left(4\,a^2\,(\dot{\phi}^+)^2\right)$$

La energía que poseería el sistema si sus puntos estuviesen animados con las velocidades perdidas es igual a:

$$T_{\text{v.perd}} =$$

$$= \frac{m}{3}\left(3(\dot{x}^- - \dot{x}^+)^2 + 4\,a^2(\dot{\phi}^- - \dot{\phi}^+)^2 - 3\,a(\dot{x}^- - \dot{x}^+)(\dot{\phi}^- - \dot{\phi}^+)(\text{sen}\,\frac{\pi}{2} + \cos\frac{\pi}{2})\right) =$$

$$= \frac{m}{3}\left(3(\frac{a^2\,\omega^2}{4}) + 4\,a^2(\dot{\phi}^+)^2 - 3\,\frac{a^2\,\omega}{2}\,\dot{\phi}^+\right)$$

Aplicando la ecuación (105), se obtiene:

$$\dot{\phi}^+\left(8\,\dot{\phi}^+ + \frac{3\,\omega}{2}\right) = 0 \Longrightarrow \begin{cases} \dot{\phi}^+ = 0 \quad \text{(se para)} \\ \dot{\phi}^+ = -\dfrac{3\,\omega}{16} \end{cases}$$

Luego, inmediatamente después de la percusión:

$$t = t_1^+ \quad \Longrightarrow \dot{x}^+ = 0; \quad \dot{\phi}^+ = -\frac{3\,\omega}{16}$$

Evolución con el hilo tenso

Admitiendo que el sistema evoluciona con el hilo tenso, las ecuaciones del movimiento se estudian fácilmente por el método de los multiplicadores de Lagrange:

$$\frac{d}{dt}\left(\frac{\partial L}{\partial \dot{q}_i}\right) - \frac{\partial L}{\partial q_i} = \sum_{\alpha=1}^{\alpha=r} \lambda_\alpha \frac{\partial f_\alpha}{\partial q_i}$$

donde $f_\alpha(q_1, \ldots, q_n) = 0$ con $\alpha = 1, \ldots, r$ son las ecuaciones de vínculo.

En nuestro caso, la ecuación de vínculo es:

$$x - 4\,a \text{ sen } \phi = 0$$

Para la coordenada x:

$$\frac{m}{3}\frac{d}{dt}\Big(6\,\dot{x} - 3\,a\,\dot{\phi}(\text{sen } \phi + \cos \phi)\Big) = \lambda \tag{107}$$

Para la coordenada ϕ:

$$\frac{m}{3}\left\{\frac{d}{dt}\Big(8\,a^2\dot{\phi} - 3\,a\,\dot{x}(\text{sen } \phi + \cos \phi)\Big) + 3\,a\,\dot{x}\,\dot{\phi}(\cos \phi - \text{sen } \phi)\right\} = -4\,a\,\lambda \cos \phi \tag{108}$$

En este caso, con ayuda de la expresión (106), podemos eliminar una de las dos variables de la expresión de la energía cinética, quedando:

$$T = m\,a^2\,\dot{\phi}^2\,(6 - 24 \text{ sen}(2\,\phi) + 2 \cos(2\,\phi)) = \text{cte} \tag{109}$$

La constante se determina sustituyendo en (109) las condiciones iniciales, llegando finalmente a la expresión:

$$\boxed{\dot{\phi} = \pm\frac{9\,\omega}{8\sqrt{6 + 2\cos(2\,\phi) - 24 \text{ sen}(2\,\phi)}}}$$

Sistema 24
(16/01/2008)

Una esfera maciza y homogénea de radio a y de masa M (sólido "2") rueda sin deslizar sobre la base y el borde de un hueco cilíndrico de radio $R = (3 + \sqrt{3}/2)a$ y profundidad $a/2$ (sólido "1"). El coeficiente de rozamiento entre la superficie esférica con el borde y base del hueco, es inferior a la unidad. Se pide:

1. La velocidad angular ω_{21} en función de $\dot{\psi}$.
2. La energía cinética y ecuaciones del movimiento.
3. Desvincular la esfera en el punto B de contacto con el borde del hueco.
4. Aplicar el teorema del momento cinético en el punto B y determinar de aquí, el valor máximo que puede tomar $\dot{\psi}$ sin que la esfera pierda contacto con la base del hueco.

Nota: Expresar todos los resultados vectoriales en los ejes "0". El sólido "0" contiene en su plano vertical OX_0Z_0, los puntos de contacto (A y B) y el centro de la esfera (C).

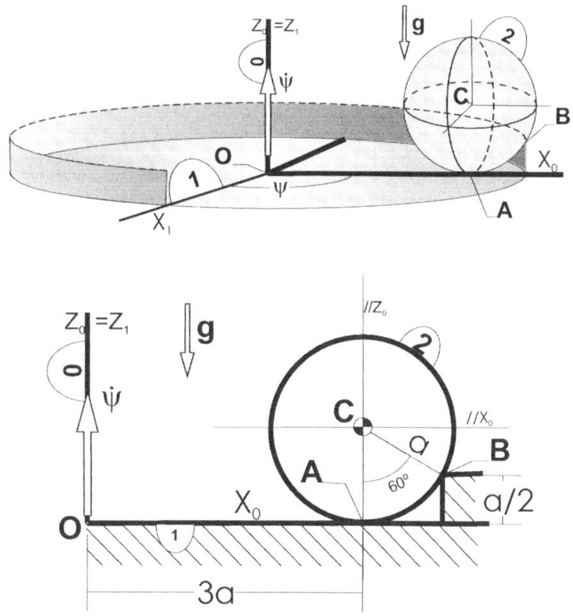

Figura 60: *Sistema 24*

Solución:

Cinemática

De la ley de composición de velocidades:

$$\boldsymbol{v}_{21}^{C} = \boldsymbol{v}_{20}^{C} + \boldsymbol{v}_{01}^{C}$$

Como $\boldsymbol{v}_{20}^{C} = 0 \quad \Longrightarrow \quad \boldsymbol{v}_{21}^{C} = \boldsymbol{v}_{01}^{C}$

$$\boldsymbol{v}_{01}^{C} = \overbrace{\boldsymbol{v}_{01}^{O}}^{=0} + \boldsymbol{\omega}_{01} \wedge \boldsymbol{OC}$$

con

$$\boldsymbol{\omega}_{01} = \left\{ \begin{array}{c} 0 \\ 0 \\ \dot{\psi} \end{array} \right\}_{\text{“0”}}$$

Luego,

$$\boldsymbol{v}_{01}^{C} = \begin{vmatrix} \boldsymbol{\imath}_0 & \boldsymbol{\jmath}_0 & \boldsymbol{k}_0 \\ 0 & 0 & \dot{\psi} \\ 3\,a & 0 & a \end{vmatrix} = 3\,a\,\dot{\psi} \begin{pmatrix} 0 \\ 1 \\ 0 \end{pmatrix}_{\text{“0”}} = \boldsymbol{v}_{21}^{C}$$

La condición de *“rodadura sin deslizamiento”* se traduce en que $\boldsymbol{v}_{21}^{A} = \boldsymbol{v}_{21}^{B} = 0$. Esta condición permite determinar $\boldsymbol{\omega}_{21}$. Así,

$$0 = \boldsymbol{v}_{21}^{A} = \boldsymbol{v}_{21}^{C} + \boldsymbol{\omega}_{21} \wedge \boldsymbol{CA} = \left\{ \begin{array}{c} -a\,\omega_2 \\ 3\,a\,\dot{\psi} + a\,\omega_1 \\ 0 \end{array} \right\}_{\text{“0”}} \Longrightarrow$$

$$\Longrightarrow \quad \omega_1 = -3\,\dot{\psi} \quad \text{y} \quad \omega_2 = 0$$

De forma similar:

$$0 = \boldsymbol{v}_{21}^{B} = \boldsymbol{v}_{21}^{C} + \boldsymbol{\omega}_{21} \wedge \boldsymbol{CB} = \left\{ \begin{array}{c} -a\,\omega_2/2 \\ 3\,a\,\dot{\psi} + a\,\omega_3\,\frac{\sqrt{3}}{2} + a\,\omega_1/2 \\ -a\,\omega_2\,\frac{\sqrt{3}}{2} \end{array} \right\}_{\text{“0”}} \Longrightarrow$$

$$\Longrightarrow \quad \omega_3 = -\sqrt{3}\,\dot{\psi}$$

Luego, el vector $\boldsymbol{\omega}_{21}$ tiene la expresión:

$$\boldsymbol{\omega}_{21} = -\dot{\psi} \left\{ \begin{array}{c} 3 \\ 0 \\ \sqrt{3} \end{array} \right\}_{\text{"0"}}$$

Energía cinética y ecuaciones del movimiento

1. **Geometría de masas**

$$I_C = \frac{1}{2}\left(I_{11} + I_{22} + I_{33}\right) \quad \text{con } I_{11} = I_{22} = I_{33} \quad \text{por simetría}$$

Luego,

$$I_{11} = I_{22} = I_{33} = \frac{2}{3}\,I_C$$

Vamos a calcular I_C:

$$dI_C = \frac{M}{\frac{4}{3}\,\pi\,a^3}\,r^2(4\,\pi\,r^2\,dr) \quad \Longrightarrow \quad I_C = \frac{3}{5}\,M\,a^2$$

$$\overset{\leftrightarrow}{I}(C) = \frac{2}{5} M a^2 \begin{pmatrix} 1 & 0 & 0 \\ 0 & 1 & 0 \\ 0 & 0 & 1 \end{pmatrix}_{\text{“0”}} \quad ; \quad \mathbf{\Gamma}_C = -\frac{2}{5} M a^2 \dot{\psi} \begin{Bmatrix} 3 \\ 0 \\ \sqrt{3} \end{Bmatrix}_{\text{“0”}}$$

2. **Energía cinética**

   La energía cinética se escribe:

$$T = \frac{1}{2} M v_C^2 + \frac{1}{2} \boldsymbol{\omega}_{21} \cdot \overset{\leftrightarrow}{I}(C) \cdot \boldsymbol{\omega}_{21} = \frac{69}{10} M a^2 \dot{\psi}^2$$

3. **Ecuaciones del movimiento**

   No hay variación de energía potencial: $V = M g a$. El sistema tiene un único grado de libertad. La única ecuación del movimiento proviene de que $T = \text{cte}$, lo que implica que $\dot{\psi} = \text{cte}$.

Desvincular en B

Las fuerzas de reacción vincular *no trabajan* en un desplazamiento virtual y, en consecuencia, si la fuerza y par de reacción vincular tienen la expresión:

$$\boldsymbol{\phi}_B = \begin{Bmatrix} \phi_1 \\ \phi_2 \\ \phi_3 \end{Bmatrix}_{\text{“0”}} \quad ; \quad \overset{\hookrightarrow}{\tau}_B = \begin{Bmatrix} \tau_1 \\ \tau_2 \\ \tau_3 \end{Bmatrix}_{\text{“0”}}$$

el principio de las potencias virtuales, nos permite escribir:

$$\boldsymbol{\phi}_B \cdot \boldsymbol{v}_{21}^B + \overset{\hookrightarrow}{\tau}_B \cdot \boldsymbol{\omega}_{21} = 0 \quad \text{y como } \boldsymbol{v}_{21}^B = 0 \quad \text{y } \boldsymbol{\omega}_{21} = -\dot{\psi} \begin{Bmatrix} 3 \\ 0 \\ \sqrt{3} \end{Bmatrix}_{\text{“0”}}$$

resulta:

$$\boldsymbol{\phi}_B \cdot 0 - 3\dot{\psi}\,\tau_1 + 0 \cdot \tau_2 - \sqrt{3}\,\dot{\psi}\,\tau_3 = 0$$

y, en consecuencia:

$$\boldsymbol{\phi}_B = \begin{Bmatrix} \phi_1 \\ \phi_2 \\ \phi_3 \end{Bmatrix}_{\text{“0”}} \quad ; \quad \overset{\hookrightarrow}{\tau}_B = \begin{Bmatrix} \tau_1 \\ \tau_2 \\ -\sqrt{3}\,\tau_1 \end{Bmatrix}_{\text{“0”}}$$

Teorema del momento cinético en el punto B

Por la ley de transformación del momento cinético:

$$\mathbf{\Gamma}_B = \mathbf{\Gamma}_C + M \boldsymbol{v}_{21}^C \wedge \boldsymbol{CB} \quad \text{con} \quad \mathbf{\Gamma}_C = -\frac{2}{5} M a^2 \dot{\psi} \begin{Bmatrix} 3 \\ 0 \\ \sqrt{3} \end{Bmatrix}_{\text{“0”}} \quad \Longrightarrow$$

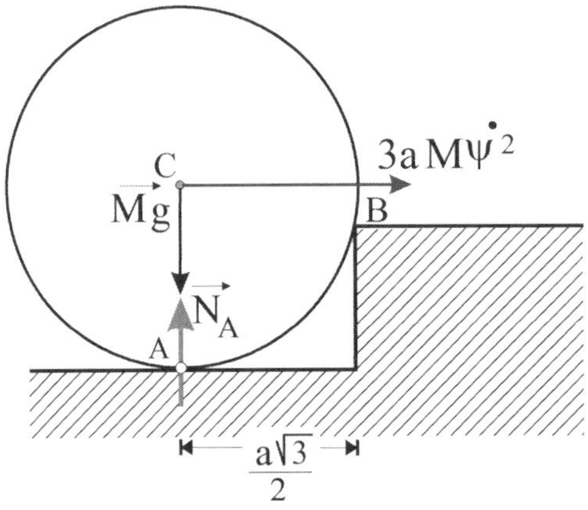

Figura 61: *Fuerzas activas, inerciales y reacción vincular en* A.

$$\mathbf{\Gamma}_B = -\frac{2}{5}\, M\, a^2\, \dot{\psi} \begin{Bmatrix} 3 \\ 0 \\ \sqrt{3} \end{Bmatrix}_{\text{“0”}} + M \begin{vmatrix} \boldsymbol{\imath}_0 & \boldsymbol{\jmath}_0 & \boldsymbol{k}_0 \\ 0 & 3\, a\, \dot{\psi} & 0 \\ a\sqrt{3}/2 & 0 & -a/2 \end{vmatrix} = -\frac{M\, a^2\, \dot{\psi}}{10} \begin{Bmatrix} 27 \\ 0 \\ 19\,\sqrt{3} \end{Bmatrix}_{\text{“0”}}$$

Por otro lado, se verifican las dos ecuaciones siguientes:

$$\left.\frac{d\,\mathbf{\Gamma}_B}{d\,t}\right|_{\text{“1”}} = \left.\frac{d\,\mathbf{\Gamma}_B}{d\,t}\right|_{\text{“0”}} + \boldsymbol{\omega}_{01} \wedge \mathbf{\Gamma}_B \quad \text{y} \quad \left.\frac{d\,\mathbf{\Gamma}_B}{d\,t}\right|_{\text{“1”}} = \boldsymbol{BC} \wedge \boldsymbol{Mg} + \overset{\hookrightarrow}{\tau}_B + \boldsymbol{C} \wedge \boldsymbol{v}_{01}^B$$

donde $\boldsymbol{C} \wedge \boldsymbol{v}_{01}^B = 0$ (por ser paralelos),

$$\boldsymbol{\omega}_{01} \wedge \mathbf{\Gamma}_B = -\frac{M\, a^2\, \dot{\psi}^2}{10} \begin{Bmatrix} 0 \\ 27 \\ 0 \end{Bmatrix}_{\text{“0”}}$$

Si $\dot{\psi} = \text{cte}$, se verifica que:

$$\left.\frac{d\,\mathbf{\Gamma}_B}{d\,t}\right|_{\text{“0”}} = 0$$

Luego,

$$\left.\frac{d\,\mathbf{\Gamma}_B}{d\,t}\right|_{\text{“1”}} = \boldsymbol{\omega}_{01} \wedge \mathbf{\Gamma}_B = \boldsymbol{BC} \wedge M\boldsymbol{g} + \overset{\hookrightarrow}{\tau}_B \qquad (110)$$

Sustituyendo valores en (110), obtenemos:

$$\tau_2 = \frac{M\, a}{2} \left(\sqrt{3}\, g - \frac{27}{5}\, a\, \dot{\psi}^2 \right) \geq 0$$

Existe contacto de la esfera en el punto A (base del hueco). Si $\tau_2 < 0$, pierde contacto.

Sistema 25
(16/01/2008)

Un cuadrado homogéneo (sólido "2") de masa M y lado $2\,a$, puede moverse sin rozamiento en el plano horizontal $O_1\,X_1\,Y_1$ (sólido "1"), de forma tal que el lado AO pase siempre por O_1. Un resorte sin masa, de longitud natural nula y constante elástica $k = M\,\omega^2$, ejerce entre sus extremos (O_1 y O) una fuerza atractiva proporcional a la distancia $|O_1 O| = \varrho$.
Utilizar ϱ y θ como parámetros que fijan la posición del sistema.
Haciendo uso de los métodos de la dinámica analítica, se pide:

1. Demostrar que la energía cinética del sistema se escribe:

$$T = \frac{M}{2}\left\{\dot{\varrho}^2 + \lambda\,a^2\,\dot{\theta}^2\left(\left(\frac{\varrho - a}{a\sqrt{\lambda}}\right)^2 + 1\right) + 2\,a\,\dot{\varrho}\,\dot{\theta}\right\}$$

   donde λ es una constante a determinar.

2. Ecuaciones del movimiento del cuadrado, en forma de integrales primeras sabiendo que el sistema parte del reposo en el instante inicial ($t = 0$), desde la posición $\varrho = a$ y $\theta = 0$.
3. Si se impone un vínculo al sistema que le obliga a que el vértice C se mueva sobre el eje OX_1, hallar la ecuación de ligadura entre los parámetros y (haciendo uso de los multiplicadores de Lagrange) escribir las ecuaciones diferenciales del movimiento.

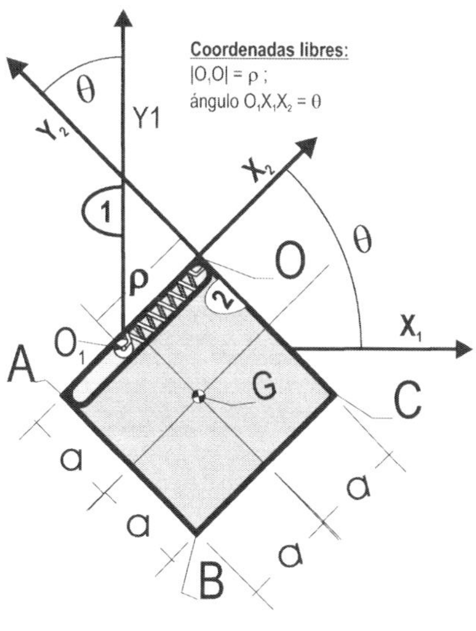

Figura 62: *Sistema 25*

Solución:

Cinemática

Para hallar la energía cinética del sistema, tendremos que calcular, en primer lugar, la velocidad absoluta del centro de gravedad. Partimos de la velocidad absoluta del punto O:

$$\boldsymbol{v}_{21}^{O} = \begin{pmatrix} \dot{\varrho} \\ \varrho\,\dot{\theta} \\ 0 \end{pmatrix}_{\text{“2”}} \qquad \text{y} \qquad \boldsymbol{v}_{21}^{G} = \boldsymbol{v}_{21}^{O} + \boldsymbol{\omega}_{21} \wedge \boldsymbol{OG}$$

donde

$$\boldsymbol{\omega}_{21} = \begin{pmatrix} 0 \\ 0 \\ \dot{\theta} \end{pmatrix}_{\text{“2”}} \; ; \quad \boldsymbol{OG} = -\begin{pmatrix} a \\ a \\ 0 \end{pmatrix}_{\text{“2”}} \quad \Longrightarrow$$

$$\boldsymbol{v}_{21}^{G} = \begin{pmatrix} \dot{\varrho} \\ \varrho\dot{\theta} \\ 0 \end{pmatrix}_{\text{“2”}} + \begin{vmatrix} \boldsymbol{\imath}_2 & \boldsymbol{\jmath}_2 & \boldsymbol{k}_2 \\ 0 & 0 & \dot{\theta} \\ -a & -a & 0 \end{vmatrix} = \begin{pmatrix} \dot{\varrho} + a\,\dot{\theta} \\ (\varrho - a)\,\dot{\theta} \\ 0 \end{pmatrix}_{\text{“2”}}$$

Geometría de masas

La expresión del tensor de inercia en G es la siguiente:

$$\overset{\leftrightarrow}{I}(G) = \frac{M\,a^2}{3} \begin{pmatrix} 1 & 0 & 0 \\ 0 & 1 & 0 \\ 0 & 0 & 2 \end{pmatrix}_{\text{“2”}}$$

donde

$$I_{11} = \sigma \int_{-a}^{a} d\,x_2 \int_{-a}^{a} y_2^2\, d\,y_2 = \frac{4\,a^4\,\sigma}{3}$$

donde $\sigma = \frac{M}{4\,a^2}$. Luego,

$$\boxed{I_{11} = \frac{M\,a^2}{3}}$$

Energía cinética

Sustituyendo los valores de $\boldsymbol{v}_{21}^{G}$ e $\overset{\leftrightarrow}{I}$ en la expresión de la energía cinética:

$$T = \frac{1}{2} M\,(\boldsymbol{v}_{21}^{G})^2 + \frac{1}{2}\boldsymbol{\omega}_{21} \cdot \overset{\leftrightarrow}{I}(G) \cdot \boldsymbol{\omega}_{21}$$

se obtiene:

$$T = \frac{M}{2}\left(\dot{\varrho}^2 + \frac{5}{3}\,a^2\,\dot{\theta}^2\left\{\left(\frac{\varrho - a}{a\,\sqrt{5/3}}\right)^2 + 1\right\} + 2\,a\,\dot{\varrho}\,\dot{\theta}\right) \qquad (111)$$

Identificando (111) con la propuesta, se obtiene inmediatamente que:

$$\boxed{\lambda = \frac{5}{3}}$$

Energía potencial

La energía potencial elástica del muelle tiene la expresión:

$$V_{muelle} = \frac{1}{2}\,k\,\varrho^2 = \frac{1}{2}\,M\,\omega^2\,\varrho^2$$

No actúan otras fuerzas activas en el plano del movimiento.

Integrales primeras

El sistema tiene dos grados de libertad, ϱ y θ y, en consecuencia, necesitamos dos ecuaciones de movimiento.

En primer lugar, formando la lagrangiana como $L = T - V$, se observa que $\frac{\partial L}{\partial t} = 0$ y que T es homogénea de segundo orden en las velocidades generalizadas. Así, se tiene que $H = T + V = \text{cte}$ y que H coincide con la energía mecánica:

$$\frac{M}{2}\left(\dot\varrho^2 + \lambda\,a^2\,\dot\theta^2\left\{\left(\frac{\varrho - a}{a\sqrt{\lambda}}\right)^2 + 1\right\} + 2\,a\,\dot\varrho\,\dot\theta\right) + \frac{1}{2}\,M\,\omega^2\,\varrho^2 = \text{cte} \qquad (112)$$

Coordenadas cíclicas

De la expresión de L:

$$L = T - V = \frac{M}{2}\left(\dot\varrho^2 + \lambda\,a^2\,\dot\theta^2\left\{\left(\frac{\varrho - a}{a\sqrt{\lambda}}\right)^2 + 1\right\} + 2\,a\,\dot\varrho\,\dot\theta\right) - \frac{1}{2}\,M\,\omega^2\,\varrho^2$$

vemos que:

$$\frac{\partial L}{\partial \theta} = 0 \quad\Longrightarrow\quad \frac{\partial L}{\partial \dot\theta} = \text{cte}$$

$$\frac{\partial L}{\partial \dot\theta} = M\left(\lambda\,a^2\,\dot\theta\left\{\left(\frac{\varrho - a}{a\sqrt{\lambda}}\right)^2 + 1\right\} + a\,\dot\varrho\right) = \text{cte} \qquad (113)$$

Aplicando las condiciones iniciales a las ecuaciones (112) y (113), resultan las dos expresiones:

$$\dot\varrho^2 + \lambda^2\,a^2\,\dot\theta^2\left\{\left(\frac{\varrho - a}{a\sqrt{\lambda}}\right)^2 + 1\right\} + 2\,a\,\dot\varrho\,\dot\theta = \omega^2\,(a^2 - \varrho^2) \qquad (114)$$

$$\lambda\,a^2\,\dot\theta\left\{\left(\frac{\varrho - a}{a\sqrt{\lambda}}\right)^2 + 1\right\} + a\,\dot\varrho = 0 \qquad (115)$$

Podemos reescribir (114) con ayuda de (115):

$$\dot\varrho^2 - a\,\dot\varrho + 2\,a\,\dot\varrho\,\dot\theta = \omega^2\,(a^2 - \varrho^2) \qquad (116)$$

De la ecuación (115):

$$\lambda\,a\,\frac{d\theta}{dt}\left\{\left(\frac{\varrho - a}{a\sqrt{\lambda}}\right)^2 + 1\right\} = -\frac{d\varrho}{dt} \quad\Longrightarrow$$

$$\Longrightarrow \int_0^\theta \lambda\, d\theta = -\frac{1}{a}\int_a^\varrho \frac{d\varrho}{\left(\frac{\varrho-a}{a\sqrt{\lambda}}\right)^2+1}$$

Teniendo en cuenta que:

$$\int \frac{dx}{1+x^2} = \arctan x$$

se obtiene inmediatamente que:

$$\varrho = a\left(1-\sqrt{\lambda}\,\tan(\sqrt{\lambda}\,\theta)\right)$$

Movimiento vinculado

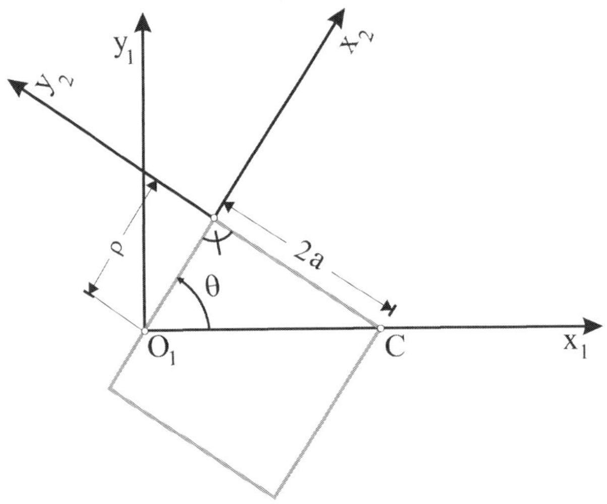

Figura 63: *Vínculo que obliga al punto C a moverse sobre el eje OX_1.*

Si se impone un vínculo al sistema que le obliga a que C se mueva sobre el eje OX_1, la ecuación del vínculo se escribe:

$$\Phi(\varrho,\theta) = \varrho\,\text{sen}\,\theta - 2\,a\,\cos\theta = 0 \tag{117}$$

El uso de multiplicadores de Lagrange conduce a las ecuaciones diferenciales del movimiento:

$$\frac{d}{dt}\left(\frac{\partial L}{\partial \dot{q}_i}\right) - \frac{\partial L}{\partial q_i} = \mu\,\frac{\partial \Phi}{\partial q_i} \quad \text{con} \quad i=1,2.$$

Para la coordenada ϱ:

$$M\,\frac{d^2}{dt^2}(\varrho + a\,\theta) - M\left(\lambda\,\dot{\theta}(\varrho-a) - \omega^2\,\varrho\right) = \mu\,\text{sen}\,\theta$$

Para la coordenada θ:

$$M\,\frac{d}{dt}\left\{\lambda\,a^2\,\dot{\theta}\left\{\left(\frac{\varrho-a}{a\sqrt{\lambda}}\right)^2+1\right\} + a\,\dot{\varrho}\right\} = \mu(\varrho\,\cos\theta + 2\,a\,\text{sen}\,\theta)$$

y la ecuación de vínculo:

$$\varrho \operatorname{sen} \theta - 2\, a \cos \theta = 0$$

Sistema 26
(23/06/2008)

A) Una partícula de masa m desliza sin rozamiento sobre una *superficie de revolución* de eje vertical y ecuaciones paramétricas:

$$x = \varrho \cos \theta; \quad y = \varrho \operatorname{sen} \theta; \quad z = z(\varrho)$$

Para un instante genérico, se pide:

1. Momento cinético de la partícula en la dirección de OZ.
2. Energía cinética.

B) Si la ecuación de la meridiana: $z = z(\varrho)$ es $z = \varrho^2/r$, la partícula se mueve sobre un paraboloide de revolución de eje vertical (ver figura). La presencia de un hilo que pasa por una polea fija al punto $(0, 0, 6\, r)$ da lugar a que la partícula realice un movimiento circular uniforme con velocidad $V = \omega\, r$, describiendo un círculo horizontal de radio $\varrho = r$. En un determinado instante se tira del hilo hasta que la partícula adquiere de nuevo un movimiento circular de radio $\varrho = 2\, r$ ¿Qué trabajo se ha realizado al tirar del hilo?

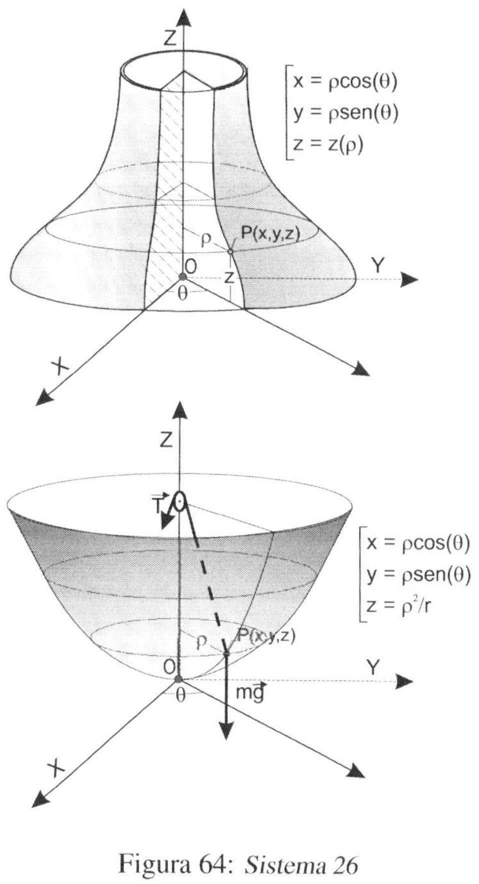

Figura 64: *Sistema 26*

Solución:

Estudiemos, en primer lugar, la cinemática del sistema:

Cinemática

$$\boldsymbol{OP} = \boldsymbol{r} = \varrho\, \boldsymbol{u}_\varrho + z\, \boldsymbol{u}_z \quad \Longrightarrow \quad \boldsymbol{r} = \begin{pmatrix} \varrho \\ 0 \\ z \end{pmatrix}_{"0"}$$

$$\boldsymbol{v}^P = \begin{pmatrix} \dot{\varrho} \\ \varrho\, \dot{\theta} \\ \dot{z} \end{pmatrix}_{"0"}$$

El sistema de referencia "0" contiene a la partícula y al eje "z". Debido a la simetría de revolución, podemos utilizar este sistema, pues al contener al eje "z", nos permite trabajar en un plano.

Momento cinético áxico

Comenzaremos por calcular el momento cinético con respecto al punto "O":

$$\boldsymbol{\Gamma}_O = m\, \boldsymbol{OP} \wedge \boldsymbol{v}^P = m \begin{pmatrix} -z\, \varrho\, \dot{\theta} \\ z\, \dot{\varrho} - \varrho\, \dot{z} \\ \varrho^2\, \dot{\theta} \end{pmatrix}_{"0"}$$

y el *momento áxico* en la dirección del eje "z" tiene la expresión:

$$\boldsymbol{\Gamma}_O \cdot \boldsymbol{k} = m\, \varrho^2\, \dot{\theta}$$

Energía cinética

$$T = \frac{1}{2}\, m\, (\boldsymbol{v}^P)^2 = \frac{1}{2}\, m\, \left(\dot{\varrho}^2 + \varrho^2\, \dot{\theta}^2 + \dot{z}^2\right)$$

Desvinculación

El sistema está sometido a las siguientes fuerzas:

- Peso ($m\, \boldsymbol{g}$), que deriva del potencial $V = m\, g\, z$.

- Tensión del hilo ($\boldsymbol{T}$), tal que $z = \varrho^2 / r$. Para hallar la expresión de $\boldsymbol{T}$, tengamos en cuenta que un vector unitario $\boldsymbol{u}_T$ en la dirección del hilo puede escribirse como (ver figura):

$$\boldsymbol{u}_T = \frac{\boldsymbol{PM}}{|\boldsymbol{PM}|}$$

tal que:

$$\boldsymbol{PM} = \boldsymbol{OM} - \boldsymbol{OP} = \begin{pmatrix} 0 \\ 0 \\ 6r \end{pmatrix} - \begin{pmatrix} \varrho \\ 0 \\ z \end{pmatrix} = \begin{pmatrix} -\varrho \\ 0 \\ 6r - z \end{pmatrix}$$

donde

$$\boldsymbol{OM} = \begin{pmatrix} 0 \\ 0 \\ 6r \end{pmatrix}; \quad \boldsymbol{OP} = \begin{pmatrix} \varrho \\ 0 \\ z \end{pmatrix}$$

Luego, $|\boldsymbol{PM}| = \sqrt{\varrho^2 + (6r - z)^2}$ y

$$\boldsymbol{T} = T\,\boldsymbol{u}_T = \frac{T}{\sqrt{\varrho^2 - \frac{(6r^2 - \varrho^2)^2}{r^2}}} \begin{pmatrix} -\varrho \\ 0 \\ 6r - \frac{\varrho^2}{r} \end{pmatrix}$$

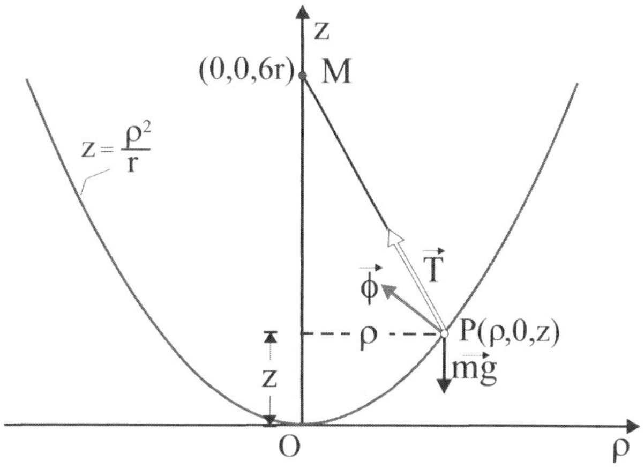

Figura 65: *Desvinculación de la partícula.*

- Reacción vincular $\boldsymbol{\phi}$, con $\boldsymbol{\phi} = \phi\,\boldsymbol{N}$, donde $\boldsymbol{N}$ es el vector normal a la curva en el punto P. Observemos que todas las fuerzas pasan por este punto.

Aplicando el *teorema del momento cinético* con respecto al punto "O":

$$\left.\frac{d\boldsymbol{\Gamma}_0}{dt}\right|_{\text{"1"}} = \boldsymbol{OP} \wedge (m\boldsymbol{g} + \boldsymbol{\phi} + \boldsymbol{T})$$

y proyectando en la dirección de $\boldsymbol{k}$, se tiene que:

$$\left.\frac{d\boldsymbol{\Gamma}_0}{dt}\right|_{\text{"1"}} \cdot \boldsymbol{k} = 0$$

puesto que todas las fuerzas están contenidas en el plano (ϱ, z) y, en consecuencia, el momento respecto a "O" es normal a $\boldsymbol{k}$. En conclusión,

$$\boldsymbol{\Gamma}_0 \cdot \boldsymbol{k} = \text{cte} \qquad (118)$$

En el apartado anterior, habíamos obtenido que:

$$\boldsymbol{\Gamma}_0 \cdot \boldsymbol{k} = m\,\varrho^2\,\dot{\theta}$$

y, por tanto:

$$m\,\varrho^2\,\dot\theta = \text{cte}$$

Para determinar esta constante, recordemos que para $\varrho = r$, el problema establece que la velocidad es $\omega\,r$ en un movimiento circular uniforme, en el que $\boldsymbol{v}^P = \omega\,r\,\boldsymbol{u}_\theta$, luego la constante vale $m\,r^2\,\omega$ y hemos encontrado la *integral primera*:

$$\varrho^2\,\dot\theta = \omega\,r^2$$

Una vez que hemos encontrado esta integral primera, nos preguntamos cuál es la velocidad de la partícula cuando $\varrho = 2\,r$. Sabemos que en el movimiento circular uniforme, $v^P = \varrho\,\dot\theta$ y que el término $\varrho^2\,\dot\theta$ se mantiene constante e igual a $\omega\,r^2$ en el movimiento, luego para $\varrho = 2\,r$:

$$(2\,r)^2\,\dot\theta = \omega\,r^2 \quad \Longrightarrow \dot\theta = \frac{\omega}{4} \quad \Longrightarrow v_2 = v^P(2r) = \frac{\omega\,r}{2}$$

En consecuencia,

$$T_1 = \frac{1}{2}\,m\,v_1^2 = \frac{1}{2}\,m(\omega\,r)^2 = \frac{1}{2}\,m\,\omega^2\,r^2$$

$$T_2 = \frac{1}{2}\,m\,v_2^2 = \frac{1}{2}\,m(\frac{\omega\,r}{2})^2 = \frac{1}{8}\,m\,\omega^2\,r^2$$

$$\Delta\,T = T_2 - T_1 = \frac{1}{8}\,m\,\omega^2\,r^2 - \frac{1}{2}\,m\,\omega^2\,r^2 = -\frac{3}{8}\,m\,\omega^2\,r^2$$

Como

$$\boldsymbol{F}\cdot d\boldsymbol{r} = m\,\boldsymbol{a}\cdot d\boldsymbol{r} = m\,\boldsymbol{v}\,d\boldsymbol{v} = d\left(\frac{1}{2}\,m\,v^2\right) = d\,T$$

se tiene que:

$$\boldsymbol{F}\cdot\boldsymbol{v} = \frac{d\,T}{d\,t}$$

y al ser $\boldsymbol{F} = \boldsymbol{m}\,\boldsymbol{g} + \boldsymbol{T} + \boldsymbol{\phi}$ y $\boldsymbol{m}\,\boldsymbol{g}\cdot d\boldsymbol{r} = -d\,V$, el *teorema de la energía cinética* establece que:

$$\frac{d\,T}{d\,t} = \boldsymbol{F}\cdot\boldsymbol{v} = \boldsymbol{m}\,\boldsymbol{g}\cdot\boldsymbol{v}^P + \boldsymbol{\phi}\cdot\boldsymbol{v}^P + \boldsymbol{T}\cdot\boldsymbol{v}^P = -\frac{d\,V}{d\,t} + \boldsymbol{T}\cdot\boldsymbol{v}^P$$

pues la fuerza de reacción vincular $\boldsymbol{\phi}$ es normal a $\boldsymbol{v}^P$. Así,

$$\frac{d(T+V)}{d\,t} = \boldsymbol{T}\cdot\boldsymbol{v}^P \quad \Longrightarrow \Delta\,T + \Delta\,V = \Delta\,W_{\text{hilo}}$$

Hemos evaluado previamente el incremento de energía cinética. El incremento de energía potencial es inmediato:

$$\Delta\,V = m\,g(z_2 - z_1) = 3\,m\,g\,r$$

Finalmente,

$$\Delta\,W_{\text{hilo}} = \Delta\,T + \Delta\,V = -\frac{3}{8}\,m\,\omega^2\,r^2 + 3\,m\,g\,r$$

Sistema 27
(23/06/2008)

Una varilla homogénea AB (sólido "2") de longitud $2\,a$ y masa M está unida por su extremo A (por medio de una articulación cilíndrica) a una deslizadera que se desplaza sin rozamiento sobre un eje vertical fijo (OZ_1). Haciendo uso de los métodos de la dinámica analítica, se pide:

1. Demostrar que si z es la altura del centro de la varilla, θ el ángulo que forma la varilla con el eje vertical y ψ el ángulo que forma el plano vertical que contiene la varilla con un plano vertical fijo, la *energía cinética* del sistema se escribe:

$$T = M\left(3\,\lambda\,\dot{z}^2 - \lambda\,a^2\,\dot{\theta}^2(1+3\,\cos^2\,\theta) + \mu\,a^2\,\dot{\psi}^2\,\text{sen}^2\,\theta\right)$$

   donde λ y μ son constantes a determinar.

2. Ecuaciones del movimiento de la varilla en forma de tres integrales primeras, sabiendo que el sistema parte en el instante inicial $(t=0)$ desde la posición $z = 3\,a,\, \theta = \pi/6; \psi = 0$ con las velocidades $\dot{z} = \dot{\theta} = 0; \dot{\psi} = \omega$.

3. Haciendo el cambio $u = \cos\theta$, demostrar que θ oscila periódicamente entre $\pi/6 \leq \theta \leq \pi/3$ con período:

$$\tau = \frac{4}{\omega}\int_{-\frac{\sqrt{3}}{2}}^{\frac{\sqrt{3}}{2}} \sqrt{\frac{1+3\,u^2}{3-4\,u^2}}\,d\,u$$

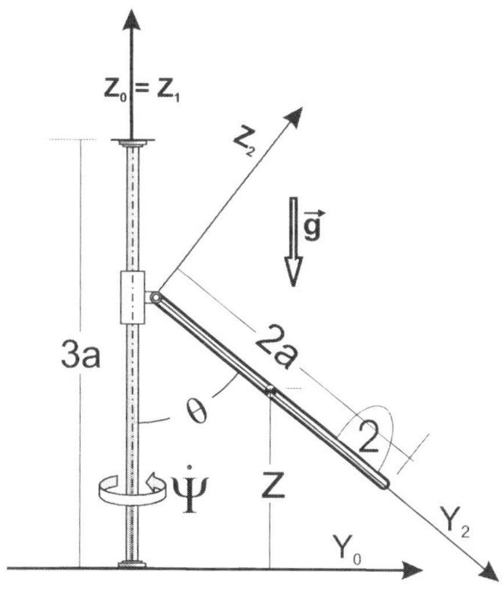

Figura 66: *Sistema 27*

Solución:

Cinemática

$$z_A = z + a\cos\theta \quad \Longrightarrow \boldsymbol{v}_{21}^A = \begin{pmatrix} 0 \\ 0 \\ \dot{z} - a\,\dot{\theta}\,\mathrm{sen}\,\theta \end{pmatrix}_{"0"}$$

$$\boldsymbol{\omega}_{21} = \begin{pmatrix} \dot{\theta} \\ -\dot{\psi}\cos\theta \\ \dot{\psi}\,\mathrm{sen}\,\theta \end{pmatrix}_{"2"}$$

$$\boldsymbol{v}_{21}^G = \boldsymbol{v}_{21}^A + \boldsymbol{\omega}_{21}\wedge \boldsymbol{AG} = \begin{pmatrix} -a\,\dot{\psi}\,\mathrm{sen}\,\theta \\ (\dot{z} - a\,\dot{\theta}\,\mathrm{sen}\,\theta)\cos\theta \\ -(\dot{z} - a\,\dot{\theta}\,\mathrm{sen}\,\theta)\,\mathrm{sen}\,\theta + a\dot{\theta} \end{pmatrix}_{"2"} \Longrightarrow$$

$$(v_{21}^G)^2 = \dot{z}^2 + a^2(\dot{\theta}^2\cos^2\theta + \dot{\psi}^2\,\mathrm{sen}^2\,\theta)$$

Geometría de masas

$$\overset{\leftrightarrow}{I}(G) = \frac{M\,a^2}{3}\begin{pmatrix} 1 & 0 & 0 \\ 0 & 0 & 0 \\ 0 & 0 & 1 \end{pmatrix}_{"2"}$$

Energía cinética

$$T = \frac{1}{2}M\,(v_{21}^G)^2 + \frac{1}{2}\boldsymbol{\omega}_{21}\cdot \overset{\leftrightarrow}{I}(G)\cdot\boldsymbol{\omega}_{21}$$

donde

$$T_{\mathrm{rot}} = \frac{1}{2}\boldsymbol{\omega}_{21}\cdot \overset{\leftrightarrow}{I}(G)\cdot\boldsymbol{\omega}_{21} = \frac{M\,a^2}{6}\left(\dot{\theta}^2 + \dot{\psi}^2\,\mathrm{sen}^2\,\theta\right)$$

Luego,

$$T = \frac{M}{6}\left(3\,\dot{z}^2 + a^2(\dot{\theta}^2 + 4\,\dot{\psi}^2\,\mathrm{sen}^2\,\theta + 3\,\dot{\theta}^2\cos^2\theta)\right) \qquad (119)$$

Identificando con la expresión de T propuesta en el enunciado, se obtiene inmediatamente que:

$$\lambda = \frac{1}{6}; \quad \mu = \frac{2}{3}$$

Energía potencial

La energía potencial gravitatoria tiene la expresión $V = M\,g\,z$ y, en consecuencia, la lagrangiana $L = T - V$ se escribe:

$$L = \frac{M}{6}\left(3\,\dot{z}^2 + a^2\,\dot{\theta}^2(1 + 3\,\cos^2\,\theta) + 4\,a^2\,\dot{\psi}^2\,\text{sen}^2\,\theta\right) - M\,g\,z$$

Integrales primeras

Como ψ es una coordenada cíclica ($\frac{\partial L}{\partial \psi} = 0$) y, consecuentemente,

$$\frac{\partial L}{\partial \dot{\psi}} = \frac{8\,M\,a^2}{6}\,\dot{\psi}\,\text{sen}^2\,\theta = \text{cte} \quad \Longrightarrow \dot{\psi}\,\text{sen}^2\,\theta = \text{cte}$$

y, de las condiciones iniciales: $t = 0$, $\dot{\psi}_0 = \omega$, $\theta_0 = \pi/6$, se obtiene el valor de la constante:

$$\dot{\psi}\,\text{sen}^2\,\theta = \frac{\omega}{4} \tag{120}$$

Las ecuaciones de Lagrange para la coordenada z:

$$\frac{d}{d\,t}\left(\frac{\partial L}{\partial \dot{z}}\right) - \frac{\partial L}{\partial z} = 0$$

y calculando los términos correspondientes:

$$\frac{\partial L}{\partial z} = -M\,g; \quad \frac{\partial L}{\partial \dot{z}} = M\,\dot{z} \quad \Longrightarrow \ddot{z} = -g$$

Multiplicando por dz e integrando

$$\dot{z}\,d\,\dot{z} = -g\,d\,z \quad \Longrightarrow \frac{1}{2}\,\dot{z}^2 + g\,z = \text{cte}$$

y, como para $t = 0$, $z_0 = 3\,a$, $\dot{z}_0 = 0 \quad \Longrightarrow \frac{1}{2}\,\dot{z}^2 + g\,z = 3\,g\,a$

$$\dot{z}^2 + 2\,g\,z = 6\,g\,a \tag{121}$$

Como el *sistema es conservativo*, $T + V =$ cte, luego:

$$\frac{M}{2}\left(\dot{z}^2 + 2\,g\,z\right) + \frac{M\,a^2}{6}\,\dot{\theta}^2(1 + 3\,\cos^2\,\theta) + \frac{2\,M\,a^2}{3}\,\dot{\psi}^2\,\text{sen}^2\,\theta = \text{cte}$$

y, teniendo en cuenta (120) y (121), llegamos a la expresión:

$$\dot{\theta}^2(1 + 3\,\cos^2\,\theta) = \omega^2\left(1 - \frac{1}{4\,\text{sen}^2\,\theta}\right) \tag{122}$$

Estudio cualitativo

Haciendo el cambio $u = \cos\,\theta$ en la ecuación (122), se tiene:

$$\dot{u} = -\,\text{sen}\,\theta\,\dot{\theta} \quad\Longrightarrow\quad \dot{\theta} = -\frac{\dot{u}}{\sqrt{1-u^2}} \quad\Longrightarrow$$

$$\frac{\dot{u}^2}{1-u^2}\,(1+3\,u^2) = \omega^2\left(1-\frac{1}{4\,(1-u^2)}\right) \quad\Longrightarrow \tag{123}$$

$$4\,\dot{u}^2\,(1+3\,u^2) = \omega^2(3-4\,u^2) \quad\Longrightarrow$$

$$\dot{u}^2 + \frac{(4\,u^2-3)\,\omega^2}{4\,(3\,u^2+1)} = 0 \tag{124}$$

Ecuación que podemos interpretar (problema unidimensional equivalente), de acuerdo con la dinámica del punto material, como $T + V = E$, donde

$$T = \frac{1}{2}\,\dot{u}^2; \quad V(u) = \frac{\omega^2}{8}\,\frac{(4\,u^2-3)}{(1+3\,u^2)}; \quad E = 0$$

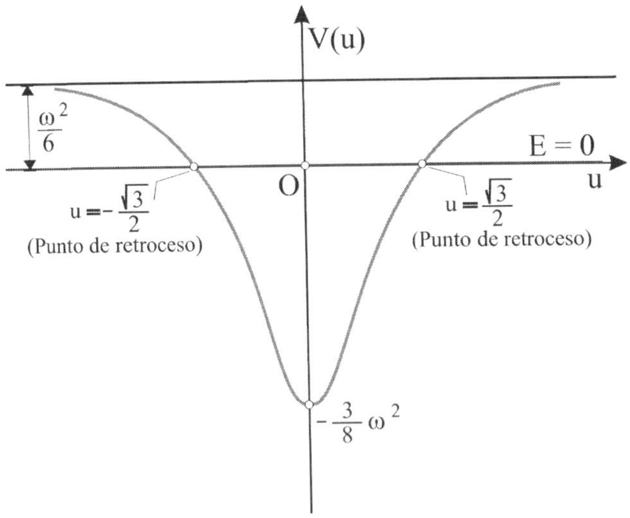

Figura 67: *Representación gráfica de $V(u)$ frente a u.*

La representación gráfica de $V(u)$ frente a u se muestra en la figura, junto con la recta $E = 0$ y los puntos de retroceso o libración. Es decir, tenemos un movimiento periódico, en el que u oscila entre $\pm\frac{\sqrt{3}}{2}$:

$$-\frac{\sqrt{3}}{2} \leq u \leq \frac{\sqrt{3}}{2} \quad\Longrightarrow\quad \frac{\pi}{3} \leq \theta \leq \frac{2\,\pi}{3}$$

Podemos calcular el período τ a partir de la ecuación (124):

$$\dot{u} = \frac{\omega}{2}\sqrt{\frac{3-4\,u^2}{1+3\,u^2}} \quad\Longrightarrow\quad \frac{2}{\omega}\,\frac{d\,u}{\sqrt{\frac{3-4\,u^2}{1+3\,u^2}}} = d\,t \quad\Longrightarrow$$

$$\boxed{\tau = \frac{4}{\omega}\int_{-\frac{\sqrt{3}}{2}}^{\frac{\sqrt{3}}{2}} \sqrt{\frac{1+3\,u^2}{3-4\,u^2}}\,d\,u}$$

Trayectoria en el espacio de las fases A partir de la ecuación (124), podemos representar $\dot{u}$ frente a u, como muestra la figura. Para $u = 0$, tenemos que: $\dot{u} = \pm\omega\frac{\sqrt{3}}{\sqrt{8}}$.

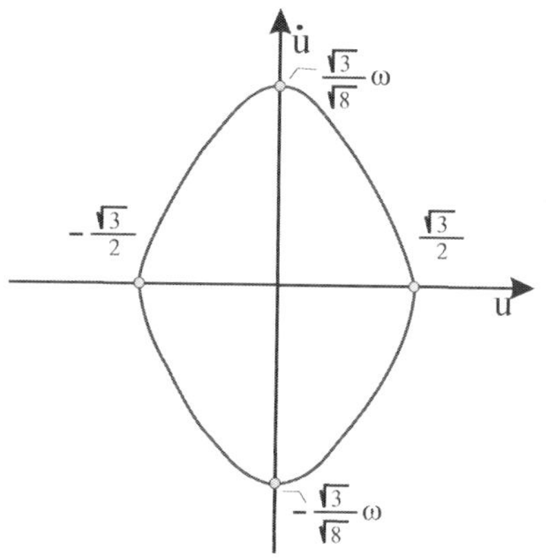

Figura 68: *Trayectoria en el espacio de las fases.*

Sistema 28 (03/09/2008)

Una placa cuadrada homogénea de masa M y lado $2\,a$ (sólido "2") puede rotar y deslizar libremente y sin rozamiento sobre un plano vertical (sólido "0"). Este plano es, a su vez, móvil alrededor de un eje vertical fijo ($OZ_1 \equiv OZ_0$). La configuración del sistema se determina por las coordenadas y, z (coordenadas del centro de masas), θ (giro en el plano OY_0Z_0) y ψ (ángulo que forma el plano vertical que contiene la placa con un plano vertical fijo). En el instante inicial($t = 0$):

$$y = 0; \quad z = 5\,a; \quad \theta = 30°; \quad \psi = 0; \quad \dot{\theta} = \omega; \quad \dot{y} = \dot{z} = 0; \quad \dot{\psi} = \omega$$

Haciendo uso de los teoremas generales de la Mecánica vectorial (los resultados vectoriales se expresarán en los ejes "0"), se pide:

1. Desvincular, de forma razonada, el sistema en el punto G (centro de gravedad de la placa).
2. Hallar las ecuaciones diferenciales del movimiento, como cuatro integrales primeras.
3. Se obliga a que el plano $O\,X_0\,Y_0$ (sin masa) gire con velocidad angular constante ($\omega =$ cte); demostrar que puede realizarse añadiendo un par motor de eje vertical. Calcular el par.

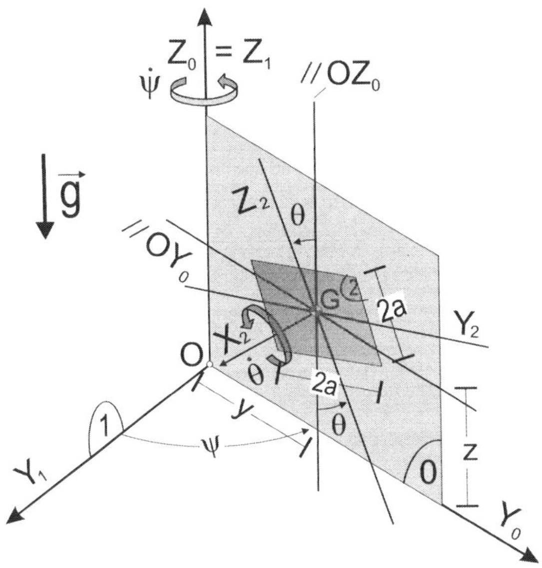

Figura 69: *Sistema 28*

Solución:

Cinemática

Calculemos la velocidad y aceleración absolutas del centro de masas. Comencemos por determinar la velocidad angular $\boldsymbol{\omega}_{21}$:

$$\boldsymbol{\omega}_{21} = \boldsymbol{\omega}_{20} + \boldsymbol{\omega}_{01} = \begin{pmatrix} \dot{\theta} \\ 0 \\ 0 \end{pmatrix}_{"0"} + \begin{pmatrix} 0 \\ 0 \\ \dot{\psi} \end{pmatrix}_{"0"} = \begin{pmatrix} \dot{\theta} \\ 0 \\ \dot{\psi} \end{pmatrix}_{"0"}$$

Por otro lado,

$$\boldsymbol{v}_{21}^{G} = \boldsymbol{v}_{20}^{G} + \boldsymbol{v}_{01}^{G}$$

donde

$$\boldsymbol{OG} = \begin{pmatrix} 0 \\ y \\ z \end{pmatrix}_{"0"} \quad ; \quad \boldsymbol{v}_{20}^{G} = \begin{pmatrix} 0 \\ \dot{y} \\ \dot{z} \end{pmatrix}_{"0"} \quad ; \quad \boldsymbol{v}_{01}^{G} = \overbrace{\boldsymbol{v}_{01}^{O}}^{=0} + \boldsymbol{\omega}_{01} \wedge \boldsymbol{OG} = \begin{Bmatrix} -y\,\dot{\psi} \\ 0 \\ 0 \end{Bmatrix}_{"0"}$$

Luego,

$$\boldsymbol{v}_{21}^{G} = \begin{Bmatrix} -y\,\dot{\psi} \\ \dot{y} \\ \dot{z} \end{Bmatrix}_{"0"}$$

Para calcular la aceleración tengamos en cuenta que:

$$\boldsymbol{v}_{20}^{G} = \begin{Bmatrix} 0 \\ \dot{y} \\ \dot{z} \end{Bmatrix}_{"0"} \quad \Longrightarrow \boldsymbol{a}_{20}^{G} = \begin{pmatrix} 0 \\ \ddot{y} \\ \ddot{z} \end{pmatrix}_{"0"}$$

Por otro lado,

$$\boldsymbol{a}_{01}^{G} = \overbrace{\boldsymbol{a}_{01}^{O}}^{=0} + \boldsymbol{\alpha}_{01} \wedge \boldsymbol{OG} + \boldsymbol{\omega}_{01} \wedge (\boldsymbol{\omega}_{01} \wedge \boldsymbol{OG}) = \left\{ \begin{array}{c} -y\,\ddot{\psi} \\ -y\,\dot{\psi}^2 \\ 0 \end{array} \right\}_{"0"}$$

En consecuencia,

$$\boldsymbol{a}_{21}^{G} = \boldsymbol{a}_{20}^{G} + \boldsymbol{a}_{01}^{G} + 2\,\boldsymbol{\omega}_{01} \wedge \boldsymbol{v}_{20}^{G} = \left\{ \begin{array}{c} -y\,\ddot{\psi} - 2\,\dot{y}\,\dot{\psi} \\ \ddot{y} - y\,\dot{\psi}^2 \\ \ddot{z} \end{array} \right\}_{"0"}$$

Geometría de masas

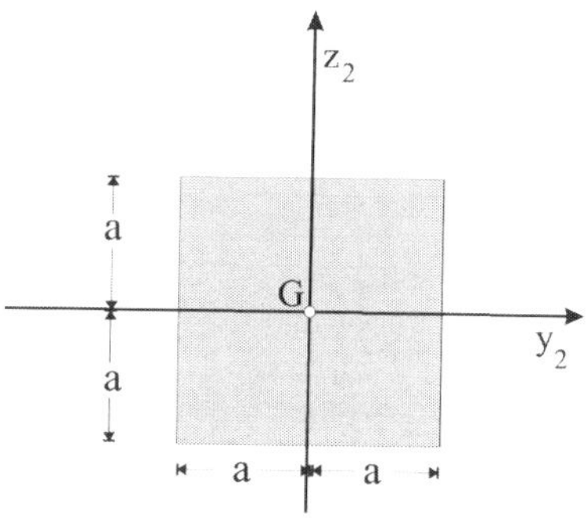

Figura 70: *Sistema de referencia para determinar* $\overleftrightarrow{I}\,(G)$

Por la simetría de la placa:

$$I_{22}(G) = I_{33}(G)$$

y por ser una figura plana:

$$I_{11}(G) = I_{22}(G) + I_{33}(G)$$

Si σ denota la densidad superficial de masa de la placa:

$$I_{22}(G) = \sigma \int_{-a}^{a} 2\,a z_2^2\, d\,z_2 = \frac{M}{4\,a^2}\left(\frac{4\,a^4}{3}\right) = \frac{M\,a^2}{3}$$

y el tensor de inercia de la placa en G tiene la expresión:

$$\overleftrightarrow{I}\,(G) = \frac{M\,a^2}{3}\begin{pmatrix} 2 & 0 & 0 \\ 0 & 1 & 0 \\ 0 & 0 & 1 \end{pmatrix}_{"2","0"}$$

Desvincular en G

Las reacciones vinculares en G pueden escribirse como:

$$\boldsymbol{\phi}_{20}^G = \left\{ \begin{array}{c} \phi_1^G \\ \phi_2^G \\ \phi_3^G \end{array} \right\}_{"0"} ; \overset{\hookrightarrow}{\tau}{}_{20}^G = \left\{ \begin{array}{c} \tau_1^G \\ \tau_2^G \\ \tau_3^G \end{array} \right\}_{"0"}$$

Si desvinculamos directamente el sólido "2" del "0", la potencia virtual de las fuerzas de reacción vincular se anula:

$$\boldsymbol{\phi}_{20}^G \cdot \boldsymbol{v}_{20}^G + \overset{\hookrightarrow}{\tau}{}_{20}^G \cdot \boldsymbol{\omega}_{20} = 0 \quad \Longrightarrow$$

$$\phi_1^G \cdot 0 + \phi_2^G \cdot \dot{y} + \phi_3^G \cdot \dot{z} + \tau_1^G \cdot \dot{\theta} + \tau_2^G \cdot 0 + \tau_3^G \cdot 0 = 0$$

Esta expresión es válida para cualquier $\dot{y}$, $\dot{z}$ y $\dot{\theta}$, luego:

$$\boldsymbol{\phi}_{20}^G = \left(\begin{array}{c} \phi_1^G \\ 0 \\ 0 \end{array} \right)_{"0"} ; \overset{\hookrightarrow}{\tau}_G = \left\{ \begin{array}{c} 0 \\ \tau_2^G \\ \tau_3^G \end{array} \right\}_{"0"}$$

Integrales primeras

Tenemos cuatro grados de libertad y necesitamos cuatro integrales primeras. Desvinculado el sólido "2" del "0", han aparecido tres nuevas incógnitas: ϕ_1^G, τ_2^G y τ_3^G.

1. **Teorema del centro de masas**

   La aplicación del teorema:

$$M\,\boldsymbol{a}_{21}^G = \boldsymbol{F} + \boldsymbol{\phi}^G; \quad \text{con} \quad \boldsymbol{F} = M\,\boldsymbol{g} \quad \text{y } \boldsymbol{\phi}^G = \left\{ \begin{array}{c} \phi_1^G \\ 0 \\ 0 \end{array} \right\}_{"0"}$$

   proporciona tres ecuaciones escalares:

$$\left. \begin{array}{rcl} -M(y\,\ddot{\psi} + 2\,\dot{y}\,\dot{\psi}) & = & \phi_1^G \\ M(\ddot{y} - y\dot{\psi}^2) & = & 0 \\ M\,\ddot{z} & = & -M\,g \end{array} \right\} \tag{125}$$

2. **Teorema del momento cinético**

$$\boldsymbol{\Gamma}_G = \overset{\leftrightarrow}{I}(G) \cdot \boldsymbol{\omega}_{21} = \frac{M\,a^2}{3} \left\{ \begin{array}{c} 2\,\dot{\theta} \\ 0 \\ \dot{\psi} \end{array} \right\}_{"0"}$$

   Aplicamos el teorema:

$$\left.\frac{d\boldsymbol{\Gamma}_G}{dt}\right|_{"1"} = \left.\frac{d\boldsymbol{\Gamma}_G}{dt}\right|_{"0"} + \boldsymbol{\omega}_{01} \wedge \boldsymbol{\Gamma}_G = \overset{\hookrightarrow}{\tau}{}^G$$

donde hemos tenido en cuenta que el peso no produce momento en G. Así,

$$\left.\frac{d\,\mathbf{\Gamma}_G}{d\,t}\right|_{\text{“1”}} = \frac{M\,a^2}{3}\left\{\begin{array}{c} 2\,\ddot{\theta} \\ 0 \\ \ddot{\psi} \end{array}\right\}_{\text{“0”}} + \frac{M\,a^2}{3}\left|\begin{array}{ccc} \boldsymbol{\imath}_0 & \boldsymbol{\jmath}_0 & \boldsymbol{k}_0 \\ \dot{\theta} & 0 & \dot{\psi} \\ 2\,\dot{\theta} & 0 & \dot{\psi} \end{array}\right| =$$

$$= \frac{M\,a^2}{3}\left\{\begin{array}{c} 2\,\ddot{\theta} \\ \dot{\theta}\,\dot{\psi} \\ \ddot{\psi} \end{array}\right\}_{\text{“}O\text{”}} = \left\{\begin{array}{c} 0 \\ \tau_2^G \\ \tau_3^G \end{array}\right\}_{\text{“}O\text{”}}$$

que conduce a las ecuaciones:

$$\left.\begin{array}{rcl} \dfrac{2\,M\,a^2}{3}\,\ddot{\theta} & = & 0 \\ \dfrac{M\,a^2}{3}\,\dot{\theta}\,\dot{\psi} & = & \tau_2^G \\ \dfrac{M\,a^2}{3}\,\ddot{\psi} & = & \tau_3^G \end{array}\right\} \qquad (126)$$

3. **Integrales primeras**

a) De la primera ecuación de (126), se tiene que $\ddot{\theta} = 0 \quad \Longrightarrow \dot{\theta} = \text{cte}$. Aplicando las condiciones iniciales, llegamos a la integral primera:

$$\dot{\theta} = \omega \qquad (127)$$

b) De la tercera ecuación de (125), sigue:

$$\ddot{z} = -g$$

Multiplicando por $d\,z$ e integrando:

$$\ddot{z}\,d\,z = -g\,d\,z \quad \Longrightarrow \quad \frac{d\,\dot{z}}{d\,t}\,d\,z = \dot{z}\,d\dot{z} = -g\,d\,z \quad \Longrightarrow$$

$$\Longrightarrow \quad \frac{\dot{z}^2}{2} = -g\,z + \text{cte}$$

Aplicando las condiciones iniciales (para $t = 0$, $z = 5\,a$ y $\dot{z} = 0$), se llega a la expresión:

$$\dot{z}^2 + 2\,g(z - 5\,a) = 0 \qquad (128)$$

c) El sistema es conservativo: $T + V = \text{cte}$, donde

$$T = \frac{1}{2}M\,(\boldsymbol{v}_{21}^G)^2 + \frac{1}{2}\,\boldsymbol{\omega}_{21}\cdot \overset{\leftrightarrow}{I}\,(G)\cdot\boldsymbol{\omega}_{21}; \qquad V = M\,g\,z$$

y sustituyendo los valores de $\boldsymbol{v}_{21}^G$, $\overset{\leftrightarrow}{I}$ y $\boldsymbol{\omega}_{21}$, se obtiene la expresión:

$$T+V = \frac{1}{2}M\left(y^2 + \frac{a^2}{3}\right)\dot{\psi}^2 + \frac{1}{2}\,M\,\dot{y}^2 + \frac{1}{2}\,M\left(\dot{z}^2 + 2\,g\,z\right) + \frac{1}{3}\,M\,a^2\,\dot{\theta}^2 = \text{cte}$$

Teniendo en cuenta las ecuaciones (127) y (128) y aplicando las condiciones iniciales (para $t = 0$, $y = 0$, $\dot{\psi} = \omega$, $\dot{y} = 0$), se llega a otra integral primera:

$$\left(y^2 + \frac{a^2}{3}\right)\dot{\psi}^2 + \dot{y}^2 = \frac{1}{3}\,\omega^2\,a^2 \tag{129}$$

d) De la tercera ecuación de (126), de la primera ecuación de (125) y de la condición de vínculo: $\tau_3^G = y\,\phi_1^G$, podemos escribir:

$$\frac{M\,a^2}{3}\,\ddot{\psi} = -M\,y(y\,\ddot{\psi} + 2\,\dot{y}\,\dot{\psi}) \quad \Longrightarrow$$

$$\Longrightarrow \quad \frac{d}{dt}\left(\dot{\psi}\left(\frac{a^2}{3} + y^2\right)\right) = 0 \Longrightarrow \dot{\psi}\left(\frac{a^2}{3} + y^2\right) = \text{cte}$$

Aplicando condiciones iniciales (para $t = 0$, $\dot{\psi} = \omega$, $y = 0$) $\Longrightarrow$ cte $= \frac{a^2}{3}\,\omega$, obtenemos la expresión:

$$\dot{\psi}\left(\frac{a^2}{3} + y^2\right) = \frac{1}{3}\omega a^2 \tag{130}$$

Par motor

La imposición del vínculo $\dot{\psi} = \omega$ implica que $\ddot{\psi} = 0$. Sustituyendo este resultado en la tercera ecuación de (126), sigue que $\tau_3^G = 0$, condición que sustituida en la ecuación de vínculo, lleva a $\phi_1^G = 0$.

Además, de la primera ecuación de (125), se sigue que $\dot{y} = 0$ y, consecuentemente, $y =$ cte. Esta constante puede determinarse de la segunda ecuación de (125):

$$M(\ddot{y} - y\,\dot{\psi}^2) = 0 \quad \Longrightarrow y = 0$$

Es decir, excepto en el caso particular de que el sistema tenga su centro de masas sobre el eje de giro ($y = 0$), las ecuaciones anteriores son incompatibles con la ecuación de ligadura $\dot{\psi} = \omega$.

Consecuentes con lo anterior, la compatibilidad exige añadir en la tercera ecuación de (126), un sumando M_3 (par motor), tal que:

$$\left.\begin{array}{rcl} \frac{M\,a^2}{3}\,\ddot{\psi} & = & \tau_3^G + M_3 \\ \dot{\psi} & = & \omega \end{array}\right\} \quad \Longrightarrow \tau_3^G = -M_3 \tag{131}$$

Calculemos la expresión de M_3:

$$M_3 = -\tau_3 = -y\,\phi_1^G = M\,y\left(y\,\ddot{\psi} + 2\,\dot{y}\,\dot{\psi}\right) = 2\,M\,y\,\dot{y}\,\omega \quad \Longrightarrow$$

$$M_3 = 2\,M\,y\,\dot{y}\,\omega \tag{132}$$

Sistema 29
(03/09/2008)

Dos varillas homogéneas OA y AB de masa M y longitud $2\,a$ están articuladas en el punto A. El extremo O es un punto fijo y B desliza sobre el eje vertical (OZ_1); durante el movimiento, ambas varillas están contenidas en el plano OX_0Z_0 (sólido "0").
Un resorte sin masa, de longitud natural $4\,a$ y constante elástica $k = M\,g/2\,a$, ejerce entre sus extremos O y B una fuerza repulsiva proporcional a la elongación $4\,a(1-\cos\theta)$. Admitiendo, además que el sistema está sometido a la acción gravitatoria y que inicialmente $\theta = 60°$; $\dot{\theta} = 0$; $\dot{\psi} = \sqrt{\frac{g}{a}}$, se pide:

1. Demostrar que la energía cinética del sistema se escribe:

$$T = \lambda\,M\,a^2\,\Big((1+\mu\,\text{sen}^2\,\theta)\,\dot{\theta}^2 + \varepsilon\,\dot{\psi}^2\,\text{sen}^2\,\theta\Big)$$

   donde λ, μ y ε son constantes a determinar.

2. Ecuaciones diferenciales del movimiento, como integrales primeras.
3. Reducir el movimiento a una única integral primera y con el cambio de variables $\cos\theta = u$, hacer un análisis cualitativo del mismo.

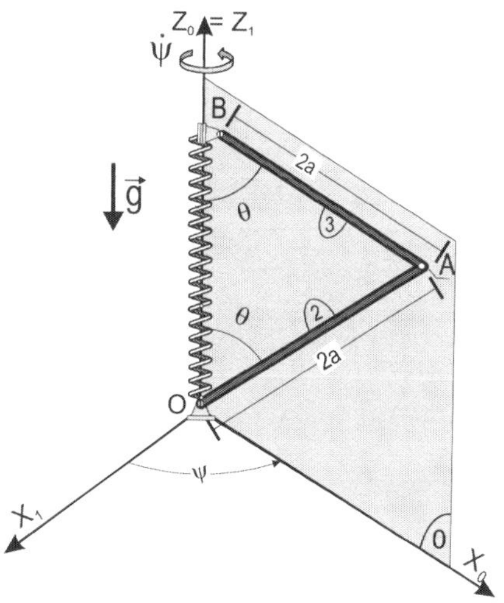

Figura 71: *Sistema 29*

Solución:

Cinemática

Para hallar la energía cinética del sistema de varillas, comenzaremos por hallar las velocidades de sus puntos extremos. La velocidad absoluta de O es nula:

$\boldsymbol{v}_{21}^{O}=0$ y la velocidad angular $\boldsymbol{\omega}_{21}$ se calcula así:

$$\boldsymbol{\omega}_{21}=\boldsymbol{\omega}_{20}+\boldsymbol{\omega}_{01}=\left\{\begin{array}{c}0\\ \dot{\theta}\\ 0\end{array}\right\}_{\text{“0”}}+\left\{\begin{array}{c}0\\ 0\\ \dot{\psi}\end{array}\right\}_{\text{“0”}};\quad \boldsymbol{\omega}_{21}=\left\{\begin{array}{c}0\\ \dot{\theta}\\ \dot{\psi}\end{array}\right\}_{\text{“0”}}$$

Las velocidades absolutas de A y B son inmediatas:

$$\boldsymbol{v}_{21}^{A}=\overbrace{\boldsymbol{v}_{21}^{0}}^{=0}+\boldsymbol{\omega}_{21}\wedge\boldsymbol{OA}=2\,a\left|\begin{array}{ccc}\boldsymbol{\imath}_0 & \boldsymbol{\jmath}_0 & \boldsymbol{k}_0\\ 0 & \dot{\theta} & \dot{\psi}\\ \operatorname{sen}\theta & 0 & \cos\theta\end{array}\right|=2\,a\left\{\begin{array}{c}\dot{\theta}\cos\theta\\ \dot{\psi}\operatorname{sen}\theta\\ -\dot{\theta}\operatorname{sen}\theta\end{array}\right)_{\text{“0”}}$$

$$\boldsymbol{v}_{31}^{A}=\overbrace{\boldsymbol{v}_{32}^{A}}^{=0}+\boldsymbol{v}_{21}^{A}=\boldsymbol{v}_{21}^{A}$$

Como

$$\boldsymbol{OB}=\left\{\begin{array}{c}0\\ 0\\ 4\,a\cos\theta\end{array}\right\}_{\text{“1”}}$$

$$\boldsymbol{v}_{31}^{B}=\frac{d\boldsymbol{OB}}{dt}\bigg|_{\text{“1”}}=\left\{\begin{array}{c}0\\ 0\\ -4\,a\operatorname{sen}\theta\,\dot{\theta}\end{array}\right\}_{\text{“1”}}$$

Energía cinética

La energía cinética T del sistema de las dos varillas (sólidos “2” y “3”), es igual a:

$$T=\overset{\text{“2”}}{T}+\overset{\text{“3”}}{T}$$

donde

$$\overset{\text{“2”}}{T}=\frac{M}{6}\left((\boldsymbol{v}_{21}^{O})^2+(\boldsymbol{v}_{21}^{A})^2+\boldsymbol{v}_{21}^{O}\cdot\boldsymbol{v}_{21}^{A}\right)$$

$$\overset{\text{“3”}}{T}=\frac{M}{6}\left((\boldsymbol{v}_{31}^{A})^2+(\boldsymbol{v}_{31}^{B})^2+\boldsymbol{v}_{31}^{A}\cdot\boldsymbol{v}_{31}^{B}\right)$$

Teniendo en cuenta que $\boldsymbol{v}_{21}^{O}$, la expresión de T queda:

$$T=\frac{M}{6}\left(2\,(\boldsymbol{v}_{21}^{A})^2+(\boldsymbol{v}_{21}^{B})^2+\boldsymbol{v}_{21}^{A}\cdot\boldsymbol{v}_{31}^{B}\right)$$

Sustituyendo las expresiones de las velocidades:

$$T=\frac{4}{3}\,M\,a^2\left(\dot{\theta}^2(1+3\operatorname{sen}^2\theta)+\dot{\psi}^2\operatorname{sen}^2\theta\right)$$

e identificando con la expresión del enunciado:

$$\lambda=\frac{4}{3};\ \mu=3;\ \varepsilon=1$$

Energía potencial

Las fuerzas que actúan sobre el sistema (peso + fuerza elástica del muelle) derivan de un potencial y, en consecuencia:

$$V = V_{\text{peso}} + V_{\text{muelle}}$$

La coordenada del centro de masas, $\overline{z}$ es:

$$\overline{z} = 2\,a\,\cos\,\theta$$

y así,

$$V_{\text{peso}} = 2\,M\,2\,a\,\cos\,\theta\,g = 4\,M\,g\,a\,\cos\,\theta$$

La elongación es igual a $4\,a(1-\cos\,\theta)$ y la energía potencial elástica del muelle:

$$V_{\text{muelle}} = \frac{1}{2}\,k\,(4\,a(1-\cos\,\theta))^2 = \frac{1}{2}\left(\frac{M\,g}{2\,a}\right)16\,a^2(1-\cos\,\theta)^2$$

$$V = V_{\text{peso}} + V_{\text{muelle}} = 4\,M\,g\,a\left(\cos\,\theta + (1-\cos\,\theta)^2\right)$$

Integrales primeras del movimiento

La expresión de la lagrangiana, $L = T - V$:

$$L = \frac{4\,M\,a}{3}\left(a\left(\dot{\theta}^2\,(1+3\,\text{sen}^2\,\theta) + \dot{\psi}^2\,\text{sen}^2\,\theta\right) - 3\,g\left(\cos\,\theta + (1-\cos\,\theta)^2\right)\right)$$

1. **Hamiltoniana**

   Como $\dfrac{\partial L}{\partial t} = 0 \Longrightarrow H = \text{cte}$ y como T es una función homogénea de segundo grado en las velocidades generalizadas:

   $$H = T + V = \text{cte}$$

   y, en consecuencia:

   $$\frac{4\,M\,a}{3}\left(a\left(\dot{\theta}^2\,(1+3\,\text{sen}^2\,\theta) + \dot{\psi}^2\,\text{sen}^2\,\theta\right) + 3\,g\left(\cos\,\theta + (1-\cos\,\theta)^2\right)\right) = \text{cte}$$

   $$\Longrightarrow \quad \dot{\theta}^2\,(1+3\,\text{sen}^2\,\theta) + \dot{\psi}^2\,\text{sen}^2\,\theta + \frac{3\,g}{a}\left(\cos\,\theta + (1-\cos\,\theta)^2\right) = \alpha \tag{133}$$

   Teniendo en cuenta las condiciones iniciales (para $t = 0$, $\theta = 60°$, $\dot{\theta} = 0$, $\dot{\psi} = \sqrt{\frac{g}{a}}$), el cálculo de α es inmediato:

   $$\alpha = \frac{3\,g}{a}$$

2. **Coordenadas cíclicas**

Como $\frac{\partial L}{\partial \psi} = 0$, implica que:

$$\frac{\partial L}{\partial \dot{\psi}} = \frac{8\,M\,a}{3}\,\dot{\psi}\,\text{sen}^2\,\theta = \text{cte} \quad \Longrightarrow$$

$$\dot{\psi}\,\text{sen}^2\,\theta = \beta \tag{134}$$

donde β es una constante, que puede determinarse a partir de las condiciones iniciales (para $t = 0$, $\theta = 60^\circ$, $\dot{\psi} = \sqrt{\frac{g}{a}}$):

$$\beta = \frac{3}{4}\sqrt{\frac{g}{a}}$$

La evolución temporal del sistema, que tiene dos grados de libertad, viene determinada por las ecuaciones (133) y (134),

Estudio cualitativo

Despejando $\dot{\psi}$ de (134) y sustituyendo en (133), llegamos a la expresión:

$$\dot{\theta}^2\,(1 + 3\,\text{sen}^2\,\theta) + \frac{3\,g}{a}\left(\frac{3}{16\,\text{sen}^2\,\theta} + \cos\,\theta + (1 - \cos\,\theta)^2 - 1\right) = 0 \tag{135}$$

Haciendo el cambio de variables $u = \cos\,\theta$, se tiene:

$$\dot{u} = -\,\text{sen}\,\theta\,\dot{\theta} \quad \Longrightarrow \quad \dot{\theta} = -\frac{\dot{u}}{\sqrt{1 - u^2}}$$

y la ecuación (135) puede escribirse como:

$$\frac{1}{2}\,\dot{u}^2 + \frac{3\,g}{32\,a}\left(\frac{3 - 16\,u(u+1)(u-1)^2}{4 - 3\,u^2}\right) = 0 \tag{136}$$

ecuación que, comparada con $T + V = E$ para una partícula de masa unidad, permite asociar una energía potencial $V(u)$ tal como:

$$V(u) = \frac{3\,g}{32\,a}\left(\frac{3 - 16\,u(u+1)(u-1)^2}{4 - 3\,u^2}\right)$$

y $E = 0$.

La representación gráfica de $V(u)$ frente a u (ver figura) permite un análisis cualitativo:

- Como $u = \cos\,\theta$, se tiene que $|u| \leq 1$ (campo de existencia).

- Las soluciones posibles son $V(u) \leq 0$ (dado que $E = 0$ y $T \geq 0$).

- En los puntos de corte con el eje u, se verifica que $V(u) = 0$ y por tanto $T = 0$, lo que implica que una solución es $u = \cos\,60^\circ = 1/2$ (dato del problema en las condiciones iniciales) y, consecuentemente, $\theta = 60^\circ$ y $\dot{\theta} = 0$.

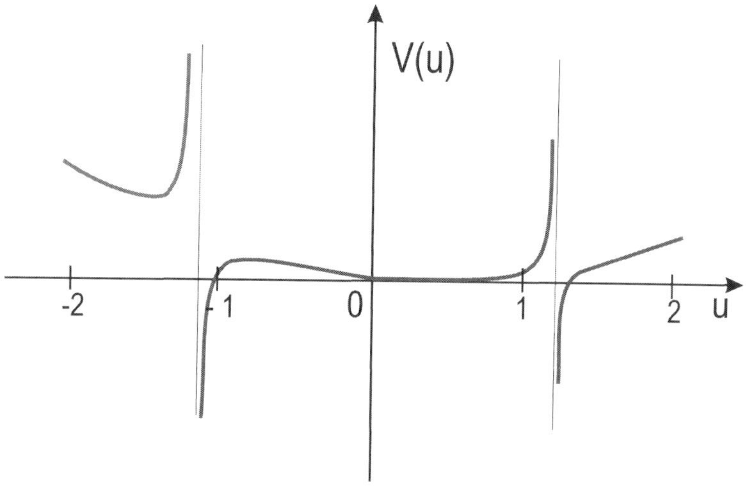

Figura 72: *Representación gráfica de $V(u)$ frente a u.*

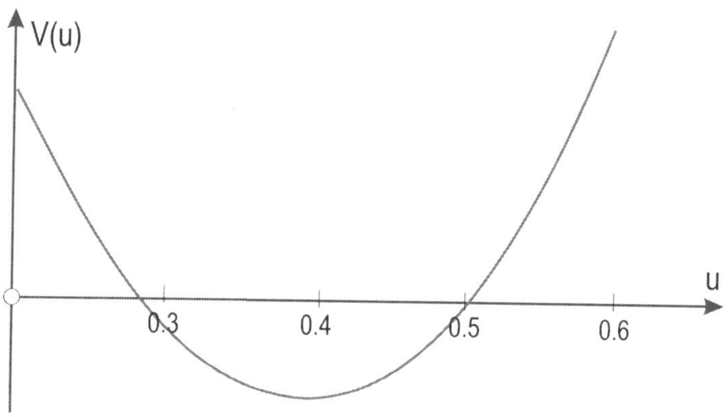

Figura 73: *Entorno aumentado de la representación gráfica $V(u)$ frente a u.*

- Amplificando el entorno del valor $u = 1/2$, se observa el segundo punto de corte en $u = 0,286$.

- Esto implica que existen dos puntos de libración y que los valores de u están comprendidos entre $0,5$ y $0,286$:

$$0,286 \leq u \leq 0,5$$

El sistema oscila entre dos valores extremos del ángulo θ:

$$60^\circ \leq \theta \leq 81,53^\circ$$

Sistema 30
(22/01/2009)

Un aro vertical de radio R, masa M y centro O, rueda y desliza sin rozamiento sobre una recta horizontal sometido a la acción de un par motor τ (constante). Un punto material P (del sólido "3"), de la misma masa (M), está obligado a deslizar sin rozamiento sobre el aro; el enlace es bilateral. Se supone que en el instante inicial el sistema parte del reposo desde la posición ($x = \theta = 0$; $\phi = \pi$).

1. Aplicar el teorema de la cantidad de movimiento al centro de masas del sistema total. ¿Se deduce alguna integral primera?
2. Aplicar el teorema del momento cinético al aro aislado. Deducir de aquí la dependencia de la velocidad angular $\dot{\theta}$ con el par τ.
3. Aplicar el teorema de la energía al sistema. Simplificar su expresión final utilizando para ello las integrales primeras obtenidas previamente.

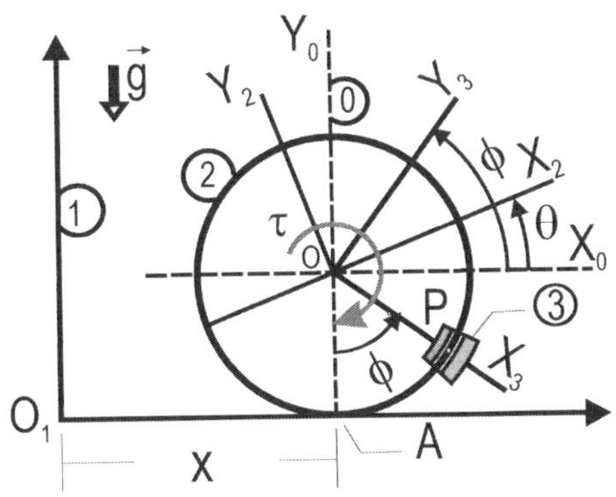

Figura 74: *Sistema 30*

Solución:

Teorema de la cantidad de movimiento aplicado al sistema completo

Al no existir ninguna fuerza horizontal, la componente horizontal de la cantidad de movimiento se conserva: $C_x = \text{cte}$.

El vector de posición del centro de masas del sistema completo, $\boldsymbol{r}_G = \boldsymbol{O_1G}$ tiene la expresión:

$$\boldsymbol{O_1\,G} = \frac{M\,\boldsymbol{O_1O} + M\,\boldsymbol{O_1P}}{2\,M}$$

donde

$$\boldsymbol{O_1O} = x\,\boldsymbol{u}_x + R\,\boldsymbol{u}_y \quad ; \quad \boldsymbol{O_1P} = (x + R\,\operatorname{sen}\phi)\,\boldsymbol{u}_x + (R - R\cos\phi)\,\boldsymbol{u}_y$$

Luego,

$$\boldsymbol{r}_G = \left\{ \begin{array}{c} x + \frac{R}{2}\,\text{sen}\,\phi \\ R\left(1 - \frac{\cos\phi}{2}\right) \\ 0 \end{array} \right\}_{\text{“0”}}$$

El Teorema de la Cantidad de Movimiento aplicado al centro de masa:

$$\left.\frac{d\boldsymbol{C}}{d\,t}\right|_{\text{“1”}} = \sum \boldsymbol{F}_i \quad \Longrightarrow \quad F_x = 0 \Longrightarrow \frac{d\,C_x}{d\,t} = 0 \tag{137}$$

Luego, esto implica que:

$$C_x = 2\,M\,\dot{\overline{x}} = 2\,M\left(\dot{x} + \frac{R}{2}\cos\phi\,\dot{\phi}\right) = \text{cte} \tag{138}$$

Para hallar la constante, tenemos en cuenta las condiciones iniciales: Para $t = 0$, $x = \theta = 0$; $\phi = \pi$, y además $\dot{x} = 0$; $\dot{\phi} = 0$ (reposo). Luego, la constante es nula: cte $= 0$, quedando la ecuación:

$$\dot{x} = -\frac{R}{2}\,\dot{\phi}\cos\phi \tag{139}$$

Teorema del momento cinético aplicado al aro.

$$\boldsymbol{\Gamma}_C = I_{33}(C)\,\dot{\theta}\,\boldsymbol{k}; \quad I_{33} = M\,R^2$$

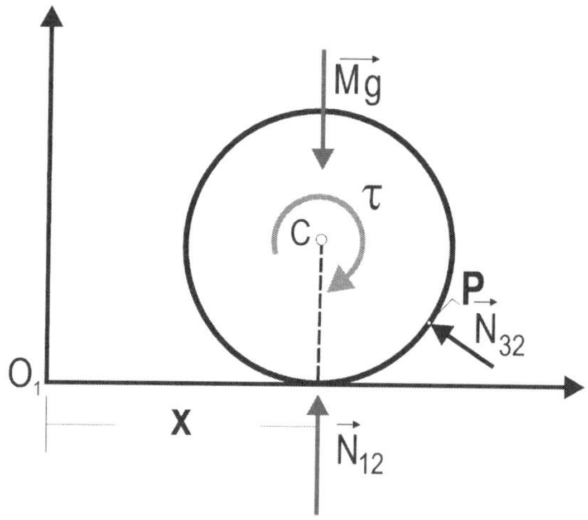

Figura 75: *Desvinculación del aro.*

Al desvincular el aro, observamos que todas las fuerzas pasan por el centro del mismo (C). Luego, aplicando el Teorema del momento cinético al centro de masa del aro ($C \equiv G$):

$$\left.\frac{d\,\boldsymbol{\Gamma}_G}{d\,t}\right|_{\text{“1”}} = \sum \overset{\hookrightarrow}{M}_G \quad \Longrightarrow \tag{140}$$

$$I_{33}\,\ddot{\theta} = -\tau \qquad \Longrightarrow \; M\,R^2\,\ddot{\theta} = -\tau$$

Multiplicando por $d\,\theta$, se tiene:

$$M\,R^2\,\frac{d\,\dot{\theta}}{d\,t}\,d\,\theta = -\tau\,d\,\theta \qquad \Longrightarrow \; \frac{1}{2}M\,R^2\,\dot{\theta}^2 + \tau\,\theta = \text{cte}$$

Aplicando, de nuevo, las condiciones iniciales, obtenemos finalmente que:

$$\dot{\theta}^2 + \frac{2\,\tau}{M\,R^2}\,\theta = 0 \tag{141}$$

Teorema de la energía

La energía cinética del sistema:

$$T = \overset{\text{“2”}}{T} + \overset{\text{“3”}}{T}$$

donde

$$\overset{\text{“2”}}{T} = \frac{1}{2}M\,v_G^2 + \frac{1}{2}\boldsymbol{\omega}\cdot \overset{\leftrightarrow}{I}\cdot\boldsymbol{\omega} = \frac{1}{2}\,M\,\dot{x}^2 + \frac{1}{2}\,M\,R^2\,\dot{\theta}^2 \quad \text{y}$$

$$\overset{\text{“3”}}{T} = \frac{1}{2}\,M\,(\boldsymbol{v}_{31}^P)^2$$

$$\frac{d\,T}{d\,t} = \frac{d\,W_{\text{ext}}}{d\,t} = -\tau\,\dot{\theta} = -\frac{d}{d\,t}(\tau\,\theta) \;\Longrightarrow\; \frac{d}{d\,t}(T + \tau\,\theta) = 0 \quad \Longrightarrow$$

$$T + \tau\,\theta = \text{cte} \tag{142}$$

Así,

$$\boldsymbol{v}_{21}^O = \left\{\begin{array}{c} \dot{x} \\ 0 \\ 0 \end{array}\right\}_{\text{“1”}} = \overbrace{\boldsymbol{v}_{23}^O}^{=0} + \boldsymbol{v}_{31}^O; \qquad \boldsymbol{\omega}_{31} = \left\{\begin{array}{c} 0 \\ 0 \\ \dot{\phi} \end{array}\right\}_{\text{“1”}}$$

$$\boldsymbol{v}_{31}^P = \boldsymbol{v}_{31}^O + \boldsymbol{\omega}_{31} \wedge \boldsymbol{OP} = \left\{\begin{array}{c} \dot{x} \\ 0 \\ 0 \end{array}\right\}_{\text{“1”}} + R\left|\begin{array}{ccc} \boldsymbol{\imath} & \boldsymbol{\jmath} & \boldsymbol{k} \\ 0 & 0 & \dot{\phi} \\ \text{sen}\,\phi & -\cos\,\phi & 0 \end{array}\right| =$$

$$= \left\{\begin{array}{c} \dot{x} + R\,\dot{\phi}\,\cos\,\phi \\ R\,\dot{\phi}\,\text{sen}\,\phi \\ 0 \end{array}\right\}_{\text{“1”}}$$

$$\overset{\text{“3”}}{T} = \frac{1}{2}\,M\,(\boldsymbol{v}_{31}^P)^2 = \frac{M}{2}\left((\dot{x} + R\,\dot{\phi}\,\cos\,\phi)^2 + (R\,\dot{\phi}\,\text{sen}\,\phi)^2\right) \quad \Longrightarrow$$

$$\Longrightarrow \quad \overset{\text{“3”}}{T} = \frac{M}{2}\left(\dot{x}^2 + R^2\,\dot{\phi}^2 + 2\,\dot{x}\,R\,\dot{\phi}\,\cos\,\phi\right)$$

$$T = \overset{\text{“2”}}{T} + \overset{\text{“3”}}{T} = M\,\dot{x}^2 + \frac{1}{2}M\,R^2\,(\dot{\theta}^2 + \dot{\phi}^2) + M\,R\,\dot{x}\,\dot{\phi}\,\cos\,\phi$$

De la ecuación (142), se tiene que:

$$M\left(\dot{x}^2 + \frac{R^2}{2}(\dot{\theta}^2 + \dot{\phi}^2) + R\,\dot{x}\,\dot{\phi}\,\cos\,\phi\right) + \tau\,\theta = \text{cte} \tag{143}$$

Pero, de la ecuación (141), se sigue que:

$$\tau\,\theta = -\frac{M\,R^2}{2}\,\dot{\theta}^2$$

Luego, la ecuación (143) queda:

$$M\left(\dot{x}^2 + \frac{R^2}{2}\,\dot{\phi}^2 + R\,\dot{x}\,\dot{\phi}\,\cos\phi\right) = \text{cte} \qquad (144)$$

Aplicando las condiciones iniciales, se constata que la constante es nula, luego:

$$\boxed{2\,\dot{x}^2 + R^2\,\dot{\phi}^2 + 2\,R\,\dot{x}\,\dot{\phi}\,\cos\phi = 0}$$

Sistema 31 (22/01/2009)

Una placa rectangular homogénea (sólido "2"), de masa M, base $4\,a$ y altura $2\,a$ está obligada a moverse, de forma que el centro de la base O está fijado al origen de un sistema de referencia inercial $OX_1Y_1Z_1$ (sólido "1"). Un resorte sin masa, de longitud natural nula y constante elástica $k = M\,g/4\,a$ ejerce entre sus extremos (C y D) una fuerza atractiva proporcional a la distancia $|CD| = 2\sqrt{2}\,a\,(\cos(\theta/2) - \text{sen}(\theta/2))$. Usando como coordenadas libres los ángulos de Euler (ψ, θ , ϕ), se pide:

1. Demostrar que la energía cinética del sistema se escribe:

$$T = \lambda\,M\,a^2\left(\dot{\theta}^2 + \dot{\psi}^2\,\text{sen}^2\,\theta + \mu\,(\dot{\phi} + \dot{\psi}\,\cos\theta)^2\right)$$

donde λ y μ son constantes a determinar.

2. Admitiendo, además, que la placa se mueve de forma tal que su base permanece siempre contenida en el plano $Z_1 = 0$, (es decir, con $\phi = 0$) y que, en el instante inicial ($t = 0^-$) el sistema parte del reposo ($\dot{\theta}^- = \dot{\psi}^- = 0$; $\psi = 0$, $\theta = \pi/2$) se aplica una percusión $\boldsymbol{P} = (0, 0, -P)_{\text{"2"}}$ en el vértice B de la placa (sólido "2"), calcular:

   (a) Utilizando los métodos de la Mecánica Vectorial, el estado cinemático del sistema en el instante posterior a la percusión.

   (b) Utilizando los métodos de la Mecánica Analítica:
   - Ecuaciones del movimiento de la placa en forma de integrales primeras.
   - El par que es necesario ejercer para realizar el enlace: $\phi = 0$ (haciendo uso de los multiplicadores de Lagrange).

Solución:

Cinemática

De los datos del problema y expresando la velocidad angular en función de los ángulos de Euler:

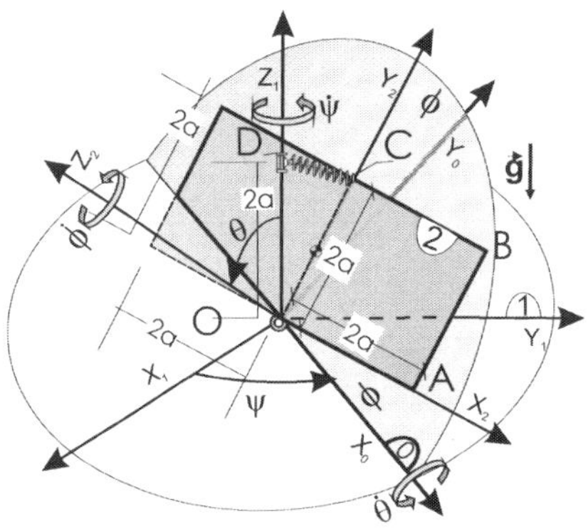

Figura 76: *Sistema 31*

$$v_{21}^{O} = 0; \quad \omega_{21} = \left\{ \begin{array}{c} \dot{\theta}\cos\phi + \dot{\psi}\,\text{sen}\,\theta\,\text{sen}\,\phi \\ -\dot{\theta}\,\text{sen}\,\phi + \dot{\psi}\,\text{sen}\,\theta\cos\phi \\ \dot{\phi} + \dot{\psi}\cos\theta \end{array} \right\}_{"2"}$$

Geometría de masas

El tensor de inercia de la placa en el punto O tiene la expresión:

$$\overleftrightarrow{I}(O) = \frac{4}{3} M a^2 \begin{pmatrix} 1 & 0 & 0 \\ 0 & 1 & 0 \\ 0 & 0 & 2 \end{pmatrix}_{"2"}$$

Como $I_{11} = I_{22}$, el tensor de inercia en los ejes "0" es el mismo que en los ejes "2", dado que para cualquier giro alrededor del eje OZ_2, se verifica que:

$$I'_{11} = I'_{22} = \frac{I_{11} + I_{22}}{2} + \overbrace{\frac{I_{11} - I_{22}}{2}}^{=0} \cos 2\theta$$

$$I'_{12} = \overbrace{\frac{I_{22} - I_{11}}{2}}^{=0} sen\, 2\theta = 0$$

Energía Cinética

Al estar fijo el punto O, la energía cinética es igual a:

$$T = \frac{1}{2}\omega_{21} \cdot \overleftrightarrow{I}(O) \cdot \omega_{21} \qquad (145)$$

con

$$\overleftrightarrow{I}(O) = \frac{4}{3} M a^2 \begin{pmatrix} 1 & 0 & 0 \\ 0 & 1 & 0 \\ 0 & 0 & 2 \end{pmatrix}_{"2","0"} \qquad \text{y}$$

$$\boldsymbol{\omega}_{21} = \left\{ \begin{array}{c} \dot\theta \\ \dot\psi \text{ sen } \theta \\ \dot\phi + \dot\psi \cos\theta \end{array} \right\}_{"0"} = \left\{ \begin{array}{c} \dot\theta \cos\phi + \dot\psi \text{ sen } \theta \text{ sen } \phi \\ -\dot\theta \text{ sen } \phi + \dot\psi \text{ sen } \theta \cos\phi \\ \dot\phi + \dot\psi \cos\theta \end{array} \right\}_{"2"}$$

Sustituyendo estos valores en la expresión de la energía cinética (145), se obtiene:

$$T = \frac{2}{3} M a^2 \left(\dot\theta^2 + \dot\psi^2 \text{ sen}^2 \theta + 2(\dot\phi + \dot\psi \cos\theta)^2\right) \qquad (146)$$

Identificando términos:

$$\boxed{\lambda = \tfrac{2}{3}; \quad \mu = 2}$$

Momento Cinético

El momento cinético en "O": $\boldsymbol{\Gamma}_O = \overleftrightarrow{I}(O) \cdot \boldsymbol{\omega}_{21}$ se escribe:

$$\boldsymbol{\Gamma}_O = \frac{4}{3} M a^2 \left\{ \begin{array}{c} \dot\theta \\ \dot\psi \text{ sen } \theta \\ 2(\dot\phi + \dot\psi \cos\theta) \end{array} \right\}_{"0"} = \frac{4}{3} M a^2 \left\{ \begin{array}{c} \dot\theta \cos\phi + \dot\psi \text{ sen } \theta \text{ sen } \phi \\ -\dot\theta \text{ sen } \phi + \dot\psi \text{ sen } \theta \cos\phi \\ 2(\dot\phi + \dot\psi \cos\theta) \end{array} \right\}_{"2"}$$

Dinámica impulsiva (vectorial)

En este apartado, se admite la hipótesis de que $\phi = \dot\phi = 0$ y, en consecuencia;

$$\boldsymbol{\Gamma}_O\Big|_{\phi=0} = \frac{4}{3} M a^2 \left\{ \begin{array}{c} \dot\theta \\ \dot\psi \text{ sen } \theta \\ 2\dot\psi \cos\theta \end{array} \right\}_{"0"} = \frac{4}{3} M a^2 \left\{ \begin{array}{c} \dot\theta \\ \dot\psi \text{ sen } \theta \\ 2\dot\psi \cos\theta \end{array} \right\}_{"2"}$$

La velocidad absoluta del punto B se puede calcular así:

$$\boldsymbol{v}_{21}^B = \overbrace{\boldsymbol{v}_{21}^O}^{=0} + \boldsymbol{\omega}_{21} \wedge \boldsymbol{OB} = \begin{vmatrix} \boldsymbol{\imath}_2 & \boldsymbol{\jmath}_2 & \boldsymbol{k}_2 \\ \dot\theta & \dot\psi \text{ sen } \theta & \dot\psi \cos\theta \\ 2a & 2a & 0 \end{vmatrix} = \left\{ \begin{array}{c} -2a\dot\psi \cos\theta \\ 2a\dot\psi \cos\theta \\ 2a(\dot\theta - \dot\psi \text{ sen } \theta) \end{array} \right\}_{"2"}$$

Para $t = 0$ con $\dot\theta^- = \dot\psi^- = 0$; $\psi = 0$, $\theta = \pi/2$, se aplica una percusión, determinada por:

$$\boldsymbol{P} = \left\{ \begin{array}{c} 0 \\ 0 \\ -P \end{array} \right\}_{"2"}$$

1. **a) Desvincular en "O":**

$$\boldsymbol{\Phi}^O \cdot \boldsymbol{v}_{21}^O + \boldsymbol{\tau}_O \cdot \boldsymbol{\omega}_{21} = 0 \implies \boldsymbol{\Phi}^O \cdot \boldsymbol{0} + \tau_1^O \dot\theta + \dot\psi(\tau_2^O \text{ sen } \theta + \tau_3^O \cos\theta) = 0 \quad \forall \dot\theta, \dot\psi$$

lo que exige que:

$$\boldsymbol{\Phi}^O \neq 0; \quad \tau_1^O = 0; \quad \tau_3^O = -\tau_2^O \tan\theta;$$

y, consecuentemente, la reacción vincular en "O" es igual a:

$$\boldsymbol{\Phi}^O = \left\{ \begin{array}{c} \phi_1^O \\ \phi_2^O \\ \phi_3^O \end{array} \right\}_{"2"} ; \quad \boldsymbol{\tau}^O = \left\{ \begin{array}{c} 0 \\ \tau_2^O \\ -\tau_2^O \tan\theta \end{array} \right\}_{"2"}$$

2. **b) Teorema del momento cinético**

Aplicando el teorema del momento cinético en el punto "O" para dinámica impulsiva:

$$\Delta\,\boldsymbol{\Gamma}_O\Big|_{t=0} = \overset{\hookrightarrow\text{perc}}{M_O}\Big|_{t=0} + \boldsymbol{\tau}^O\Big|_{t=0} \tag{147}$$

Para $\theta = \pi/2$:

$$\Delta\,\boldsymbol{\Gamma}_O\Big|_{t=0} = \frac{4}{3}\,M\,a^2 \left\{ \begin{array}{c} \dot{\theta}^+ \\ \dot{\psi}^+ \\ 0 \end{array} \right\}_{\text{“2”}} \quad ; \quad \overset{\hookrightarrow\text{perc}}{M} = \left| \begin{array}{ccc} \boldsymbol{\imath}_2 & \boldsymbol{\jmath}_2 & \boldsymbol{k}_2 \\ 2\,a & 2\,a & 0 \\ 0 & 0 & -P \end{array} \right| = \left\{ \begin{array}{c} -2\,P\,a \\ 2\,P\,a \\ 0 \end{array} \right\}_{\text{“2”}}$$

La ecuación (147) implica:

$$\frac{4}{3}\,M\,a^2 \left\{ \begin{array}{c} \dot{\theta}^+ \\ \dot{\psi}^+ \\ 0 \end{array} \right\}_{\text{“2”}} = \left\{ \begin{array}{c} -2\,P\,a \\ 2\,P\,a \\ 0 \end{array} \right\}_{\text{“2”}} + \left\{ \begin{array}{c} 0 \\ \tau_2^O \\ \tau_3^O \end{array} \right\}_{\text{“2”}}$$

De esta ecuación vectorial, se obtiene:

$$\tau_3^O = 0 \Longrightarrow \tau_2^O = 0 \quad \text{y}$$

$$\boxed{\dot{\theta}^+ = -\dot{\psi}^+ = -\tfrac{3\,P}{2\,M\,a}}$$

Aunque no se pide en el problema, vamos a aplicar la mecánica analítica impulsiva para comprobar el resultado anterior:

Dinámica impulsiva (analítica)

$$\Delta\left(\frac{\partial T}{\partial \dot{q}_i}\right)\Big|_{t=0} = \boldsymbol{P}\cdot\frac{\partial\,\boldsymbol{v}_{21}^B}{\partial \dot{q}_i}\Big|_{t=0}$$

donde

$$T(t=0) = \frac{2}{3}\,M\,a^2\left(\dot{\theta}^2 + \dot{\psi}^2\right); \quad \boldsymbol{v}_{21}^B\Big|_{t=0} = \left\{ \begin{array}{c} 0 \\ 0 \\ 2\,a(\dot{\theta} - \dot{\psi}) \end{array} \right\}_{\text{“2”}}$$

que conduce a las expresiones:

$$\left\{ \begin{array}{ccc} \dot{\theta}^+ & = & -\frac{3\,P}{2\,M\,a} \\ \\ \dot{\psi}^+ & = & \frac{3\,P}{2\,M\,a} \end{array} \right.$$

expresión que coincide con los resultados anteriores.

Integrales primeras

1. **Energía potencial**

   La energía potencial total es la suma de la gravitatoria más la elástica del muelle:

$$V_{\text{total}} = V_{\text{peso}} + V_{\text{muelle}}$$

   con

$$V_{\text{peso}} = M\,g\,z_1 = M\,g\,\boldsymbol{OG}\cdot\boldsymbol{k}_1$$

   donde

$$\boldsymbol{OG} = \begin{Bmatrix} 0 \\ a \\ 0 \end{Bmatrix}_{\text{“2”}} \quad ; \quad \boldsymbol{k}_1 = \begin{Bmatrix} \text{sen}\,\theta\ \text{sen}\,\phi \\ \text{sen}\,\theta\ \cos\,\phi \\ \cos\,\theta \end{Bmatrix}_{\text{“2”}}$$

   Luego,

$$V_{\text{peso}} = M\,g\,a\ \text{sen}\,\theta\ \cos\,\phi$$

$$V_{\text{muelle}} = \frac{1}{2}\,k\,|\boldsymbol{CD}|^2 = \frac{1}{2}\,8\,k\,a^2\left(1 - 2\ \text{sen}\,\frac{\theta}{2}\ \cos\,\frac{\theta}{2}\right) \Longrightarrow$$

$$V_{\text{muelle}} = M\,g\,a(1 - \text{sen}\,\theta)$$

$$V_{\text{total}} = M\,g\,a(1 + \text{sen}\,\theta(\cos\,\phi - 1)) \qquad (148)$$

   En este apartado, se supone que existe el vínculo $\phi = \dot{\phi} = 0$, lo que implica que:

$$V_{\text{total}} = M\,g\,a$$

   que es una constante.

2. **Integrales primeras**

   Como $V_{\text{total}} = \text{cte}$, podemos escribir que:

$$T = L = \frac{2}{3}\,M\,a^2\left(\dot{\theta}^2 + \dot{\psi}^2(1 + \cos^2\,\theta)\right)$$

   Se constata que $\dfrac{\partial L}{\partial\,\psi} = 0$, por lo que ψ es una coordenada cíclica.

$$\frac{\partial\,L}{\partial\,\dot{\psi}} = \frac{\partial\,T}{\partial\,\dot{\psi}} = \frac{4}{3}\,M\,a^2\,\dot{\psi}\,(1 + \cos^2\,\theta) = \text{cte} \quad \Longrightarrow \ \dot{\psi}\,(1 + \cos^2\,\theta) = \alpha$$

   donde α es una constante. Como para $t = 0^+$, se tiene que: $\theta = \frac{\pi}{2}$; $\dot{\theta}^+ = -\dot{\psi}^+ = -\frac{3\,P}{2\,M\,a}$, llegamos a la ecuación:

$$\boxed{\dot{\psi}(1 + \cos^2\,\theta) = \frac{3\,P}{2\,M\,a}}$$

Por otro lado,

$$\frac{\partial T}{\partial t} = \frac{\partial L}{\partial t} = 0 \quad \Longrightarrow \quad H = T + V = \text{cte}$$

y, como $V = \text{cte}$, se verifica que $T = \text{cte}$ y que:

$$\dot{\theta}^2 + \dot{\psi}^2(1 + \cos^2\,\theta) = \text{cte} \qquad (149)$$

La constante se determina sustituyendo los valores de $\dot{\theta}^+$ y $\dot{\psi}^+$ en la ecuación (149), resultando:

$$\boxed{\dot{\theta}^2 + \dot{\psi}^2(1 + \cos^2\,\theta) = \tfrac{9\,P^2}{2\,M\,a^2}}$$

Eliminando $\dot{\psi}$ entre ambas integrales primeras, se tiene:

$$\dot{\theta}^2 + \frac{9\,P^2}{4\,M^2\,a^2}\,\frac{1}{(1 + \cos^2\,\theta)} = \frac{9\,P^2}{2\,M\,a^2} \Longrightarrow$$

$$\frac{1}{2}\dot{\theta}^2 - \frac{9\,P^2}{8\,M^2\,a^2}\left(\frac{1 + 2\,\cos^2\,\theta}{1 + \cos^2\,\theta}\right) = 0 \qquad (150)$$

Haciendo el cambio de variables $u = \cos\,\theta$, se implica:

$$\dot{u} = -\,\text{sen}\,\theta\,\dot{\theta}$$

y la ecuación (150) queda:

$$\frac{1}{2}\,\frac{\dot{u}^2}{1 - u^2} - \frac{9\,P^2}{8\,M^2\,a^2}\,\frac{(1 + 2\,u^2)}{(1 + u^2)} = 0 \quad \Longrightarrow \quad \frac{1}{2}\,\dot{u}^2 - \frac{9\,P^2}{8\,M^2\,a^2}\,\frac{(1 - u^2)(1 + 2\,u^2)}{(1 + u^2)} = 0$$

que puede asimilarse a la expresión:

$$T + V(u) = E \quad \text{con } T = \frac{1}{2}\,\dot{u}^2 \quad \text{y} \quad V(u) = -\frac{9\,P^2}{8\,M^2\,a^2}\,\frac{(1 - u^2)(1 + 2\,u^2)}{(1 + u^2)}$$

Además tiene que verificarse que $|u| \leq 1$.

Para calcular el par, hay que admitir la forma general de la energía cinética y potencial e imponer el vínculo $\phi = 0$ *a posteriori* (ecuaciones (146) y (148)). Así, $L = T - V$ tiene la expresión:

$$L = \frac{2}{3}\,M\,a^2\left(\dot{\theta}^2 + \dot{\psi}^2\,\text{sen}^2\,\theta + 2(\dot{\phi} + \dot{\psi}\,\cos\,\theta)^2\right) - M\,g\,a\,(1 + \text{sen}\,\theta(\cos\,\phi - 1))$$

$$\begin{cases} \dfrac{d}{dt}\left(\dfrac{\partial L}{\partial \dot{\theta}}\right) - \dfrac{\partial L}{\partial \theta} &= \lambda\dfrac{\partial f}{\partial \theta} \\[2ex] \dfrac{d}{dt}\left(\dfrac{\partial L}{\partial \dot{\psi}}\right) - \dfrac{\partial L}{\partial \psi} &= \lambda\dfrac{\partial f}{\partial \psi} \\[2ex] \dfrac{d}{dt}\left(\dfrac{\partial L}{\partial \dot{\phi}}\right) - \dfrac{\partial L}{\partial \phi} &= \lambda\dfrac{\partial f}{\partial \phi} \\[2ex] f = \phi &= 0 \end{cases}$$

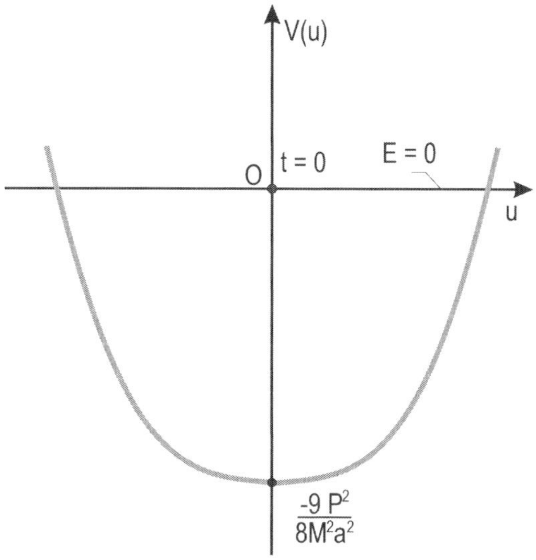

Figura 77: *Representación gráfica de $V(u)$ frente a u.*

donde

$$\frac{\partial f}{\partial \theta} = 0; \quad \frac{\partial f}{\partial \psi} = 0; \quad \text{y} \quad \frac{\partial f}{\partial \phi} = 1$$

El par necesario para realizar el enlace $\phi = 0$ será:

$$\tau = \lambda = \frac{8}{3} M\, a^2 \frac{d}{dt}(\dot{\psi} \cos\theta) \quad \Longrightarrow$$

$$\boxed{\tau = -\frac{4\, P\, a\, \text{sen}^3\,\theta}{(1+\cos^2\theta)^2}\,\dot{\theta}}$$

Sistema 32 (26/06/2004)

Una placa pesada (sólido "2") está formada por medio aro de masa $2\,m$ y radio R y un semidisco de masa $3\,m$ y radio R. La placa así formada, se encuentra contenida en un plano vertical fijo (O, X_1, Y_1) y se apoya sobre un suelo horizontal rugoso (OX_1).
Estando el sistema en reposo en la posición representada, se le comunica una percusión P a un altura h del suelo. Utilizando los métodos de la mecánica vectorial, hallar:

1. El estado cinemático del sistema en el instante inmediatamente posterior a la percusión.
2. Calcular (en función de P y h):
   - La distancia x_1 que recorre hasta pararse y comenzar a retroceder.
   - La distancia x_2 a la que comenzará a rodar sin deslizar.
   - La distancia x_3 en la que se para.

   El coeficiente de rozamiento al deslizamiento entre el suelo y la placa es μ.

Solución:

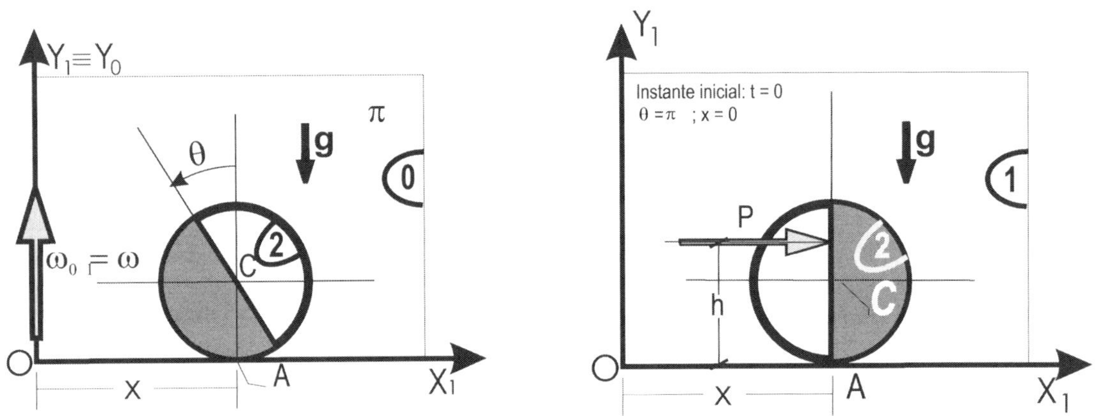

Figura 78: *Sistema-32*

Centro de masa

Debido a la simetría de la figura, el centro de masas se encuentra sobre el eje y. Obtengamos el centro de masa del semiaro y el semidisco separadamente, con ayuda del teorema de Pappus-Guldin. Para el aro:

$$2\,\pi\,\overline{y}_1\,\pi\,R = 4\,\pi\,R^2 \quad\Longrightarrow\quad \overline{y}_1 = \frac{2}{\pi}\,R$$

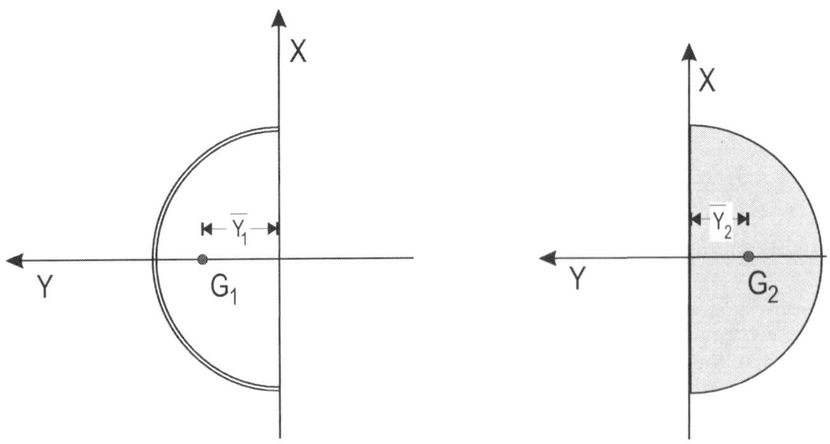

Figura 79: *Centro de masas del semiaro y el semidisco.*

Para el disco:

$$2\,\pi\,\overline{y}_2\,\frac{\pi\,R^2}{2} = \frac{4}{3}\,\pi\,R^3 \quad\Longrightarrow\quad \overline{y}_2 = -\frac{4}{3\,\pi}\,R$$

y la coordenada $\overline{y}$ del centro de masa de la figura total será:

$$\overline{y} = \frac{2\,m\,\overline{y}_1 + 3\,m\,\overline{y}_2}{5\,m} = 0$$

Es decir, el centro de masas coincide con el centro C.

Momento de inercia en C

$$I_{33} = (2\,m)R^2 + \frac{1}{2}(3\,m)\,R^2 = \frac{7}{2}\,m\,R^2$$

Dinámica impulsiva (vectorial)

Desvinculamos en el punto A:

$$\mathbf{\Phi}^A = \left\{ \begin{array}{c} -\mu\,N \\ N \\ 0 \end{array} \right\}_{\text{“}O\text{”}}$$

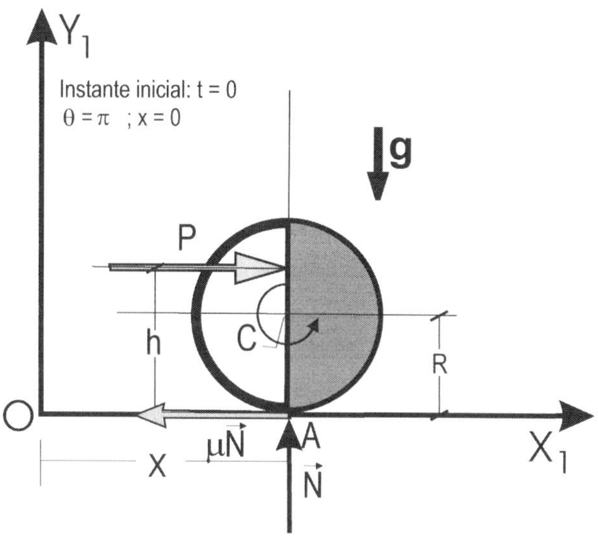

Figura 80: *Desvinculación en A.*

$$\left.\begin{array}{rcl} \Delta\,\boldsymbol{C} & = & \boldsymbol{P} + \boldsymbol{\Phi} \\ \Delta\,\boldsymbol{\Gamma}_C & = & \overset{\hookrightarrow per}{M_C} + \overset{\hookrightarrow vinc}{\tau} \end{array}\right\} \Longrightarrow$$

$$\left.\begin{array}{rcl} 5\,m(\dot{x}^+ - \dot{x}^-) & = & P - \mu\,N \\ 0 & = & N \\ I_{33}(C)(\dot{\theta}^+ - \dot{\theta}^-) & = & -P(h-R) \end{array}\right\} \Longrightarrow$$

$$\boxed{\dot{x}^+ = \frac{P}{5\,m}; \quad \dot{\theta}^+ = \frac{2\,P(R-h)}{7\,m\,R^2}}$$

Ecuaciones del movimiento

$$\left.\begin{array}{rcl} 5\,m\,\ddot{x} & = & -\mu\,N \\ 0 & = & N - 5\,m\,g \\ I_{33}\,\ddot{\theta} & = & -\mu\,N\,R \end{array}\right\} \Longrightarrow$$

$$N = 5\,m\,g; \quad \ddot{x} = -\mu\,g \Longrightarrow \dot{x} = -\mu\,g\,t_1 + \dot{x}^+ \quad \Longrightarrow$$

$$x = -\frac{1}{2}\,\mu\,g\,t_1^2 + \dot{x}^+\,t_1$$

Asimismo,

$$\dot{\theta} = -\frac{\mu\,5\,m\,g\,R\,t_2}{I_{33}} + \dot{\theta}^+ \quad \Longrightarrow \theta = -\frac{1}{2}\,\mu\,\frac{g}{R}\,\frac{10}{7}\,t_2^2 + \dot{\theta}^+\,t_2$$

Sustituyendo los valores de $\dot{x}^+$ y $\dot{\theta}^+$, obtenemos:

$$\dot{x} = -\mu\,g\,t_1 + \frac{P}{5\,m} \tag{151}$$

$$\dot{\theta} = -\mu\,\frac{10}{7}\,\frac{g}{R}\,t_2 + \frac{2\,P(R-h)}{7\,m\,R^2} \tag{152}$$

El valor de $\dot{\theta}$ depende de si $R > h$ ó si $R \leq h$. Pararse implica que $\dot{x} = 0$ y retroceder, que $\dot{\theta} > 0$.

La condición de rodar sin deslizar se escribe:

$$\dot{x} = R\,\dot{\theta}$$

Parar significa que se verifique simultáneamente:

$$\dot{x} = 0; \quad \dot{\theta} = 0$$

Luego,

$$\dot{x} = 0 \quad \Longrightarrow \; t_1 = \frac{P}{5\,m\,\mu\,g}$$

$$\dot{\theta} = 0 \quad \Longrightarrow \; t_2 = \frac{P(R-h)}{5\,m\,R\,g\,\mu}$$

Sistema 33
(26/06/2009)

1. Una placa cuadrada homogénea de masa m y lado $2\,a$ (sólido "2") , puede deslizar libremente y sin rozamiento sobre un plano vertical (sólido "1"). La configuración del sistema se determina por las coordenadas x (distancia $O_1\,O$ entre los ejes $Y_0\,Y_2$), ϱ (distancia OG entre los ejes $X_0\,X_2$) y θ (ángulo girado por "2" ó "0" con respecto a "1"). Se pide:
1.1. Demostrar que la energía cinética del sistema se escribe

$$T = \lambda\, m \left((\dot{x} - \varrho\,\dot{\theta})^2 + (\dot{x}\,\dot{\theta} + \dot{\varrho})^2 + \mu\,\dot{\theta}^2 \right)$$

donde λ y μ son constantes a determinar.
1.2 Energía potencial del sistema
2. Admitiendo además, que la placa se mueve de forma tal que su eje de simetría (GY_2) desliza y rota alrededor de la esquina O y que en el instante inicial el sistema parte del reposo desde la posición $(x = 0;\ \theta = \pi/2;\ \varrho = a/6)$, y utilizando los métodos de la Mecánica Analítica:

1. Calcule la reacción N que es necesario ejercer para mantener el enlace: $x = 0$ (haciendo uso de los multiplicadores de Lagrange)
2. Halle un sistema de ecuaciones diferenciales cuya solución determine ϱ y θ.

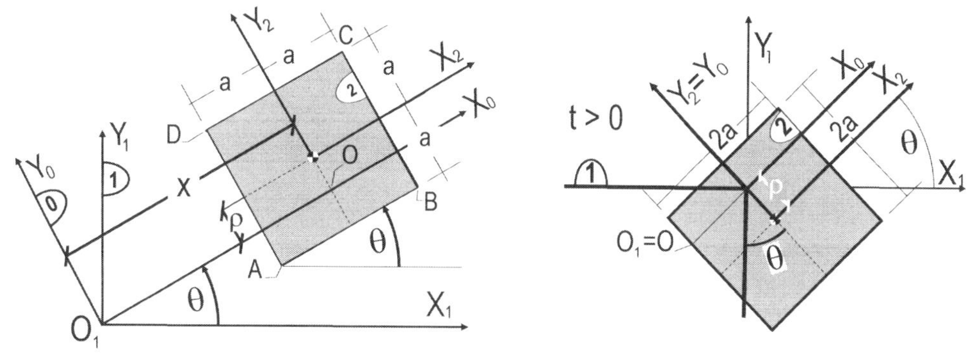

Figura 81: *Sistema 33*

Solución:

Cinemática

Calculemos la velocidad absoluta de G y el momento de inercia I_{33} para hallar la energía cinética.

$$\boldsymbol{v}_{21}^{G} = \boldsymbol{v}_{20}^{G} + \boldsymbol{v}_{01}^{G} \quad \text{donde } \boldsymbol{v}_{01}^{G} = \overbrace{\boldsymbol{v}_{01}^{O_1}}^{=0} + \begin{vmatrix} \boldsymbol{\imath}_2 & \boldsymbol{\jmath}_2 & \boldsymbol{k}_2 \\ 0 & 0 & \dot{\theta} \\ x & \varrho & 0 \end{vmatrix} = \begin{Bmatrix} -\varrho\,\dot{\theta} \\ x\,\dot{\theta} \\ 0 \end{Bmatrix}_{\text{"2"}}$$

Además,

$$\boldsymbol{v}_{20}^{G} = \left\{ \begin{array}{c} \dot{x} \\ \dot{\varrho} \\ 0 \end{array} \right\}_{\text{“2”}} \Longrightarrow \boldsymbol{v}_{21}^{G} = \left\{ \begin{array}{c} \dot{x} - \varrho\,\dot{\theta} \\ \dot{\varrho} + x\,\dot{\theta} \\ 0 \end{array} \right\}_{\text{“2”}}$$

Geometría de masas y Cinética

$$dI_{33}(G) = \frac{m}{4\,a^2}\,2\,x^2(2\,a\,dx) \quad \Longrightarrow \quad I_{33}(G) = \frac{2}{3}\,m\,a^2$$

Luego,

$$\boxed{T = \tfrac{m}{2}\left\{(\dot{x} - \varrho\,\dot{\theta})^2 + (\dot{\varrho} + x\,\dot{\theta})^2 + \tfrac{2}{3}\,a^2\,\dot{\theta}^2\right\}}$$

Identificando esta expresión con la que proporciona el enunciado, llegamos a la conclusión de que:

$$\boxed{\lambda = 1/2; \quad \mu = \tfrac{2}{3}\,a^2}$$

Energía potencial

La expresión de la energía potencial gravitatoria es:

$$V = m\,g\,\{x \text{ sen } \theta + \varrho \cos\theta\}$$

y la de la lagrangiana L:

$$L = T - V = \frac{m}{2}\left\{(\dot{x} - \varrho\,\dot{\theta})^2 + (\dot{\varrho} + x\,\dot{\theta})^2 + \frac{2}{3}\,a^2\,\dot{\theta}^2\right\} - m\,g\,\{x \text{ sen } \theta + \varrho \cos\theta\}$$

Cálculo de N

Al introducir el vínculo $x = 0$:

$$\frac{\partial L}{\partial \dot{x}} = m(\dot{x} - \varrho\,\dot{\theta}); \quad \frac{\partial L}{\partial x} = m(\dot{\varrho} + x\,\dot{\theta})\dot{\theta} + m\,g \text{ sen } \theta \quad \Longrightarrow$$

$$\frac{d}{dt}(\dot{x} - \varrho\,\dot{\theta}) - (\dot{\varrho} + x\,\dot{\theta})\dot{\theta} - g \text{ sen } \theta = \frac{N}{m}$$

Con $x = 0 \Longrightarrow \dot{x} = 0$:

$$\boxed{N = m\left\{-\tfrac{d}{dt}(\varrho\,\dot{\theta}) - \dot{\varrho}\,\dot{\theta} - g \text{ sen } \theta\right\}}$$

y la lagrangiana queda

$$L = \frac{m}{2}\left\{(\varrho^2 + \frac{2}{3}\,a^2)\,\dot{\theta}^2 + \dot{\varrho}^2\right\} - m\,g\varrho \cos\theta \qquad (153)$$

Ecuaciones del movimiento

Como el sistema es conservativo, se verifica que $T + V =$ cte, con $V = -m\,g\varrho\,\cos\,\theta$:

$$\frac{m}{2}\left\{(\varrho^2 + \frac{2}{3}\,a^2)\,\dot{\theta}^2 + \dot{\varrho}^2\right\} - m\,g\varrho\,\cos\theta = c$$

donde c es una constante que se determina a partir de las condiciones iniciales. Para $t = 0$, $x = 0$; $\varrho = a/6$; $\theta = \pi/2$, luego $c = 0$, quedando la ecuación:

$$(\varrho^2 + \frac{2}{3}\,a^2)\,\dot{\theta}^2 + \dot{\varrho}^2 - g\varrho\,\cos\,\theta = 0 \qquad (154)$$

De la expresión de la lagrangiana (153), obtenemos:

$$\frac{\partial\,L}{\partial\,\dot{\varrho}} = m\,\dot{\varrho}; \quad \frac{\partial\,L}{\partial\,\varrho} = m\,\varrho\,\dot{\theta}^2 - m\,g\,\cos\,\theta \quad \Longrightarrow$$

$$\ddot{\varrho} - \varrho\,\dot{\theta}^2 + g\,\cos\,\theta = 0 \qquad (155)$$

De esta ecuación (155) se implica que:

$$\varrho^2\,\dot{\theta}^2 - \varrho\,g\,\cos\,\theta = \varrho\,\ddot{\varrho}$$

expresión que, sustituida en (154) , nos proporciona la ecuación:

$$\frac{2}{3}\,a^2\,\dot{\theta}^2 + \frac{d}{d\,t}(\varrho\,\dot{\varrho}) = 0 \qquad (156)$$

que junto con (154) forman un sistema de ecuaciones diferenciales para determinar ϱ y θ.

Sistema 34 (01/09/2009)

Una placa triangular homogénea (sólido "2"), de masa M , base $4\,a$ y altura $2\,a$, está obligada a moverse de forma tal que su base permanece siempre contenida en el plano $Z_1 = 0$ y el centro de la misma (O) está fijado al origen de un sistema de referencia inercial ($OX_1Y_1Z_1$) (sólido "1"). Un resorte sin masa de longitud natural nula y constante elástica $k = M\,g/12\,a$ ejerce entre sus extremos (B y D) una fuerza atractiva proporcional a la distancia $|BD| = 2\sqrt{2}\,a\,(\cos(\theta/2) - \operatorname{sen}(\theta/2))$. Usando como coordenadas libres los ángulos de Euler (ψ, θ) y expresando los resultados vectoriales en los ejes "2", se pide:

1. Desvincular la placa en el centro de su base (O).
2. Aplicar el teorema del momento cinético en el punto O y deducir de aquí una integral primera.
3. Demostrar que la energía cinética del sistema se escribe

$$T = \lambda\, M\, a^2 \left(\dot\theta^2 + \dot\psi^2(\cos^2\theta + \mu)\right)$$

   donde λ y μ son constantes a determinar.
4. Estudiar cualitativamente el movimiento de la placa.

En el instante inicial ($t = 0$): $\psi = 0$; $\dot\psi = \omega = \sqrt{\frac{g}{a}}$; $\theta = \pi/2$; $\dot\theta = 0$.

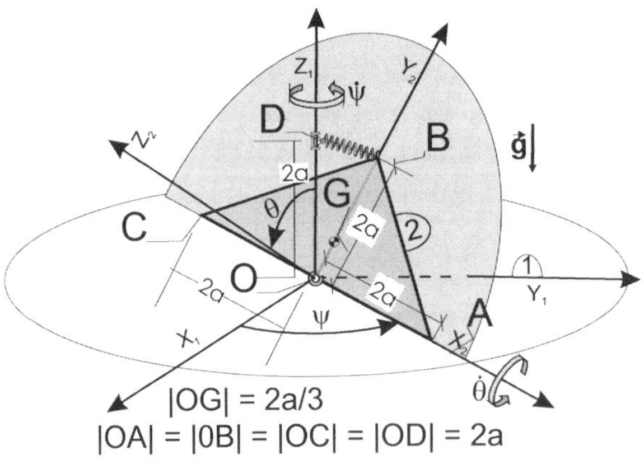

Figura 82: *Sistema 34*

Solución:

Desvincular en O

$$\boldsymbol{v}_{21}^{O} = 0; \quad \boldsymbol{\omega}_{21} = \left\{ \begin{array}{c} \dot\theta \\ \dot\psi\,\operatorname{sen}\theta \\ \dot\psi\,\cos\theta \end{array} \right\}_{\text{“2”}}$$

En general, aparece el torsor

$$\left\{ \begin{array}{c} \Phi^O \\ \tau^O \end{array} \right\}$$

que, al ser los vínculos perfectos y lisos, debe verificar el postulado fundamental de la dinámica analítica (las reacciones vinculares no producen potencia virtual):

$$\boldsymbol{\Phi}^O \cdot \boldsymbol{v}_{21}^O + \boldsymbol{\tau}^O \cdot \boldsymbol{\omega}_{21} = 0 \quad \Longrightarrow$$

$$\boldsymbol{\Phi}^O \cdot \mathbf{0} + \tau_1^O \, \dot{\theta} + \dot{\psi} \, (\tau_2^O \, \operatorname{sen} \theta + \tau_3^O \, \cos \theta) = 0$$

válido para todo valor de $\dot{\theta}$ y $\dot{\psi}$. Esto implica que las tres componentes de $\boldsymbol{\Phi}^O$ son finitas y que:

$$\tau_1^O = 0; \quad \tau_2^O \, \operatorname{sen} \theta + \tau_3^O \, \cos \theta = 0$$

En resumen,

$$\boldsymbol{\Phi}^O = \left\{ \begin{array}{c} \phi_1^O \\ \phi_2^O \\ \phi_3^O \end{array} \right\}_{\text{“2”}} \tag{157}$$

$$\boldsymbol{\tau}^O = \left\{ \begin{array}{c} 0 \\ \tau_1^O \\ \tau_2^O \end{array} \right\}_{\text{“2”}} \quad \text{tales que:} \quad \tau_2^O \, \operatorname{sen} \theta + \tau_3^O \, \cos \theta = 0 \tag{158}$$

Geometría de masas

El triángulo ABC (rectángulo en B) es la mitad del cuadrado $ABCE$, de lado $2\sqrt{2}\,a$ y de tensor de inercia:

$$\overleftrightarrow{I}\,(O) = \frac{2}{3} m\, a^2 \begin{pmatrix} 1 & 0 & 0 \\ 0 & 1 & 0 \\ 0 & 0 & 2 \end{pmatrix}_{\text{“O”}}$$

Como $I_{11} = I_{22}$, al girar la placa 45° (es decir, al pasar a los ejes “2”), el tensor no varía. Como, además, la masa del triángulo es la mitad de la del cuadrado, resulta:

$$\overleftrightarrow{I}\,(O)(\text{triangulo}) = \frac{2}{3} M\, a^2 \begin{pmatrix} 1 & 0 & 0 \\ 0 & 1 & 0 \\ 0 & 0 & 2 \end{pmatrix}_{\text{“2”}}$$

$$\boldsymbol{\Gamma}_0 = \overleftrightarrow{I}\,(O) \cdot \boldsymbol{\omega}_{21} = \frac{2}{3} m\, a^2 \left\{ \begin{array}{c} \dot{\theta} \\ \dot{\psi} \, \operatorname{sen} \theta \\ 2\,\dot{\psi} \, \cos \theta \end{array} \right\}_{\text{“2”}}$$

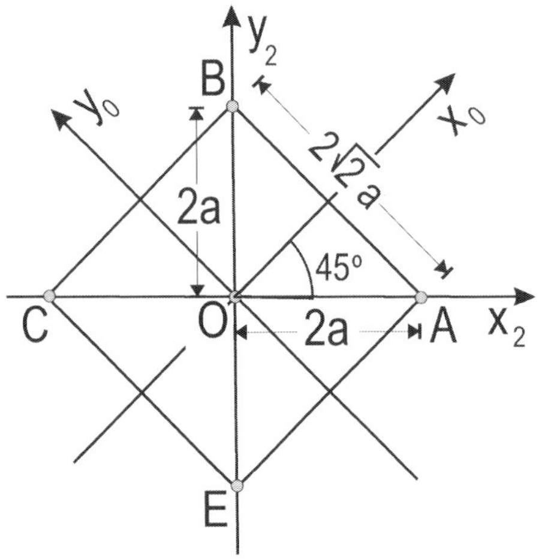

Figura 83: *Sistemas de referencia para la determinación del tensor de inercia del triángulo en O.*

Teorema del momento cinético

Aplicando el teorema del momento cinético en el punto O, cuya velocidad es nula ($\boldsymbol{v}_{21}^O = 0$), se tiene:

$$\left.\frac{d\boldsymbol{\Gamma}_O}{dt}\right|_{\text{“1”}} = \boldsymbol{OG} \wedge M\,\boldsymbol{g} + \boldsymbol{OB} \wedge (k\,\boldsymbol{BD}) + \boldsymbol{\tau}^O + \boldsymbol{C} \wedge \overbrace{\boldsymbol{v}_{21}^O}^{=0}$$

Proyectado en la dirección

$$\boldsymbol{k}_1 = \left\{ \begin{array}{c} 0 \\ \operatorname{sen}\,\theta \\ \cos\,\theta \end{array} \right\}_{\text{“2”}}$$

resulta:

$$\left.\frac{d\boldsymbol{\Gamma}_O}{dt}\right|_{\text{“1”}} \cdot \boldsymbol{k}_1 = \boldsymbol{OG} \wedge \boldsymbol{M}\,\boldsymbol{g} \cdot \boldsymbol{k}_1 + (\boldsymbol{OB} \wedge (k\,\boldsymbol{BD})) \cdot \boldsymbol{k}_1 + \boldsymbol{\tau^O} \cdot \boldsymbol{k}_1$$

El término $\boldsymbol{OG} \wedge \boldsymbol{M}\,\boldsymbol{g} \cdot \boldsymbol{k}_1$ se anula, porque $\boldsymbol{g}$ tiene la dirección vertical de $\boldsymbol{k}_1$. Asimismo, el término $(\boldsymbol{OB} \wedge (k\,\boldsymbol{BD})) \cdot \boldsymbol{k}_1$ también desaparece porque el producto vectorial de $\boldsymbol{OB}$ y $\boldsymbol{BD}$ es normal a $\boldsymbol{k}_1$. Pero, de (158) se tiene que:

$$\boldsymbol{\tau}_0 \cdot \boldsymbol{k}_1 = \tau_2^O\ \operatorname{sen}\,\theta + \tau_3^O\ \cos\,\theta = 0$$

y, en consecuencia:

$$\left.\frac{d\boldsymbol{\Gamma}_O}{dt}\right|_{\text{“1”}} \cdot \boldsymbol{k}_1 = 0 \quad \Longrightarrow \quad \frac{d}{dt}(\boldsymbol{\Gamma}_O \cdot \boldsymbol{k}_1) = 0 \quad \Longrightarrow \quad \boldsymbol{\Gamma}_O \cdot \boldsymbol{k}_1 = \text{cte}$$

que permite escribir:

$$\dot{\psi}(\operatorname{sen}^2\,\theta + 2\,\cos^2\,\theta) = \text{cte} \quad \Longrightarrow$$

$$\dot{\psi}(1+\cos^2\theta) = \text{cte} \tag{159}$$

Energía cinética

$$T = \frac{1}{2}\boldsymbol{\omega}_{21}\cdot\boldsymbol{\Gamma}_O = \frac{1}{3}M\,a^2\left(\dot{\theta}^2+\dot{\psi}^2(1+\cos^2\theta)\right)$$

Comparando esta expresión con la propuesta en el problema, se obtiene inmediatamente que $\lambda = 1/3$ y $\mu = 1$.

Energía potencial

La energía potencial, suma de la gravitatoria y la elástica, tiene la expresión:

$$V = M\,g\,\frac{2\,a}{3}\,\text{sen}\,\theta + \frac{1}{2}\,k\,8\,a^2\,(1-\text{sen}\,\theta) = M\,g\,a\left(\frac{4\,k\,a}{M\,g}+\left(\frac{2}{3}-\frac{4\,k\,a}{M\,g}\right)\text{sen}\,\theta\right)$$

El sistema es conservativo, luego $T+V=$ cte.

Estudio cualitativo del movimiento

El movimiento del sistema viene determinado por las dos integrales primeras:

$$\boldsymbol{\Gamma}_O\cdot\boldsymbol{k}_1 = \text{cte} \quad\Longrightarrow \dot{\psi}(1+\cos^2\theta) = \omega$$

$$T+V = \text{cte} \quad\Longrightarrow \dot{\theta}^2+\dot{\psi}^2(1+\cos^2\theta) - \frac{3\,g}{a}\left(\left(\frac{2}{3}-\frac{4\,k\,a}{M\,g}\right)\text{sen}\,\theta\right) = \frac{3\,g}{a}\left(\frac{2}{3}-\frac{4\,k\,a}{M\,g}\right)+\omega^2$$

$$\Longrightarrow \dot{\theta}^2+\frac{\omega^2}{1+\cos^2\theta}+\frac{3\,g}{a}\left(\left(\frac{2}{3}-\frac{4\,k\,a}{M\,g}\right)(\text{sen}\,\theta-1)\right) = \omega^2 \tag{160}$$

Sustituyendo el valor de $k = \dfrac{M\,g}{12\,a}$ en (160), obtenemos:

$$\dot{\theta}^2+\frac{g}{a(1+\cos^2\theta)}+\frac{g}{a}\,\text{sen}\,\theta = \frac{2\,g}{a} \tag{161}$$

Identificando la ecuación como la de movimiento de una partícula en un potencial

$$V(\theta) = \frac{g}{a}\left(\frac{1}{1+\cos^2\theta}+\text{sen}\,\theta\right)$$

Para $\theta = \pi/2$, se tiene que: $V(\pi/2) = 2\,g/a$

$$0 \le V(\theta) \le \frac{2\,g}{a}$$

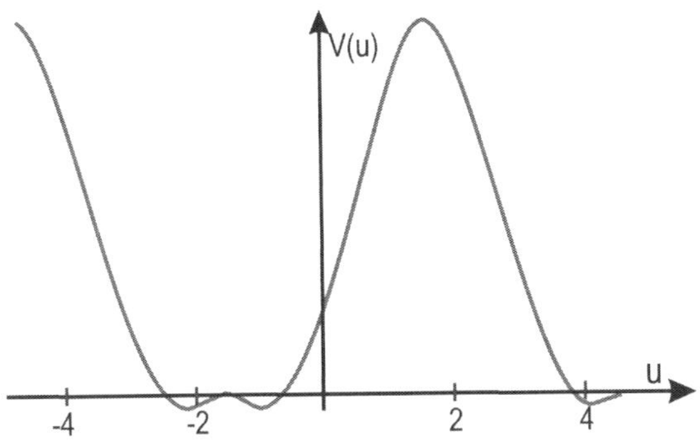

Figura 84: *Representación gráfica de $V(u)$ frente a u.*

Sistema 35 (01/09/2009)

Una varilla pesada de masa M y longitud $2\,a$ se mueve de forma que uno de sus extremos A se encuentra articulado en el eje O_1X_0 a una distancia $2\,a$ del eje vertical O_1Z_1. Dicha articulación se establece por medio de un resorte en forma de espiral plana que, a la vez que obliga que la barra AB se mantenga siempre en el plano vertical $O_1X_0Z_0$ ejerce un par recuperador $\boldsymbol{M}_A = -k\,\phi\boldsymbol{\jmath}_0$. Se pide:

1. Demostrar que la energía cinética del sistema se escribe:

$$T = M\,a^2\left(\dot{\theta}^2(\lambda + \mu\,\text{sen}^2\,\phi + \lambda\,\text{sen}\,\phi) + \mu\,\dot{\phi}^2\right)$$

donde λ y μ son parámetros a determinar.

2. Utilizando los métodos de la Mecánica Analítica:

   (a) Discutir (y determinar en su caso) la existencia de integrales primeras del movimiento.

   (b) En el instante inicial ($t = 0$) y hallándose el sistema en reposo en la posición $\theta = \phi = 0$, el extremo B de la barra recibe una percusión de valor $\boldsymbol{P} = P\,\boldsymbol{\imath}_0$. Determinar el estado cinemático posterior a la percusión.

Solución:

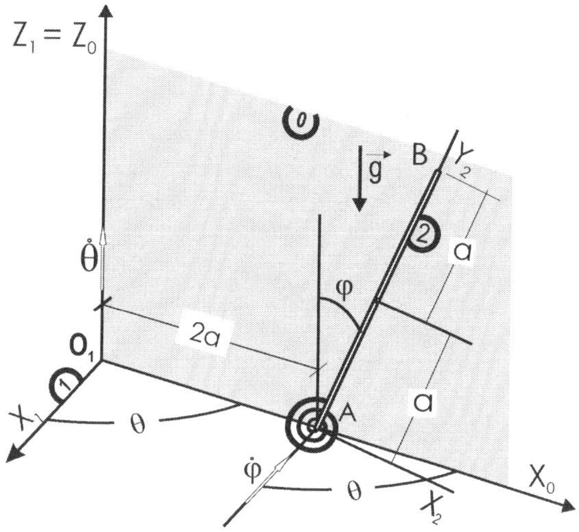

Cinemática

Al tratarse de un varilla, determinemos las velocidades absolutas de sus extremos A y B.

$$\boldsymbol{v}_{21}^{A} = \boldsymbol{v}_{20}^{A} + \boldsymbol{v}_{01}^{A} = \boldsymbol{v}_{01}^{A} = 2\,a\,\dot{\theta}\left\{\begin{array}{c} 0 \\ 1 \\ 0 \end{array}\right\}_{\text{“0”}}$$

donde

$$\boldsymbol{\omega}_{01} = \left\{\begin{array}{c} 0 \\ 0 \\ \dot{\theta} \end{array}\right\}_{\text{“0”}} \quad ; \quad \boldsymbol{\omega}_{20} = \left\{\begin{array}{c} 0 \\ \dot{\phi} \\ 0 \end{array}\right\}_{\text{“0”}}$$

Así,

$$\boldsymbol{\omega}_{21} = \boldsymbol{\omega}_{20} + \boldsymbol{\omega}_{01} = \left\{\begin{array}{c} 0 \\ \dot{\phi} \\ \dot{\theta} \end{array}\right\}_{\text{“0”}}$$

La velocidad de B:

$$\boldsymbol{v}_{21}^{B} = \boldsymbol{v}_{21}^{A} + \boldsymbol{\omega}_{21} \wedge \boldsymbol{AB} = 2\,a\,\dot{\theta}\left\{\begin{array}{c} 0 \\ 1 \\ 0 \end{array}\right\}_{\text{“0”}} + \left|\begin{array}{ccc} \boldsymbol{\imath}_0 & \boldsymbol{\jmath}_0 & \boldsymbol{k}_0 \\ 0 & \dot{\phi} & \dot{\theta} \\ 2\,a \operatorname{sen}\phi & 0 & 2\,a\cos\phi \end{array}\right| \implies$$

$$\boldsymbol{v}_{21}^{B} = 2\,a\left\{\begin{array}{c} \dot{\phi}\cos\phi \\ \dot{\theta}(1+\operatorname{sen}\phi) \\ -\dot{\phi}\operatorname{sen}\phi \end{array}\right\}_{\text{“0”}}$$

Energía cinética

Una vez determinadas estas velocidades, aplicamos la expresión:

$$T = \frac{M}{6}\left((v_{21}^A)^2 + (v_{21}^B)^2 + \boldsymbol{v}_{21}^A \cdot \boldsymbol{v}_{21}^B\right)$$

para obtener:

$$T = \frac{2}{3}\, M\, a^2 \left(\dot{\theta}^2(3 + \text{sen}^2\ \phi + 3\ \text{sen}\ \phi) + \dot{\phi}^2\right)$$

Podemos escribir T como:

$$T = M\, a^2 \left(\dot{\theta}^2(2 + \frac{2}{3}\ \text{sen}^2\ \phi + 2\ \text{sen}\ \phi) + \frac{2}{3}\, \dot{\phi}^2\right)$$

e identificando:

$$\boxed{\lambda = 2; \quad \mu = \frac{2}{3}}$$

Energía potencial

$$V = M\, g\, a\ \cos\ \phi + \frac{1}{2}\, k\, \phi^2$$

Integrales primeras

La lagrangiana de este sistema tiene la expresión:

$$L = T - V = \frac{2}{3}\, M\, a^2 \left(\dot{\theta}^2(3 + \text{sen}^2\ \phi + 3\ \text{sen}\ \phi) + \dot{\phi}^2\right) - M\, g\, a\ \cos\ \phi - \frac{1}{2}\, k\, \phi^2$$

Vemos que:

$$\frac{\partial L}{\partial \theta} = 0 \quad \Longrightarrow \frac{\partial L}{\partial \dot{\theta}} = \text{cte} \quad (\theta,\ \text{coordenada cíclica})$$

Así,

$$\frac{\partial L}{\partial \dot{\theta}} = \frac{4}{3}\, M\, a^2\, \dot{\theta}(3 + \text{sen}^2\ \phi + 3\ \text{sen}\ \phi) = \text{cte} \quad \Longrightarrow$$

$$\dot{\theta} = \frac{3\, c_1}{4\, M\, a^2}\left(\frac{1}{3 + \text{sen}^2\ \phi + 3\ \text{sen}\ \phi}\right) \tag{162}$$

donde c_1 es una constante. Además,

$$\frac{\partial L}{\partial t} = 0 \quad \Longrightarrow H = \text{cte}$$

y como T es homogénea de segundo grado en las velocidades, $H = T + V$:

$$T + V = c_2 = \frac{2}{3}\, M\, a^2 \left(\dot{\theta}^2(3 + \text{sen}^2\ \phi + 3\ \text{sen}\ \phi) + \dot{\phi}^2\right) + M\, g\, a\ \cos\ \phi + \frac{1}{2}\, k\, \phi^2 \tag{163}$$

Para $t = 0^-$: $\theta = \phi = 0$, lo que implica que:

$$T(0) = \frac{2}{3}\, M\, a^2 \left(3\, \dot{\theta}^2 + \dot{\phi}^2\right)$$

y similarmente:

$$\boldsymbol{v}_{21}^B(t=0) = \left\{ \begin{array}{c} 2\, a\, \dot{\phi} \\ 2\, a\, \dot{\theta} \\ 0 \end{array} \right\}$$

Dinámica impulsiva

El punto B sufre la percusión:

$$\Delta \left(\frac{\partial T}{\partial \dot{q}_i}\right)_{t=0} = \boldsymbol{P} \cdot \left.\frac{\partial\, \boldsymbol{v}_{21}^B}{\partial \dot{q}_i}\right|_{t=0} \quad \Longrightarrow$$

$$\left.\begin{array}{rcl} \frac{4}{3}\, M\, a^2\, \dot{\theta}^+ & = & P\, \boldsymbol{\imath}_0 \cdot \left\{ \begin{array}{c} 0 \\ 2\, a \\ 0 \end{array} \right\} = 0 \\ \frac{4}{3}\, M\, a^2\, \dot{\phi}^+ & = & P\, \boldsymbol{\imath}_0 \cdot \left\{ \begin{array}{c} 2\, a \\ 0 \\ 0 \end{array} \right\} = 2\, a\, P \end{array} \right\} \Longrightarrow$$

$$\left\{ \begin{array}{rcl} \dot{\theta}^+ & = & 0 \\ \dot{\phi}^+ & = & \frac{3\, P}{2\, M\, a} \end{array} \right. \tag{164}$$

Esto implica que $\dot{\theta} = 0 \quad \forall t$ y consecuentemente, $\theta =$ cte y, como para $t = 0$, $\theta = 0 \quad \forall t$, la constante c_1 es nula.

En la ecuación (163), podemos determinar c_2. En efecto, aplicando las condiciones iniciales, se tiene:

$$c_2 = \frac{3}{2}\, \frac{P^2}{M} + M\, g\, a$$

Luego, la ecuación (163) queda finalmente:

$$\frac{2}{3}\, M\, a^2\, \dot{\phi}^2 + M\, g\, a\, (\cos\, \phi - 1) + \frac{k\, \phi^2}{2} - \frac{3\, P^2}{2\, M} = 0 \tag{165}$$

Sistema 36 (15/12/2009)

Una varilla uniforme de longitud $2\, a$, masa M y sección transversal despreciable, se ha puesto en equilibrio verticalmente sobre un suelo liso y después se deja caer libremente. Aplicar:

1. El teorema del centro de masas y deducir de aquí dos integrales primeras.
2. El teorema del momento cinético en el punto A y deducir de aquí una integral primera.
3. El teorema de la energía cinética y deducir de aquí una integral primera.

Solución:

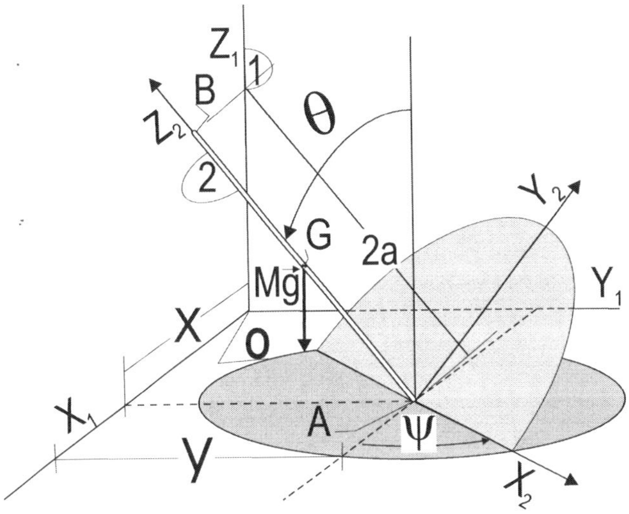

Figura 85: *Sistema 36*

Cinemática

$$\boldsymbol{OG} = \boldsymbol{OA} + \boldsymbol{AG}; \quad \boldsymbol{OA} = \begin{Bmatrix} x \\ y \\ 0 \end{Bmatrix}_{\text{“1”}} \quad ; \quad \boldsymbol{AG} = \begin{Bmatrix} 0 \\ 0 \\ a \end{Bmatrix}_{\text{“2”}}$$

$$\boldsymbol{AG} = a \begin{Bmatrix} \operatorname{sen}\theta \operatorname{sen}\psi \\ -\operatorname{sen}\theta \cos\psi \\ \cos\theta \end{Bmatrix}_{\text{“1”}}$$

$$\boxed{\boldsymbol{OG} = \begin{Bmatrix} x + a \operatorname{sen}\theta \operatorname{sen}\psi \\ y - a \operatorname{sen}\theta \cos\psi \\ a\cos\theta \end{Bmatrix}_{\text{“1”}}} \tag{166}$$

$$\boldsymbol{v}_{21}^{G} = \begin{Bmatrix} \dot{x} + a\,\dfrac{d}{dt}(\operatorname{sen}\theta \operatorname{sen}\psi) \\ \dot{y} - a\,\dfrac{d}{dt}(\operatorname{sen}\theta \cos\psi) \\ -a \operatorname{sen}\theta\,\dot{\theta} \end{Bmatrix}_{\text{“1”}} \quad \text{y } \boldsymbol{\omega}_{21} = \begin{Bmatrix} \dot{\theta}\cos\psi \\ \dot{\theta}\operatorname{sen}\psi \\ \dot{\psi} \end{Bmatrix}_{\text{“1”}} \tag{167}$$

Teorema del centro de masas

Desvincular en A

El principio de las potencias virtuales, nos permite escribir:

$$\boldsymbol{\phi}_A \cdot \boldsymbol{v}_{21}^A + \overset{\hookrightarrow}{\tau}_A \cdot \boldsymbol{\omega}_{21} = 0 \quad \text{con } \boldsymbol{v}_{21}^A = \begin{Bmatrix} \dot{x} \\ \dot{y} \\ 0 \end{Bmatrix}_{\text{“1”}}$$

resulta:

$$\boldsymbol{\phi}_1^A \, \dot{x} + \boldsymbol{\phi}_2^A \, \dot{y} + \boldsymbol{\phi}_3^A \, 0 + \dot{\theta}\,(\tau_1 \cos\psi + \tau_2 \operatorname{sen}\psi) + \dot{\psi}\,\tau_3 = 0$$

válida para cualquier $\dot{x}$, $\dot{y}$, $\dot{\theta}$ y $\dot{\psi}$ y, en consecuencia,

$$\boldsymbol{\phi}^A = \begin{Bmatrix} 0 \\ 0 \\ \phi_3^A \end{Bmatrix}_{\text{“1”}} \quad ; \quad \overset{\hookrightarrow}{\tau}^A = \begin{Bmatrix} \tau_1 \\ \tau_2 \\ 0 \end{Bmatrix}_{\text{“1”}} \quad \text{tales que: } \tau_1 \cos\psi + \tau_2 \operatorname{sen}\psi = 0 \tag{168}$$

Aplicando el teorema del centro de masas a la varilla:

$$\left.\frac{d\boldsymbol{C}}{dt}\right|_{\text{“1”}} = M\,\boldsymbol{g} + \boldsymbol{\phi}^A \implies C_x = \text{cte}; \; C_y = \text{cte}$$

y, dado que para $t = 0$: $\dot{\theta} = \dot{\psi} = 0$; $\theta = 0$; $\psi = 0$; $x = x_0$; $y = y_0$, se tiene que:

$$\boxed{C_x = C_y = 0} \implies \boldsymbol{v}_{21}^G = \begin{Bmatrix} 0 \\ 0 \\ -a \operatorname{sen}\theta\,\dot{\theta} \end{Bmatrix}_{\text{“1”}} \tag{169}$$

Es decir,

$$x + a \operatorname{sen}\theta \operatorname{sen}\psi = x_O \tag{170}$$

$$y - a \operatorname{sen}\theta \cos\psi = y_O \tag{171}$$

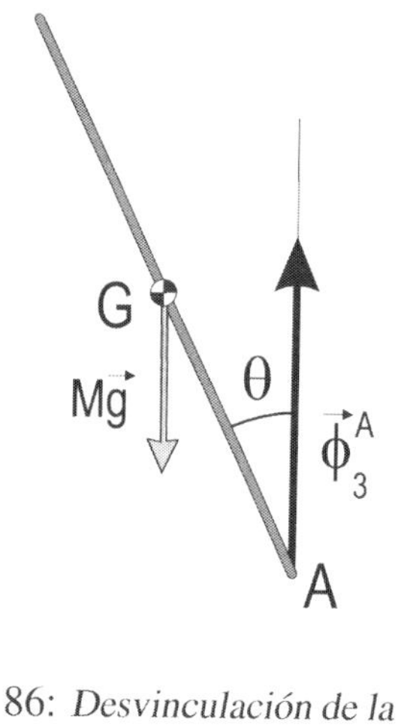

Figura 86: *Desvinculación de la varilla.*

Teorema del momento cinético en A

$$\left.\frac{d\boldsymbol{\Gamma}_A}{dt}\right|_{\text{“1”}} = \boldsymbol{AG} \wedge M\,\boldsymbol{g} + M\,\boldsymbol{v}_{21}^{G} \wedge \boldsymbol{v}_{21}^{A} + \overset{\hookrightarrow}{\tau}^{A}$$

y, dado que

$$\boldsymbol{v}_{21}^{G} = \left\{\begin{array}{c} 0 \\ 0 \\ -a\,\text{sen}\,\theta\,\dot{\theta} \end{array}\right\}_{\text{“1”}} \quad \text{y} \quad \boldsymbol{v}_{21}^{A} = \left\{\begin{array}{c} \dot{x} \\ \dot{y} \\ 0 \end{array}\right\}_{\text{“1”}}$$

se tiene:

$$M\,\boldsymbol{v}_{21}^{G} \wedge \boldsymbol{v}_{21}^{A} = M \left|\begin{array}{ccc} \boldsymbol{\imath}_1 & \boldsymbol{\jmath}_1 & \boldsymbol{k}_1 \\ 0 & 0 & -a\,\text{sen}\,\theta\,\dot{\theta} \\ \dot{x} & \dot{y} & 0 \end{array}\right| = M \left\{\begin{array}{c} a\,\dot{y}\,\dot{\theta}\,\text{sen}\,\theta \\ -a\,\dot{x}\,\dot{\theta}\,\text{sen}\,\theta \\ 0 \end{array}\right\}_{\text{“1”}}$$

$$\left.\frac{d\boldsymbol{\Gamma}_A}{dt}\right|_{\text{“1”}} \cdot \boldsymbol{k}_1 = \left(\boldsymbol{AG} \wedge M\,\boldsymbol{g} + M\,\boldsymbol{v}_{21}^{G} \wedge \boldsymbol{v}_{21}^{A} + \overset{\hookrightarrow}{\tau}^{A}\right) \cdot \boldsymbol{k}_1 = 0$$

$$\boxed{\boldsymbol{\Gamma}_A \cdot \boldsymbol{k}_1 = \text{cte}} \qquad (172)$$

con

$$\boldsymbol{\Gamma}_A = \overset{\leftrightarrow}{I}(A) \cdot \boldsymbol{\omega}_{21} + M\,\boldsymbol{v}_{21}^{A} \wedge \boldsymbol{GA} = \overset{\leftrightarrow}{I}(G) \cdot \boldsymbol{\omega}_{21} + M\,\boldsymbol{v}_{21}^{G} \wedge \boldsymbol{GA}$$

$$\boldsymbol{\Gamma}_A \cdot \boldsymbol{k}_1 = \left(\overset{\leftrightarrow}{I}(G) \cdot \boldsymbol{\omega}_{21}\right) \cdot \boldsymbol{k}_1 + \overbrace{\left|\begin{array}{ccc} 0 & 0 & (v_{21}^{G})_3 \\ (AG)_1 & (AG)_2 & (AG)_3 \\ 0 & 0 & 1 \end{array}\right|}^{=0} =$$

$$= \left(\frac{1}{3} M\,a^2 \left(\begin{array}{ccc} 1 & 0 & 0 \\ 0 & 1 & 0 \\ 0 & 0 & 0 \end{array}\right) \left\{\begin{array}{c} \dot{\theta} \\ \dot{\psi}\,\text{sen}\,\theta \\ \dot{\psi}\,\cos\theta \end{array}\right\}\right) \cdot \boldsymbol{k}_1$$

$$\Longrightarrow\ \boldsymbol{\Gamma}_A \cdot \boldsymbol{k}_1 = \frac{1}{3} M\,a^2\,(0, \text{sen}\,\theta, \cos\theta) \left(\begin{array}{c} \dot{\theta} \\ \dot{\psi}\,\text{sen}\,\theta \\ 0 \end{array}\right) = \frac{1}{3} M\,a^2 \left(\dot{\psi}\,\text{sen}^2\,\theta\right) = \text{cte}$$

y, como para $t = 0$, $\dot{\psi} = 0$, se tiene que: cte $= 0$, luego

$$\boxed{\dot{\psi} = 0} \quad \Longrightarrow \quad \boxed{\psi = 0}$$

Teorema de la Energía Cinética

$$\left.\begin{array}{rl} T = \frac{1}{2} M\,(v_{21}^{G})^2 + \frac{1}{2}\,\boldsymbol{\omega}_{21}\ \overset{\leftrightarrow}{I}(G)\,\boldsymbol{\omega}_{21} & = \frac{M\,a^2}{6}\left(\dot{\theta}^2(1 + 3\,\text{sen}^2\,\theta) + \overbrace{\dot{\psi}^2}^{=0}\ \text{sen}^2\,\theta\right) \\ V & = M\,g\,a\,\cos\theta \end{array}\right\} \qquad (173)$$

$$T + V = \text{cte} \quad \Longrightarrow \boxed{\dot{\theta}^2(1 + 3\ \text{sen}^2\ \theta) + \overbrace{\dot{\psi}^2}^{=0}\ \text{sen}^2\ \theta = \tfrac{6\,g}{a}\,(1 - \cos\ \theta)} \tag{174}$$

En resumen:

$$\begin{cases} \psi = 0; \quad \dot{\psi} = 0 \\ x = x_0 \\ y = y_0 + a\ \text{sen}\ \theta \\ \dot{\theta}^2(1 + 3\ \text{sen}^2\ \theta) = \tfrac{6\,g}{a}\,(1 - \cos\ \theta) \end{cases} \tag{175}$$

Haciendo el cambio:

$$u = \cos\ \theta \quad \Longrightarrow \dot{u} = -\,\text{sen}\ \theta\,\dot{\theta} \Longrightarrow \ \dot{\theta} = -\frac{\dot{u}}{\sqrt{1 - u^2}}$$

resulta:

$$\frac{\dot{u}^2}{1 - u^2}\,(4 - 3\,u^2) = \frac{6\,g}{a}(1 - u) \quad \Longrightarrow \ \frac{1}{2}\,\dot{u}^2 - \frac{3\,g(1 - u)^2(1 + u)}{a(4 - 3\,u^2)} = 0$$

y, considerando el problema unidimensional equivalente, $T + V = E$, con $T = \dfrac{1}{2}\,\dot{u}^2$ y $E = 0$, la energía potencial tendría la expresión (ver Fig. (87))

$$V(u) = \frac{3\,g(1 - u)^2(1 + u)}{a(3\,u^2 - 4)}$$

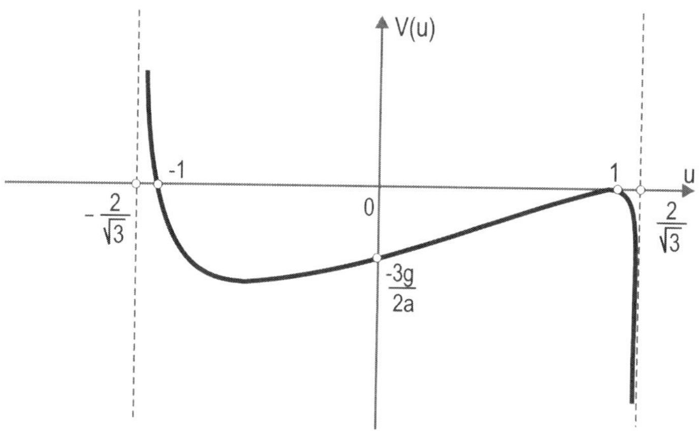

Figura 87: *Representación gráfica de $V(u)$ frente a u.*

Sistema 37
(15/12/2009)

Un aro homogéneo (sólido "0"), de masa M y radio a, puede girar sin rozamiento alrededor de uno de sus diámetros (AB) que permanece horizontal y fijo. Los extremos (CD) de una varilla homogénea (sólido "2") de masa M y longitud $a\sqrt{2}$ deslizan, sin rozamiento, sobre la circunferencia anterior. Se pide:

1. Demostrar que la energía cinética del sistema se escribe:

$$T = \frac{M\,a^2}{12}\left((\lambda + \operatorname{sen}(2\,\phi))\dot{\theta}^2 + \mu\,\dot{\phi}^2\right)$$

donde λ y μ son constantes a determinar.

2. Estando el sistema en reposo en la posición $\theta = 0$, $\phi = 5\,\pi/4$; recibe una percusión $\boldsymbol{P} = 2\,M\,\omega\,a\boldsymbol{\imath}_0$ en el punto E del aro, tal que $\boldsymbol{OE} = a\,\boldsymbol{k}_0$. Utilizando los métodos de la mecánica analítica, determinar el estado cinemático posterior a la percusión.

3. Ecuaciones diferenciales del movimiento.

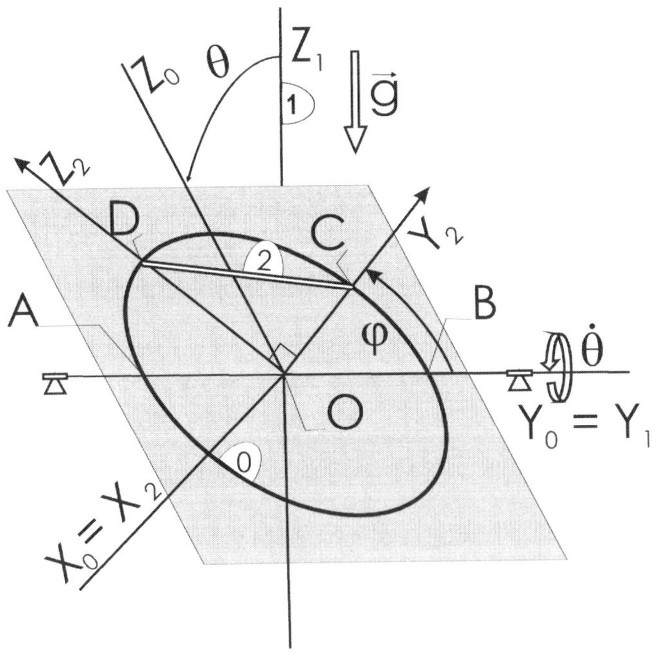

Figura 88: *Sistema 37*

Solución:

Energía cinética

Expresando los datos en los ejes "2":

$$T = \overset{\text{“2”}}{T} + \overset{\text{“0”}}{T}$$

donde

$$\overset{\text{“0”}}{T} = \frac{1}{2}\, I_{22}\, \dot\theta^2 = \frac{1}{4}\, M\, a^2\, \dot\theta^2$$

Podemos calcular la energía cinética de la varilla, conociendo las velocidades de sus extremos C y D:

$$\overset{\text{“2”}}{T} = \frac{M}{6}\left((\boldsymbol{v}_{21}^C)^2 + (\boldsymbol{v}_{21}^D)^2 + \boldsymbol{v}_{21}^C \cdot \boldsymbol{v}_{21}^D \right)$$

Así,

$$\boldsymbol{v}_{21}^C = \boldsymbol{v}_{20}^C + \boldsymbol{v}_{01}^C = \left\{ \begin{array}{c} 0 \\ 0 \\ a\,\dot\phi \end{array} \right\}_{\text{“2”}} + \left\{ \begin{array}{c} a \text{ sen } \phi\,\dot\theta \\ 0 \\ 0 \end{array} \right\}_{\text{“2”}} = \left\{ \begin{array}{c} a \text{ sen } \phi\,\dot\theta \\ 0 \\ a\,\dot\phi \end{array} \right\}_{\text{“2”}}$$

$$\boldsymbol{v}_{21}^D = \boldsymbol{v}_{20}^D + \boldsymbol{v}_{01}^D = \left\{ \begin{array}{c} 0 \\ -a\,\dot\phi \\ 0 \end{array} \right\}_{\text{“2”}} + \left\{ \begin{array}{c} a \cos \phi\,\dot\theta \\ 0 \\ 0 \end{array} \right\}_{\text{“2”}} = \left\{ \begin{array}{c} a \cos \phi\,\dot\theta \\ -a\,\dot\phi \\ 0 \end{array} \right\}_{\text{“2”}} \Longrightarrow$$

$$\overset{\text{“2”}}{T} = \frac{M}{6}\left(a^2(\dot\theta^2 + 2\,\dot\phi^2 + \text{sen } \phi \cos \phi\, \dot\theta^2) \right)$$

Luego,

$$T = \overset{\text{“0”}}{T} + \overset{\text{“2”}}{T} = \frac{M\, a^2}{12}\left((5 + \text{sen}(2\,\phi))\dot\theta^2 + 4\,\dot\phi^2 \right)$$

Identificando esta expresión con la propuesta en el enunciado, se tiene que:

$$\boxed{\lambda = 5 \qquad \mu = 4}$$

Para hallar la expresión de la energía potencial:

$$\boldsymbol{OG} = \frac{\boldsymbol{OC} + \boldsymbol{OD}}{2} = \frac{1}{2}\left\{ \begin{array}{c} 0 \\ \cos \phi \\ \text{sen } \phi \end{array} \right\} a + \frac{1}{2}\left\{ \begin{array}{c} 0 \\ -a \text{ sen } \phi \\ a \cos \phi \end{array} \right\} =$$

$$= \frac{a}{2}\left\{ \begin{array}{c} 0 \\ \cos \phi - \text{sen } \phi \\ \cos \phi + \text{sen } \phi \end{array} \right\} = \frac{a}{2}\,\frac{2}{\sqrt{2}}\left\{ \begin{array}{c} 0 \\ \cos(\phi + \pi/4) \\ \text{sen}(\phi + \pi/4) \end{array} \right\}_{\text{“0”}}$$

Luego,

$$V = M\, g\, \frac{a}{\sqrt{2}} \text{ sen}\left(\phi + \frac{\pi}{4}\right) \cos \theta = M\, g\, \frac{a}{2}\, (\text{sen } \phi + \cos \phi) \cos \theta$$

Estado cinemático posterior a la percusión

$$\Delta \left(\frac{\partial T}{\partial \dot q_i} \right)\bigg|_{t=0} = \boldsymbol{P} \cdot \frac{\partial \boldsymbol{v}^E}{\partial \dot q_i}\bigg|_{t=0}$$

$$\text{Para } t = 0 \quad \Longrightarrow \quad T = \frac{M\, a^2}{12}\left(4\,\dot\phi^2 + 5\,\dot\theta^2 \right)$$

y

$$\boldsymbol{v}_{01}^{E} = \overbrace{\boldsymbol{v}_{01}^{O}}^{=0} + \boldsymbol{\omega}_{01} \wedge \boldsymbol{OE} \quad \Longrightarrow \quad \boldsymbol{v}_{01}^{E} = a\,\dot{\theta} \begin{Bmatrix} 1 \\ 0 \\ 0 \end{Bmatrix}$$

$$\frac{\partial T}{\partial \dot{\phi}} = \frac{2\,M\,a^2}{3}\,\dot{\phi}; \quad \frac{\partial \boldsymbol{v}^E}{\partial \dot{\phi}} = 0 \quad \Longrightarrow \dot{\phi}^+ = 0$$

$$\frac{\partial T}{\partial \dot{\theta}} = \frac{5\,M\,a^2}{6}\,\dot{\theta}; \quad \frac{\partial \boldsymbol{v}^E}{\partial \dot{\theta}} = a \quad \Longrightarrow \frac{5}{6}\,M\,a^2\,\dot{\theta}^+ = P\,a \quad \Longrightarrow \dot{\theta}^+ = \frac{6\,P}{5\,M\,a}$$

y como $P = 2\,M\,\omega\,a \quad \Longrightarrow \dot{\theta}^+ = 12\,\omega/5$.

Ecuaciones diferenciales del movimiento

La lagrangiana tiene la expresión:

$$L = T - V = \frac{M\,a^2}{12}\left((5 + \mathrm{sen}(2\,\phi))\dot{\theta}^2 + 4\,\dot{\phi}^2\right) - M\,g\,\frac{a}{2}\,(\mathrm{sen}\,\phi + \cos\,\phi)\,\cos\,\theta$$

Se observa que no hay coordenadas cíclicas y $\dfrac{\partial L}{\partial t} = 0$; es decir, el sistema es conservativo: $H = T + V = \text{cte}$.

$$\frac{M\,a^2}{12}\left((5 + \mathrm{sen}(2\,\phi))\dot{\theta}^2 + 4\,\dot{\phi}^2\right) + M\,g\,\frac{a}{2}\,(\mathrm{sen}\,\phi + \cos\,\phi)\,\cos\,\theta = \text{cte}$$

Aplicando condiciones iniciales: para $t = 0, \quad \theta = 0\,; \quad \phi = 5\,\pi/4\,; \quad \dot{\theta} = \dot{\phi} = 0$; luego,

$$\text{cte} = -M\,g\,a\,\frac{\sqrt{2}}{2}$$

Las ecuaciones de Lagrange:

$$\frac{d}{dt}\left(\frac{\partial L}{\partial \dot{\theta}}\right) - \frac{\partial L}{\partial \theta} = 0 \quad \Longrightarrow$$

$$\Longrightarrow \quad \frac{M\,a^2}{6}\left(2\,\cos(2\,\phi)\,\dot{\phi}\,\dot{\theta} + \mathrm{sen}(2\,\phi)\,\ddot{\theta}\right) - \frac{M\,g\,a}{2}\,(\mathrm{sen}\,\phi + \cos\,\phi)\,\mathrm{sen}\,\theta = 0$$

$$\frac{d}{dt}\left(\frac{\partial L}{\partial \dot{\phi}}\right) - \frac{\partial L}{\partial \phi} = 0 \quad \Longrightarrow$$

$$\Longrightarrow \quad \frac{2\,M\,a^2}{3}\,\ddot{\phi} - \frac{M\,a^2}{6}\,\cos(2\,\phi)\,\dot{\theta}^2 - \frac{M\,g\,a}{2}\,\cos\,\theta(\mathrm{sen}\,\phi - \cos\,\phi) = 0$$

Sistema 38 (26/01/2010)

El sistema material de la figura está formado por un disco circular (sólido "2") de masa M y radio a (contenido en un plano OX_0Y_0: sin masa y con un punto fijo (O)), que gira, sin rozamiento, alrededor de su eje de simetría unido perpendicularmente al plano (sólido "0") de origen fijo en O, de tal forma que $OX_0 \equiv$ eje horizontal del plano del disco; $OY_0 \equiv$ máxima pendiente del disco; $OZ_0 \equiv$ normal al plano del disco. La posición del sólido se fija por medio de las coordenadas libres (ψ , θ , ϕ) (ver figura). Sabiendo que en el instante inicial ($t = 0$), su posición y velocidades vienen dados por $\phi = \psi = 0$; $\theta = \pi/2$; $\dot{\theta} = \dot{\phi} = 0$; $\dot{\psi} = \omega$ y utilizando los métodos de la mecánica vectorial, se pide:

1. Desvincular el sistema en el punto O.
2. Aplicar el teorema del momento cinético en el punto O.
3. Encontrar tres integrales primeras del movimiento.

Nota: Los resultados vectoriales se expresarán en los ejes "'0".

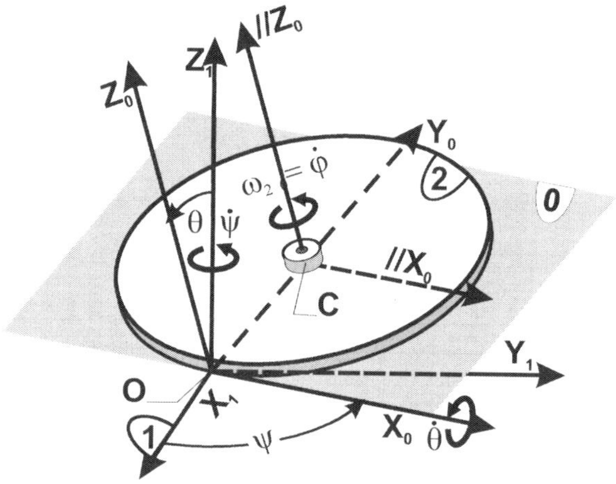

Figura 89: *Sistema 38*

Solución:

Cinemática

$$\boldsymbol{v}_{01}^{O} = \mathbf{0}; \qquad \boldsymbol{\omega}_{01} = \left\{ \begin{array}{c} \dot{\theta} \\ \dot{\psi} \text{ sen } \theta \\ \dot{\psi} \cos \theta \end{array} \right\}_{\text{"0"}}$$

$$\boldsymbol{v}_{21}^{C} = \overbrace{\boldsymbol{v}_{20}^{C}}^{=0} + \boldsymbol{v}_{01}^{C} = \overbrace{\boldsymbol{v}_{01}^{O}}^{=0} + \boldsymbol{\omega}_{01} \wedge \boldsymbol{OC} \implies$$

$$\boldsymbol{v}_{21}^{C} = \left| \begin{array}{ccc} \boldsymbol{\imath}_0 & \boldsymbol{\jmath}_0 & \boldsymbol{k}_0 \\ \dot{\theta} & \dot{\psi} \text{ sen } \theta & \dot{\psi} \cos \theta \\ 0 & a & 0 \end{array} \right| = \left\{ \begin{array}{c} a\,\dot{\psi} \cos \theta \\ 0 \\ a\,\dot{\theta} \end{array} \right\}_{\text{"0"}}$$

$$\boldsymbol{\omega}_{21} = \boldsymbol{\omega}_{20} + \boldsymbol{\omega}_{01} = \left\{ \begin{array}{c} \dot{\theta} \\ \dot{\psi} \text{ sen } \theta \\ \dot{\phi} + \dot{\psi} \cos \theta \end{array} \right\}_{\text{“0”}}$$

Geometría de masas

En este caso, $C \equiv G$, luego:

$$\overset{\leftrightarrow}{I}(C) = \frac{M\,a^2}{4} \begin{pmatrix} 1 & 0 & 0 \\ 0 & 1 & 0 \\ 0 & 0 & 2 \end{pmatrix}_{\text{"0","2"}}$$

Aplicando el Teorema de Steiner:

$$\overset{\leftrightarrow}{I}(O) = \overset{\leftrightarrow}{I}(C) + M \begin{pmatrix} a^2 & 0 & 0 \\ 0 & 0 & 0 \\ 0 & 0 & a^2 \end{pmatrix}_{\text{"0"}} \Longrightarrow$$

$$\overset{\leftrightarrow}{I}(O) = \frac{M\,a^2}{4} \begin{pmatrix} 5 & 0 & 0 \\ 0 & 1 & 0 \\ 0 & 0 & 6 \end{pmatrix}_{\text{"0"}}$$

Desvincular el sistema en O: (“0” + “2” de “1”)

Admitiendo:

$$\mathbf{\Phi}^O = \left\{ \begin{array}{c} \phi_1^O \\ \phi_2^O \\ \phi_3^O \end{array} \right\}_{\text{“0”}} \quad ; \quad \boldsymbol{\tau}^O = \left\{ \begin{array}{c} \tau_1^O \\ \tau_2^O \\ \tau_3^O \end{array} \right\}_{\text{“0”}}$$

Aplicando el principio de las *“potencial virtuales”* (vínculos ideales)

$$\dot{W} = \mathbf{\Phi}_O \cdot \boldsymbol{v}_{21}^O + \overset{\leftrightarrow}{\tau}_O \cdot \boldsymbol{\omega}_{01} = 0 \quad \Longrightarrow$$

$$\Longrightarrow \quad \dot{W} = \phi_1^O \cdot 0 + \phi_2^O \cdot 0 + \phi_3^O \cdot 0 + \tau_1^O\,\dot{\theta} + \dot{\psi}(\tau_2^O \text{ sen } \theta + \tau_3^O \cos \theta) = 0 \quad \Longrightarrow$$

$$\Longrightarrow \quad \boxed{\tau_2^O \text{ sen } \theta + \tau_3^O \cos \theta = 0} \quad \boxed{\tau_1^O = 0}$$

Luego,

$$\boxed{\mathbf{\Phi}^O = \left\{ \begin{array}{c} \phi_1^O \\ \phi_2^O \\ \phi_3^O \end{array} \right\}_{\text{“0”}} \quad ; \quad \boldsymbol{\tau}^O = \left\{ \begin{array}{c} 0 \\ \tau_2^O \\ \tau_3^O \end{array} \right\}_{\text{“0”}} \qquad \text{tal que } \tau_2^O \text{ sen } \theta + \tau_3^O \cos \theta = 0} \tag{176}$$

Momento cinético en O, perteneciente al sólido “0”

$$\mathbf{\Gamma}_O = \overset{\text{“0”}}{\mathbf{\Gamma}_O} + \overset{\text{“2”}}{\mathbf{\Gamma}_O}$$

con $\overset{\text{“0”}}{\mathbf{\Gamma}_O} = \mathbf{0}$, dado que el sólido “0” no tiene masa.

$$\mathbf{\Gamma}_O = \overset{\text{“2”}}{\Gamma_O} = \overset{\text{“2”}}{\overset{\leftrightarrow}{I}}(O) \cdot \boldsymbol{\omega}_{21} + M\, \boldsymbol{v}_{21}^O \wedge \boldsymbol{CO}$$

$$\overset{\text{“2”}}{\overset{\leftrightarrow}{I}}(O) = \overset{\text{“2”}}{\overset{\leftrightarrow}{I}}(C) + M\,a^2 \begin{pmatrix} 1 & 0 & 0 \\ 0 & 0 & 0 \\ 0 & 0 & 1 \end{pmatrix}_{\text{"0"}} \Longrightarrow$$

$$\Longrightarrow \overset{\leftrightarrow}{I}(O) = \frac{M\,a^2}{4} \begin{pmatrix} 5 & 0 & 0 \\ 0 & 1 & 0 \\ 0 & 0 & 6 \end{pmatrix}_{\text{"0"}} \quad ; \; \boldsymbol{v}_{21}^O = \boldsymbol{v}_{20}^O + \overbrace{\boldsymbol{v}_{01}^O}^{=0} = \overbrace{\boldsymbol{v}_{20}^C}^{=0} + \boldsymbol{\omega}_{20} \wedge \boldsymbol{CO}$$

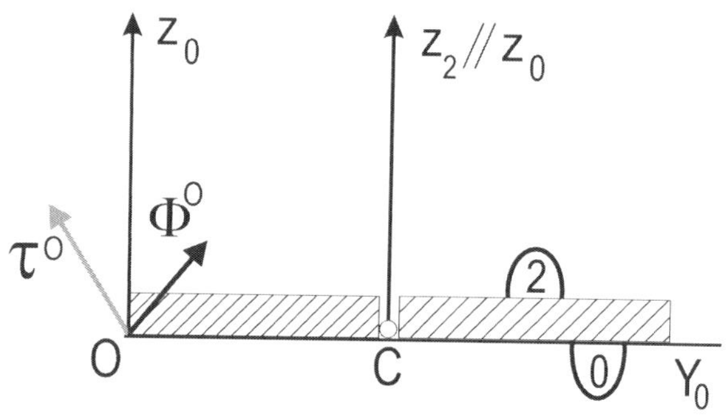

Figura 90: *Desvinculación del sistema en el punto O.*

$$\boldsymbol{v}_{21}^O = \begin{vmatrix} \boldsymbol{\imath}_0 & \boldsymbol{\jmath}_0 & \boldsymbol{k}_0 \\ 0 & 0 & \dot\phi \\ 0 & -a & 0 \end{vmatrix} = \begin{Bmatrix} a\,\dot\phi \\ 0 \\ 0 \end{Bmatrix}_{\text{“0”}} ; M\, \boldsymbol{v}_{21}^O \wedge \boldsymbol{CO} = \begin{vmatrix} \boldsymbol{\imath}_0 & \boldsymbol{\jmath}_0 & \boldsymbol{k}_0 \\ a\,\dot\phi & 0 & 0 \\ 0 & -a & 0 \end{vmatrix} = M\,a\,\dot\phi \begin{Bmatrix} 0 \\ 0 \\ -a \end{Bmatrix}_{\text{“1”}}$$

El momento cinético en "O" tiene la expresión:

$$\mathbf{\Gamma}_O = \frac{M\,a^2}{4} \begin{Bmatrix} 5\,\dot\theta \\ \dot\psi \text{ sen } \theta \\ 6(\dot\phi + \dot\psi \cos\theta) \end{Bmatrix}_{\text{“0”}} + M\,a^2\,\dot\phi \begin{Bmatrix} 0 \\ 0 \\ -1 \end{Bmatrix}_{\text{“0”}} = \frac{M\,a^2}{4} \begin{Bmatrix} 5\,\dot\psi \\ \dot\psi \text{ sen } \theta \\ 2\,\dot\phi + 6\,\dot\psi \cos\theta \end{Bmatrix}_{\text{“0”}} \quad (177)$$

Aplicando el teorema del momento cinético en O:

$$\left.\frac{d\,\mathbf{\Gamma}_O}{d\,t}\right|_{\text{“1”}} = \left.\frac{d\,\mathbf{\Gamma}_O}{d\,t}\right|_{\text{“2”}} + \boldsymbol{\omega}_{21} \wedge \mathbf{\Gamma}_O = \overset{\hookrightarrow O}{\tau} + \boldsymbol{OC} \wedge M\boldsymbol{g} + M\,\boldsymbol{v}_{21}^C \wedge \overbrace{\boldsymbol{v}_{01}^O}^{=0} \quad (178)$$

Proyectando (178) en la dirección $\boldsymbol{k}_1$, se tiene:

$$\left.\frac{d\,\mathbf{\Gamma}_O}{d\,t}\right|_{\text{“1”}} \cdot \boldsymbol{k}_1 = \overset{\hookrightarrow O}{\tau} \cdot \boldsymbol{k}_1 \quad \text{y como} \quad \boldsymbol{k}_1 = \begin{Bmatrix} 0 \\ \text{sen } \theta \\ \cos\theta \end{Bmatrix}_{\text{“0”}} \Longrightarrow$$

$$\left.\frac{d\,\mathbf{\Gamma}_O}{d\,t}\right|_{\text{“1”}} \cdot \boldsymbol{k}_1 = \tau_2^O \text{ sen } \theta + \tau_3^O \cos\theta = 0$$

Teniendo en cuenta la ecuación (176), se obtiene inmediatamente que:

$$\frac{d}{dt}(\boldsymbol{\Gamma}_O\cdot \boldsymbol{k}_1)\Big|_{\text{“1”}} = 0 \quad\Longrightarrow\quad \frac{M\, a^2}{4}\left(\dot\psi \operatorname{sen}^2\theta + 2\,\dot\phi\cos\theta + 6\,\dot\psi\cos^2\theta\right) = \text{cte}$$

Es decir,

$$\dot\psi(1+5\,\cos^2\theta) + 2\,\dot\phi\,\cos\theta = \alpha(\text{cte})$$

Aplicando las condiciones iniciales: para $t=0$, $\phi=\psi=0$, $\theta=\pi/2$; $\dot\theta=\dot\phi=0$, $\dot\psi=\omega$, se tiene:

$$\dot\psi(1+5\,\cos^2\theta) + 2\,\dot\phi\,\cos\theta = \omega \tag{179}$$

que es una integral primera, proveniente de $\boldsymbol{\Gamma}_O\cdot\boldsymbol{k}_1 = \text{cte}$.

Como $\boldsymbol{OC} = a\,\boldsymbol{u}_2$, proyectando en la dirección $\boldsymbol{u}_1$ la ecuación (178), se tiene:

$$\frac{d\,\boldsymbol{\Gamma}_O}{dt}\Big|_{\text{“1”}}\cdot\boldsymbol{u}_1 = \left(\frac{d\,\boldsymbol{\Gamma}_O}{dt}\Big|_{\text{“0”}} + \boldsymbol{\omega}_{01}\wedge\boldsymbol{\Gamma}_O\right)\cdot\boldsymbol{u}_1 = (\boldsymbol{OC}\wedge M\,\boldsymbol{g})\cdot\boldsymbol{u}_1 \quad\Longrightarrow$$

$$\frac{d}{dt}(\boldsymbol{\Gamma}_O\cdot\boldsymbol{u}_1)\Big|_{\text{“1”}} + \begin{vmatrix} \dot\theta & \dot\psi\,\operatorname{sen}\theta & \dot\psi\,\cos\theta \\ 5\,\dot\theta & \dot\psi\,\operatorname{sen}\theta & 2\,\dot\phi + \dot\psi\,\cos\theta \\ 1 & 0 & 0 \end{vmatrix}\frac{M\,a^2}{4} = \begin{vmatrix} 0 & a & 0 \\ 0 & 0 & M\,g \\ 1 & 0 & 0 \end{vmatrix} \quad\Longrightarrow$$

$$\frac{d}{dt}(\boldsymbol{\Gamma}_O\cdot\boldsymbol{u}_1) + \dot\psi\,\operatorname{sen}\theta(2\,\dot\phi - 5\,\dot\psi\,\cos\theta)\,\frac{M\,a^2}{4} = M\,g\,a \quad\Longrightarrow$$

$$\ddot\theta + 2\,\dot\psi\,\dot\phi\,\operatorname{sen}\theta - 5\,\dot\psi^2\,\operatorname{sen}\theta\,\cos\theta = \frac{4\,g}{a}$$

Desviculación de “2” de “0” en C

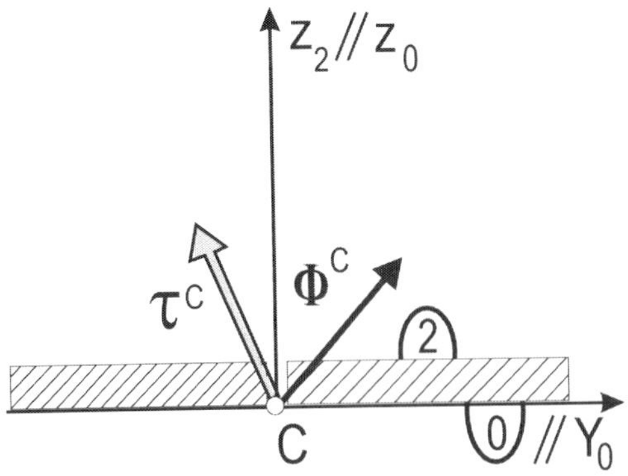

Figura 91: *Desvinculación del sistema en el punto C.*

Aplicando el principio de las potencias virtuales:

$$\boldsymbol{\phi}_C\cdot\boldsymbol{v}_{20}^C + \overset{\hookrightarrow C}{\tau}\cdot\boldsymbol{\omega}_{20} = 0 \quad\Longrightarrow$$

$$\Longrightarrow\quad \phi_1^C\cdot 0 + \phi_2^C\cdot 0 + \phi_3^C\cdot 0 + \tau_1^C\cdot 0 + \tau_2^C\cdot 0 + \tau_3^C\cdot\dot\phi = 0 \quad\Longrightarrow$$

$$\Longrightarrow\quad \boldsymbol{\phi}^C = \left\{\begin{matrix}\phi_1^C\\ \phi_2^C\\ \phi_3^C\end{matrix}\right\}_{\text{“0”}} \quad;\quad \boldsymbol{\tau}^C = \left\{\begin{matrix}\tau_1^C\\ \tau_2^C\\ 0\end{matrix}\right\}_{\text{“0”}}$$

Aplicando el teorema del momento cinético en C al sólido "2":

$$\overset{\text{"2"}}{\mathbf{\Gamma}_C} = \overset{\leftrightarrow}{I}(C)\,\boldsymbol{\omega}_{21} = \frac{M\,a^2}{4}\left\{\begin{array}{c}\dot\theta\\ \dot\psi\ \text{sen}\ \theta\\ 2(\dot\phi+\dot\psi\ \cos\ \theta)\end{array}\right\}_{\text{"0"}}$$

$$\left.\frac{d\,\overset{\text{"2"}}{\mathbf{\Gamma}_C}}{d\,t}\right|_{\text{"1"}} = \left.\frac{d\,\overset{\text{"2"}}{\mathbf{\Gamma}_C}}{d\,t}\right|_{\text{"2"}} + \boldsymbol{\omega}_{21}\wedge\mathbf{\Gamma}_C = \overset{\hookrightarrow}{\tau}^{C} \quad\Longrightarrow$$

$$\left.\frac{d\,\overset{\text{"2"}}{\mathbf{\Gamma}_C}}{d\,t}\right|_{\text{"1"}}\cdot\boldsymbol{u}_3 = \left.\frac{d\,\overset{\text{"2"}}{\mathbf{\Gamma}_C}}{d\,t}\right|_{\text{"2"}}\cdot\boldsymbol{u}_3 + (\boldsymbol{\omega}_{21}\wedge\mathbf{\Gamma}_C^{\text{"2"}})\cdot\boldsymbol{u}_3 = 0 \quad\Longrightarrow$$

$$\Longrightarrow\quad \left.\frac{d\,\overset{\text{"2"}}{\mathbf{\Gamma}_C}}{d\,t}\right|_{\text{"2"}}\cdot\boldsymbol{u}_3 + \underbrace{\begin{vmatrix}\dot\theta & \dot\psi\ \text{sen}\ \theta & (\dot\phi+\dot\psi\ \cos\ \theta)\\ \dot\theta & \dot\psi\ \text{sen}\ \theta & 2(\dot\phi+\dot\psi\ \cos\ \theta)\\ 0 & 0 & 1\end{vmatrix}}_{=0}\frac{M\,a^2}{4} = 0 \quad\Longrightarrow$$

$$\left.\frac{d}{d\,t}(\mathbf{\Gamma}_C\cdot\boldsymbol{u}_3)\right|_{\text{"2"}} = 0 \quad\Longrightarrow\quad \boxed{\mathbf{\Gamma}_C\cdot\boldsymbol{u}_3 = \text{cte}}$$

$$\dot\phi+\dot\psi\ \cos\ \theta = \beta(\text{cte}) \quad\Longrightarrow \boxed{\dot\phi+\dot\psi\ \cos\ \theta = 0} \qquad (180)$$

que es una integral primera.

Por último, el sistema es conservativo $\boxed{T+V=\text{cte}}$

Energía cinética

$$T = \frac{1}{2}M\,(v_{21}^C)^2 + \frac{1}{2}\boldsymbol{\omega}_{21}\ \overset{\leftrightarrow}{I}(C)\,\boldsymbol{\omega}_{21} \quad\Longrightarrow$$

$$T = \frac{1}{2}M\left(a^2\,\dot\theta^2 + a^2\,\dot\psi^2\ \cos^2\ \theta\right) +$$

$$+\frac{M\,a^2}{8}\left(\dot\theta,\dot\psi\ \text{sen}\ \theta,\dot\phi+\dot\psi\ \cos\ \theta\right)\begin{pmatrix}1&0&0\\0&1&0\\0&0&2\end{pmatrix}\begin{pmatrix}\dot\theta\\ \dot\psi\ \text{sen}\ \theta\\ \dot\phi+\dot\psi\ \cos\ \theta\end{pmatrix}$$

$$\Longrightarrow\quad T = \frac{1}{2}\,M\,a^2\left(\dot\theta^2+\dot\psi^2\ \cos^2\ \theta\right)+\frac{M\,a^2}{8}\left(\dot\theta^2+\dot\psi^2\ \text{sen}^2\ \theta+2(\dot\phi+\dot\psi\ \cos\ \theta)^2\right) \Longrightarrow$$

$$T = \frac{5\,M\,a^2}{8}\left(\dot\theta^2+\dot\psi^2\left(\frac{1}{5}+\cos^2\ \theta\right)\right)+\frac{2}{5}\,\dot\phi^2+\frac{4}{5}\,\dot\phi\,\dot\psi\ \cos\ \theta\Big) \qquad (181)$$

Energía potencial (de la que deriva el peso)

$$V = M\,g\,a\ \text{sen}\ \theta$$

Luego,

$$\boxed{5\,\dot\theta^2+\dot\psi^2(1+5\ \cos^2\ \theta)+\dot\phi^2+4\,\dot\phi\,\dot\psi\ \cos\ \theta = \omega^2+\tfrac{8g}{M\,a}\,(1-\text{sen}\ \theta)} \qquad (182)$$

Sustituyendo la ecuación (180) en (182), se llega a:

$$5\,\dot{\theta}^2 + \dot{\psi}^2(1 - 2\,\cos^2\,\theta) = \omega^2 + \frac{8\,g}{M\,a}(1 - \text{sen}\,\theta)$$

Sustituyendo la ecuación (180) en (179), se obtiene la expresión: :

$$\dot{\psi}(1 + 3\,\cos^2\,\theta) = \omega$$

que, sustituida en (182) proporciona:

$$\boxed{5\,\dot{\theta}^2 + \frac{\omega^2(1-2\,\cos^2\,\theta)}{(1+3\,\cos^2\,\theta)^2} = \omega^2 + \frac{8\,g}{M\,a}(1 - \text{sen}\,\theta)} \qquad (183)$$

Sistema 39 (26/01/2010)

Un aro vertical homogéneo (sólido "O") de masa M y radio a, rueda y desliza sin rozamiento sobre una recta que permanece horizontal y fija (OX_1). Los vértices (ABD) de un triángulo isósceles homogéneo (sólido "2") de masa $3M$ y lados $(2\,a, a\,\sqrt{2}, a\,\sqrt{2})$ deslizan, sin rozamiento, sobre la circunferencia anterior. Utilizando los métodos de la mecánica analítica, se pide:

1. Demostrar que la energía cinética del sistema se escribe:

$$T = \lambda\,M\left(2\,\mu\dot{x}^2 + a^2(\dot{\theta}^2 + \dot{\phi}^2) - \mu\,a\,\dot{x}\,\dot{\phi}\,\cos\,\phi\right)$$

donde λ y μ son constantes a determinar.

2. Estando el sistema en reposo en la posición $x = \theta = \phi = 0$, recibe una percusión $\boldsymbol{P} = 2\,M\,a\,\omega\,\boldsymbol{\imath}_0$ en el punto D. Determinar el estado cinemático posterior a la percusión.
3. Ecuaciones diferenciales del movimiento (integrales primeras).
4. Calcular las reacciones que originarían la imposición del vínculo "rodar sin deslizar".

Solución:

Cinemática

$$\boldsymbol{v}_{21}^C = \boldsymbol{v}_{01}^C = \left\{\begin{array}{c}\dot{x}\\0\\0\end{array}\right\}_{\text{``1''}} \quad ; \quad \boldsymbol{\omega}_{01} = \left\{\begin{array}{c}0\\0\\\dot{\theta}\end{array}\right\}_{\text{``1''}} \quad ; \quad \boldsymbol{\omega}_{21} = \left\{\begin{array}{c}0\\0\\\dot{\phi}\end{array}\right\}_{\text{``1''}}$$

$$\boldsymbol{v}_{21}^D = \boldsymbol{v}_{21}^C + \boldsymbol{\omega}_{21}\wedge\boldsymbol{CD} = \left\{\begin{array}{c}\dot{x}\\0\\0\end{array}\right\}_{\text{``1''}} + \left|\begin{array}{ccc}\boldsymbol{\imath}_1 & \boldsymbol{\jmath}_1 & \boldsymbol{k}_1\\0 & 0 & \dot{\phi}\\-\text{sen}\,\phi & \cos\,\phi & 0\end{array}\right| a \Longrightarrow$$

$$\boldsymbol{v}_{21}^D = \left\{\begin{array}{c}\dot{x} - a\,\dot{\phi}\,\cos\,\phi\\-a\,\dot{\phi}\,\text{sen}\,\phi\\0\end{array}\right\}_{\text{``1''}}$$

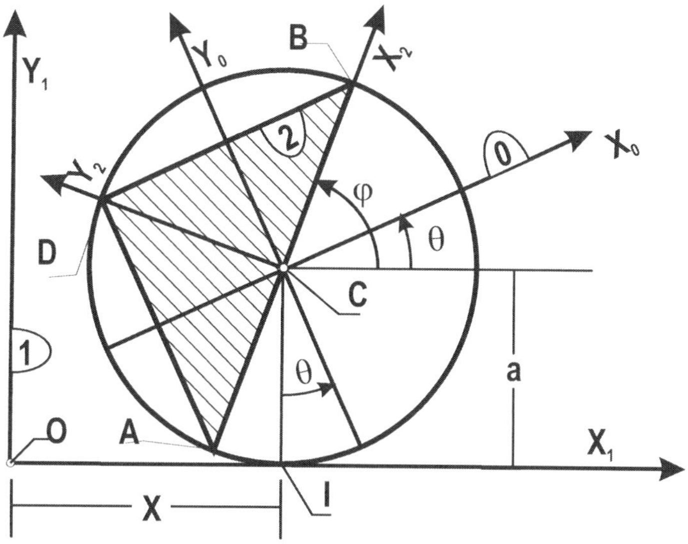

Figura 92: *Sistema 39*

Geometría de masas

El centro de masas del sistema:

$$\boldsymbol{OG} = \frac{M\,\boldsymbol{OC} + 3\,M\,\boldsymbol{OG_2}}{4\,M}$$

donde

$$\boldsymbol{OC} = \left\{ \begin{array}{c} x \\ a \\ 0 \end{array} \right\}_{\text{“1”}} \quad ; \quad \boldsymbol{OG_2} = \left\{ \begin{array}{c} x - \frac{a}{3}\,\text{sen}\;\phi \\ a + \frac{a}{3}\,\cos\,\phi \\ 0 \end{array} \right\}_{\text{“1”}} \quad \Longrightarrow$$

$$\boldsymbol{OG} = \left\{ \begin{array}{c} x - \frac{a}{4}\,\text{sen}\;\phi \\ a + \frac{a}{4}\,\cos\,\phi \\ 0 \end{array} \right\}_{\text{“1”}}$$

Tensor de inercia

Aro

$$\overset{\leftrightarrow}{I}(C) = \frac{M\,a^2}{2} \begin{pmatrix} 1 & 0 & 0 \\ 0 & 1 & 0 \\ 0 & 0 & 2 \end{pmatrix}_{\text{"0","1","2"}}$$

Triángulo (mitad de un cuadrado de lado $a\,\sqrt{2}/2$, en su centro)

$$\overset{cuad}{I_{11}}(C) = \overset{cuad}{I_{22}}(C) = \frac{M_{cuad}}{2\,a^2} \int_{-a\sqrt{2}/2}^{a\sqrt{2}/2} z^2\,a\,\sqrt{2}\,d\,z = \frac{1}{3}\,M_{cuad}\,a^2$$

Como $I_{11} = I_{22}$, e $I_{12} = 0$, el valor es el mismo para cualquier giro de ejes; luego:

$$\overset{triang}{I}(C) = \frac{1}{2}\,\overset{cuad}{I}(C) = \frac{1}{3}(3\,M)\,a^2 \begin{pmatrix} 1 & 0 & 0 \\ 0 & 1 & 0 \\ 0 & 0 & 2 \end{pmatrix}_{\text{"0","1","2"}}$$

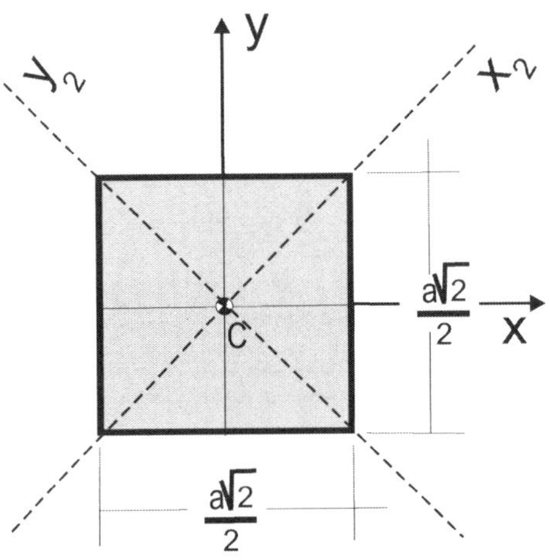

Figura 93: *Geometría para obtención del tensor de inercia de una placa cuadrada de lado $a\sqrt{2}/2$, en su centro.*

donde la masa del triángulo vale $3\,M$. En conclusión:

$$\overset{aro}{I_{33}}(C) = M\,a^2; \quad \overset{triang}{I_{33}}(C) = 2\,M\,a^2$$

Energía cinética

$$T = \overset{\text{"2"}}{T} + \overset{\text{"0"}}{T}$$

$$\overset{\text{"2"}}{T} = \frac{3}{2} M\, v_C^2 + 3\,M\, \boldsymbol{v}_C \cdot (\boldsymbol{\omega}_{21} \wedge \boldsymbol{CG_2}) + \frac{1}{2}\, \boldsymbol{\omega}_{21}\, \overset{\text{"2"}}{I_{33}}(C)\, \boldsymbol{\omega}_{21} \quad \Longrightarrow$$

$$\overset{\text{"2"}}{T} = \frac{3}{2}\, M\,\dot{x}^2 + 3\,M \begin{vmatrix} \dot{x} & 0 & 0 \\ 0 & 0 & \dot{\phi} \\ -\operatorname{sen}\phi & \cos\phi & 0 \end{vmatrix} \frac{a}{3} + M\,a^2 \dot{\phi}^2 \quad \Longrightarrow$$

$$\overset{\text{"2"}}{T} = \frac{M}{2}\left(3\,\dot{x}^2 + 2\,a^2\,\dot{\phi}^2 - 2\,a\,\dot{x}\,\dot{\phi}\,\cos\phi\right)$$

$$\overset{\text{"0"}}{T} = \frac{1}{2}\,M\,\dot{x}^2 + \frac{1}{2}\,\dot{\theta}^2\, \overset{\text{"0"}}{I_{33}}(C) = \frac{1}{2}\,M\,\dot{x}^2 + \frac{1}{2}\,M\,a^2\,\dot{\theta}^2$$

Luego,

$$\boxed{T = M\left(2\,\dot{x}^2 + a^2(\tfrac{1}{2}\,\dot{\theta}^2 + \dot{\phi}^2) - a\,\dot{x}\,\dot{\phi}\,\cos\phi\right)} \tag{184}$$

Percusión

Para $t = 0^-$, $x = \theta = \phi = \dot{x}^- = \dot{\phi}^- = 0$, recibe la percusión $\boldsymbol{P} = 2\,M\,\omega\,a\,\boldsymbol{\imath}_0$ en el punto D y las ecuaciones de Lagrange para la dinámica impulsiva nos permiten escribir:

$$\Delta\left(\frac{\partial T}{\partial \dot{q}_i}\right)\bigg|_{t=t_0} = \boldsymbol{P} \cdot \frac{\partial \boldsymbol{v}^D}{\partial \dot{q}_i}\bigg|_{t=t_0} \tag{185}$$

En nuestro caso,

$$T(t=0) = M\left(2\,\dot{x}^2 + a^2(\frac{1}{2}\,\dot{\theta}^2 + \dot{\phi}^2) - a\,\dot{x}\,\dot{\phi}\right)$$

y

$$\boldsymbol{v}_{21}^D(t=0) = \left\{\begin{array}{c} \dot{x} - a\,\dot{\phi} \\ 0 \\ 0 \end{array}\right\}_{\text{“1”}} \quad ; \quad \boldsymbol{P}(t=0) = \left\{\begin{array}{c} 2\,M\,\omega\,a \\ 0 \\ 0 \end{array}\right\}_{\text{“1”}}$$

Aplicando (185):

$$\left(\begin{array}{ccc} M\left(4\,\dot{x}^+ - a\,\dot{\phi}^+\right) & = & 2\,M\,a\,\omega \\ M\left(2\,a^2\,\dot{\phi}^+ - a\,\dot{x}^+\right) & = & -2\,M\,\omega\,a^2 \\ M\,a^2\,\dot{\theta}^+ & = & 0 \end{array}\right)$$

se obtiene:

$$\boxed{\dot{\theta}^+ = 0; \quad \dot{x}^+ = \tfrac{2}{7}\,\omega\,a\,; \quad \dot{\phi}^+ = -\tfrac{6}{7}\,\omega}$$

Integrales primeras

Hemos calculado previamente las expresiones de la energía cinética y potencial y, en consecuencia, la lagrangiana se escribe:

$$L = M\left(2\,\dot{x}^2 + a^2(\frac{1}{2}\,\dot{\theta}^2 + \dot{\phi}^2) - a\,\dot{x}\,\dot{\phi}\,\cos\,\phi\right) - M\,g\,a(1+\cos\,\phi) \qquad (186)$$

De la expresión de la lagrangiana se deriva inmediatamente que x y θ son coordenadas cíclicas, luego:

1. $\dfrac{\partial L}{\partial\,\dot{x}} = M\left(4\,\dot{x} - a\,\dot{\phi}\,\cos\,\phi\right) = $ cte. Aplicando las condiciones iniciales, se obtiene el valor de la constante:

$$4\,\dot{x} - a\,\dot{\phi}\,\cos\,\phi = 2\,\omega\,a \qquad (187)$$

2. $\dfrac{\partial L}{\partial\,\dot{\theta}} = M\left(a^2\,\dot{\theta}\right) = $ cte. aplicando las condiciones iniciales se llega a:

$$\boxed{\dot{\theta} = 0} \qquad (188)$$

3. El sistema es conservativo, luego $T + V = E$

$$M\left(2\,\dot{x}^2 + a^2(\frac{1}{2}\,\dot{\theta}^2 + \dot{\phi}^2) - a\,\dot{x}\,\dot{\phi}\,\cos\,\phi\right) + M\,g\,a(1+\cos\,\phi) = E$$

Aplicando condiciones iniciales:

$$M\left(2\,\dot{x}^2 + a^2(\frac{1}{2}\,\dot{\theta}^2 + \dot{\phi}^2) - a\,\dot{x}\,\dot{\phi}\,\cos\,\phi\right) + M\,g\,a(1+\cos\,\phi) = M\left(\frac{8}{7}\,\omega^2\,a^2 + 2\,g\,a\right)$$

que, sustituyendo (187) y (188), se reduce a:

$$\dot{\phi}^2(8-\cos^2\phi)+\frac{8\,g}{a}(\cos\phi-1)=\frac{36}{7}\,\omega^2$$

Reacción que origina el vínculo $\dot{x}-a\,\dot{\theta}=0$ (rodar sin deslizar)

Aplicando el método de los multiplicadores de Lagrange, se tiene:

$$\begin{cases} \frac{d}{dt}M\left(4\,\dot{x}-a\,\dot{\phi}\cos\phi\right)=\lambda \\ \frac{d}{dt}\left(M\,a^2\,\dot{\theta}\right)=-a\,\lambda \\ \frac{d}{dt}\left(M(2\,a^2\dot{\phi}-a\,\dot{x}\cos\phi)\right)-M(a\,\dot{x}\,\dot{\phi}\,\mathrm{sen}\,\phi+g\,a\,\mathrm{sen}\,\phi)=0 \\ \dot{x}=a\,\dot{\theta} \end{cases}$$

que permiten determinar λ.

Sistema 40
(2/09/2010)

Una placa cuadrada homogénea de lado $2\,a$ y masa M (sólido "2"), tiene una ranura de ancho despreciable (AB), coincidente con una de sus diagonales, que desliza con rozamiento sobre un pivote rugoso fijo (O). La placa, que está obligada a moverse en un plano vertical, se abandona en reposo (para $t=0$, $\varrho=a\sqrt{2}/3$, $\theta=0$) bajo la acción de su propio peso. Utilizando los métodos de la mecánica vectorial, se pide:

1. ¿Hasta que valor de la $\tan\theta$, no existe deslizamiento entre la placa y el pivote siendo μ el coeficiente de rozamiento?
2. Ecuaciones diferenciales del movimiento una vez iniciado el deslizamiento.
3. Al llegar al final de la ranura, un dispositivo fija el vértice A de la placa, que permanecerá unido en el movimiento posterior, al origen del sistema de referencia inercial (O). Determinar el centro de oscilación de este péndulo y demuestre que el eje de suspensión y el de oscilación son recíprocos (Teorema de Huygens).

Solución:

Cinemática

$$\boldsymbol{v}_{21}^G=\begin{Bmatrix}\dot{\varrho}\\ \varrho\,\dot{\theta}\\ 0\end{Bmatrix}_{\text{"2"}}\quad;\quad \boldsymbol{\omega}_{21}=\begin{Bmatrix}0\\ 0\\ \dot{\theta}\end{Bmatrix}_{\text{"2"}}\quad;\quad \boldsymbol{a}_{21}^G=\begin{Bmatrix}\ddot{\varrho}-\varrho\,\dot{\theta}^2\\ \varrho\,\ddot{\theta}+2\,\dot{\varrho}\,\dot{\theta}\\ 0\end{Bmatrix}_{\text{"2"}}$$

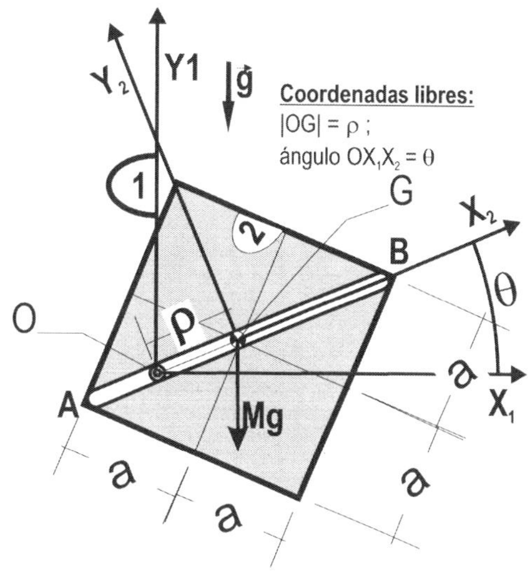

Figura 94: *Sistema 40*

Geometría de masas

$$I_{33}(G) = \frac{2}{3}\, M\, a^2$$

Valor límite de $\tan\theta$ para que no exista deslizamiento

Si no existe deslizamiento, se tiene que:

$$\varrho = \frac{\sqrt{2}}{3}\, a = \text{cte.}$$

y las ecuaciones del movimiento se reducen a:

$$\left.\begin{aligned} M\, \boldsymbol{a}_{21}^{G} &= M\, \boldsymbol{g} + \boldsymbol{\Phi} \\ \frac{d\,\boldsymbol{\Gamma}_G}{d\,t} &= \boldsymbol{GO} \wedge \boldsymbol{\Phi} \end{aligned}\right\} \Longrightarrow$$

$$-M\, \varrho_0\, \dot{\theta}^2 = -M\, g\, \operatorname{sen}\, \theta - F_{roz} \qquad (189)$$

$$M\, \varrho_0\, \ddot{\theta} = -M\, g\, \cos\, \theta + N \qquad (190)$$

$$\frac{2}{3}\, M\, a^2\, \ddot{\theta} = -\, \varrho_0\, N \qquad (191)$$

donde hemos desvinculado en G:

$$\boldsymbol{\Phi} = \left\{ \begin{array}{c} -F_{roz} \\ N \\ 0 \end{array} \right\}_{\text{“2”}} \qquad \text{con } F_{roz} \leq \mu\, N$$

$$\left.\begin{array}{r} \varrho = \varrho_0 = \text{cte} \\ \boldsymbol{\Gamma}_G = I_{33}\, \dot{\theta}\, \boldsymbol{k} \end{array}\right\} \quad \text{con } F_{roz} = \mu\, N \quad \text{en el “movimiento inminente”}$$

De la ecuación (191), se obtiene:

$$N = -\frac{2}{3}\,M\,\frac{a^2}{\varrho_0}\,\ddot{\theta}$$

que sustituido en (190), da:

$$\ddot{\theta}(2\,a^2 + 3\,\varrho_0^2) + 3\,\varrho_0\,g\,\cos\,\theta = 0$$

que, con $\varrho_0 = \frac{\sqrt{2}}{3}\,a$, se obtiene:

$$\ddot{\theta} = -\frac{3\,\sqrt{2}}{8}\,g\,\cos\,\theta \tag{192}$$

Integrando la ecuación (192) y aplicando las condiciones iniciales, se tiene:

$$\frac{\dot{\theta}^2}{2} + \frac{3\,\sqrt{2}}{8} g\,\text{sen}\,\theta = 0 \quad \Longrightarrow$$

$$\dot{\theta}^2 = -\frac{3\,\sqrt{2}}{4}\,g\,\text{sen}\,\theta \tag{193}$$

La ecuación (193) implica que como $\dot{\theta}^2 \geq 0$, sólo existe solución si $\theta < 0$. Sustituyendo (192), (193) y el valor de N en (189) se obtiene:

$$\tan\,\theta = -\frac{\mu}{2} \tag{194}$$

Ecuaciones diferenciales al iniciarse el deslizamiento

Una vez iniciado el deslizamiento, existen dos coordenadas libres (ϱ, θ) y las ecuaciones del teorema del centro de masas y momento cinético en G dan:

$$M(\ddot{\varrho} - \varrho\,\dot{\theta}^2) = -M\,g\,\text{sen}\,\theta - \mu_d\,N \tag{195}$$

$$M(\varrho\,\ddot{\theta} + 2\,\dot{\varrho}\,\dot{\theta}) = -M\,g\,\cos\,\theta + N \tag{196}$$

$$\frac{2}{3}\,M\,a^2\,\ddot{\theta} = -\varrho\,N \tag{197}$$

Admitimos que $\mu_d = \mu_e = \mu$

Determinación del centro de oscilación

Para hallar el centro de oscilación, determinemos la longitud del péndulo simple equivalente. En nuestro caso, $\varrho = a$ y la expresión del teorema del momento cinético aplicado en $O \equiv A$, proporciona la ecuación:

$$I_{33}(O)\,\ddot{\theta} = -M\,g\,a\,\cos\,\theta$$

que, comparada con la de un péndulo simple: $M\,L^2\,\ddot{\theta} = -M\,g\,L\,\cos\,\theta$, permite escribir:

$$\frac{M\,a}{I_{33}(O)} = \frac{1}{L} \quad \Longrightarrow L = \overline{OO_1} = \frac{I_{33}(O)}{M\,a} \quad \Longrightarrow$$

$$\begin{cases} I_{33}(O) = I_{33}(G) + M\,a^2 \\ I_{33}(O') = I_{33}(G) + M\,a^2 \end{cases}$$

$$L = \frac{\frac{2}{3}\,M\,a^2 + M\,a^2}{M\,a} = \frac{5\,a}{3}$$

Dado que $I_{33}(O') = I_{33}(O)$, esto implica que el centro de oscilación y suspensión son intercambiables.

Sistema 41
(2/09/2010)

Las palas de la figura, sólido "0", (formado por dos sectores circulares coplanarios opuestos por sus vértices de radio a y ángulo en el vértice $\pi/2$ (cuarta parte de un disco), homogéneos y de masa $M/2$ cada uno) se mueven respecto a un sistema de referencia inercial $O_1X_1Y_1Z_1$ (sólido "1") de forma tal que, en todo momento, el diámetro AB permanece horizontal; su centro O (unido a un par cilíndrico de masa y radio despreciables) se desplaza siempre sobre el eje vertical fijo O_1Z_1 a la vez que las palas giran alrededor de dicho eje. Utilizando los métodos de la dinámica analítica;

1. Calcule el tensor de inercia del "sólido 0" en el punto O y referido a los ejes $OX_0Y_0Z_0$.
2. Demuestre que la energía cinética del sistema (con (z, ψ, θ) como coordenadas generalizadas) se escribe:
$$T = \lambda\,M\,a^2\left(\left(\frac{2\,\dot{z}}{a}\right)^2 - \mu\,\dot{\theta}\,\dot{\psi}\,\operatorname{sen}\theta + \dot{\theta}^2 + \dot{\psi}^2(1+\cos^2\theta)\right)$$
donde λ y μ son constantes a determinar.
3. En el instante inicial: $t = 0$, el sistema se encuentra en reposo en la posición $\theta = 0$; $\psi = 0$; $z = |O_1C|$, y alcanza el tramo CD, en el que el par cilíndrico (que va unido al centro O) recorre un tornillo, de radio despreciable, que es solidario con el eje O_1Z_1. Como consecuencia, los movimientos de traslación $(\dot{z})$ y rotación $(\dot{\psi})$ no son independientes, sino que existe una ecuación que los liga: $z = \frac{a}{2}\,\psi$. Determine:
   (a) las reacciones que se originan por la imposición del vínculo.
   (b) El par motor que sería necesario aplicar en la dirección del eje OX_0 para que, además del vínculo anterior, el sistema girase con velocidad angular $\dot{\theta} = \omega$ (constante).

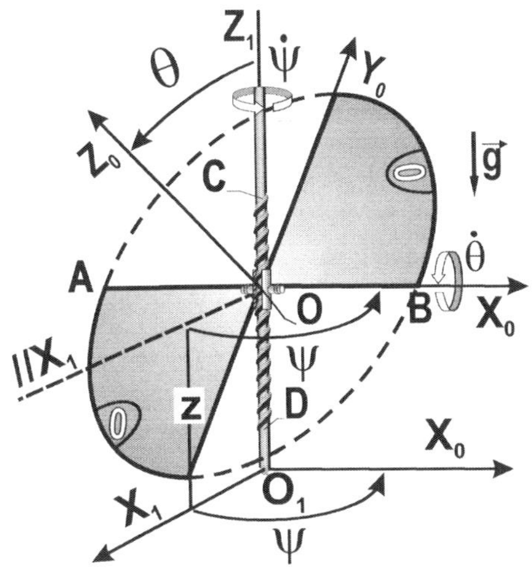

Figura 95: *Sistema 41*

Solución:

Geometría de masas

La masa total de los dos sectores circulares es M y ocupan un área de $\pi\, a^2/2$, luego la densidad de masa ϱ es:

$$\lambda = \frac{2\,M}{\pi\,a^2}$$

<u>Tensor de inercia</u>

Un elemento de superficie de un sector circular tiene la expresión $d\,S = \varrho\,d\,\varrho\,d\,\theta$ (ver figura), luego:

$$d\,I_{11} = d\,I_{22} = \frac{2\,M}{\pi\,a^2}\,\operatorname{sen}^2\,\theta\,d\,\theta\,\varrho^3\,d\,\varrho$$

$$I_{11} = \frac{2\,M}{\pi\,a^2}\int_0^a \varrho^3\,d\varrho\left(\int_0^{\pi/2}\operatorname{sen}^2\,\theta\,d\,\theta + \int_\pi^{3\,\pi/2}\operatorname{sen}^2\,\theta\,d\,\theta\right) = I_{22} = \frac{1}{4}\,M\,a^2$$

Por otro lado,

$$-d\,I_{12} = \frac{2\,M}{\pi\,a^2}\,\operatorname{sen}\,\theta\,\cos\,\theta\,d\,\theta\,\varrho^3\,d\,\varrho \quad\Longrightarrow$$

$$-I_{12} = \frac{2\,M}{\pi\,a^2}\int_0^a \varrho^3\,d\,\varrho\left(\int_0^{\pi/2}\operatorname{sen}\,\theta\,\cos\,\theta\,d\,\theta + \int_\pi^{3\,\pi/2}\operatorname{sen}\,\theta\,\cos\,\theta\,d\,\theta\right) \Longrightarrow I_{12} = -\frac{M\,a^2}{4\,\pi}$$

Es decir,

$$\overleftrightarrow{I}\,(O) = \frac{M\,a^2}{4}\begin{pmatrix} 1 & -\frac{2}{\pi} & 0 \\ -\frac{2}{\pi} & 1 & 0 \\ 0 & 0 & 2 \end{pmatrix}_{OX_0Y_0Z_0}$$

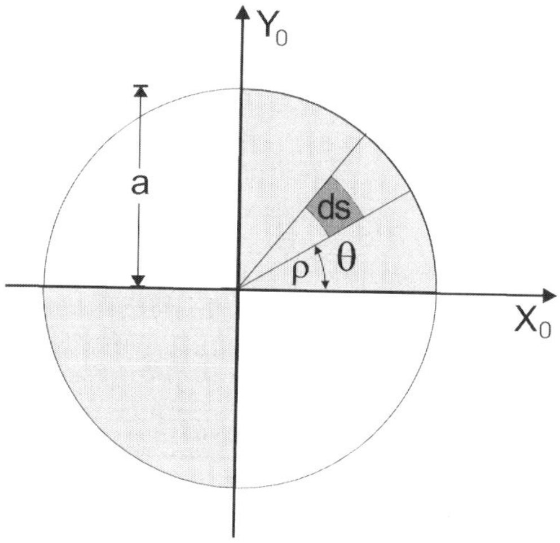

Figura 96: *Elemento de superficie en coordenadas polares*

Energía Cinética

Cinemática

$$\boldsymbol{\omega}_{01} = \begin{Bmatrix} \dot\theta \\ \dot\psi \ \mathrm{sen}\ \theta \\ \dot\psi \cos\theta \end{Bmatrix}_{\text{“0”}} \quad ; \quad \boldsymbol{v}_{01}^{O} = \dot z\, \boldsymbol{k}_1 \ ; \quad O \equiv G$$

Energía Cinética

$$T = \frac{1}{2} M \dot z^2 + \frac{1}{2} \boldsymbol{\omega}_{01} \cdot \overset{\leftrightarrow}{I}(O) \cdot \boldsymbol{\omega}_{01} = \frac{1}{2} M \dot z^2 + \frac{M a^2}{8} \left(\dot\theta^2 - \frac{4}{\pi} \dot\theta \dot\psi \ \mathrm{sen}\ \theta + \dot\psi^2 (1 + \cos^2\theta) \right)$$

$$\Longrightarrow T = \frac{M a^2}{8} \left(\left(\frac{2 \dot z}{a} \right)^2 + \dot\theta^2 - \frac{4}{\pi} \dot\theta \dot\psi \ \mathrm{sen}\ \theta + \dot\psi^2 (1 + \cos^2\theta) \right) \qquad (198)$$

y, en consecuencia:

$$\lambda = \frac{1}{8}; \quad \mu = \frac{4}{\pi}$$

Imposición de un vínculo

Con $\dot z = \frac{a}{2} \dot\psi$, la energía cinética se escribe:

$$T = \lambda M a^2 \left(\dot\psi^2 (2 + \cos^2\theta) - \mu \dot\theta \dot\psi \ \mathrm{sen}\ \theta + \dot\theta^2 \right)$$

Cálculo de reacciones

Haciendo uso de los multiplicadores de Lagrange, teniendo en cuenta que la energía potencia vale:

$$V = M g z = \frac{M g a}{2} \psi$$

y que la ecuación del vínculo se puede expresar como:

$$\Phi(z, \psi) = 2\,z - a\,\psi = 0$$

se tiene:

$$L = T - V = \lambda\,M\,a^2 \left(\left(\frac{2\,\dot z}{a}\right)^2 - \mu\,\dot\theta\,\dot\psi \text{ sen } \theta + \dot\theta^2 + \dot\psi^2 (1 + \cos^2\theta) \right) - M\,g\,z$$

Calculemos:

$$\frac{\partial L}{\partial \dot z} = 8\,\lambda\,M\,\dot z\,; \quad \frac{\partial L}{\partial z} = -M\,g\,; \quad \frac{\partial \Phi}{\partial z} = 2$$

Llamando β al multiplicador de Lagrange:

$$\frac{d}{dt}\left(\frac{\partial L}{\partial \dot z}\right) - \frac{\partial L}{\partial z} = \beta\,\frac{\partial \Phi}{\partial z} \quad \Longrightarrow$$

$$8\,\lambda\,M\,\ddot z + M\,g = 2\,\beta; \quad \text{con } \lambda = 1/8$$

$$\frac{\partial L}{\partial \dot\psi} = \lambda\,M\,a^2 \left(2\,\dot\psi (1 + \cos^2\theta) - \mu\,\dot\theta \text{ sen } \theta\right)\,; \quad \frac{\partial L}{\partial \psi} = 0\,; \quad \frac{\partial \Phi}{\partial \psi} = -a$$

Consecuentemente, podemos escribir:

$$\frac{d}{dt}\left(\frac{\partial L}{\partial \dot\psi}\right) - \frac{\partial L}{\partial \psi} = \beta\,\frac{\partial \Phi}{\partial \phi} \quad \Longrightarrow$$

$$\lambda\,M\,a^2\,\frac{d}{dt}\left(2\,\dot\psi(1 + \cos^2\theta) - \mu\,\dot\theta \text{ sen } \theta\right) = -a\,\beta$$

En resumen:

$$\left\{ \begin{array}{c} M\,\ddot z + M\,g = 2\,\beta \quad \text{(Teorema centro de masas)} \\ \frac{M\,a^2}{8}\,\frac{d}{dt}\left(2\,\dot\psi(1 + \cos^2\theta) - \mu\,\dot\theta \text{ sen } \theta\right) = -a\,\beta \\ \text{Teorema del momento cinético} \\ z = a\,\psi/2 \\ \frac{d}{dt}\left(\frac{\partial L}{\partial \dot\theta}\right) - \frac{\partial L}{\partial \theta} = 0 \quad \Longrightarrow \\ \frac{d}{dt}(2\,\dot\theta - \mu\,\dot\psi \text{ sen } \theta) + \mu\,\dot\theta\,\dot\psi \cos\theta + \dot\psi^2 \text{ sen } \theta \cos\theta = 0 \end{array} \right.$$

Obtención del par motor

Si imponemos el vínculo $\dot\theta = \omega$, aparece un momento de reacción vincular que tiene que ser anulado por un par motor. Llamando δ al nuevo multiplicador de Lagrange:

$$\delta = \lambda\,M\,a^2 \left(\dot\psi \cos\theta(\mu\,\omega + \dot\psi \text{ sen } \theta - \mu\,\frac{d}{dt}(\dot\psi \text{ sen } \theta)\right)$$